जगण्याला नवा आयाम देणाऱ्या

पाथमेकर्स

डॉ. नितीन हांडे

Jaganyala Nava Aayam Denarya
Pathmakers
© Dr. Nitin Hande 2024

जगण्याला नवा आयाम देणाऱ्या
पाथमेकर्स
© डॉ. नितीन हांडे, २०२४

प्रथम आवृत्ती	:	फेब्रुवारी २०२४
प्रकाशक	:	सकाळ मीडिया प्रा. लि.
		५९५, बुधवार पेठ, पुणे ४११ ००२
संपादन	:	वर्षा आठवले
मुखपृष्ठ आणि मांडणी	:	मधुमिता शिंदे
मुद्रितशोधन	:	अनुश्री भागवत
मुद्रणस्थळ	:	विकास प्रिंटिंग ॲण्ड कॅरिअर्स प्रा. लि.
		प्लॉट नं. ३२, एमआयडीसी, सातपूर, नाशिक
ISBN	:	978-81-19311-73-6
संपर्क	:	०२०-२४४० ५६७८ / ८८८८८ ४९०५०
		sakalprakashan@esakal.com

लिंगभेदाचे अडथळे पार करून आपले कर्तृत्व सिद्ध करणाऱ्या
सावित्रीच्या सर्व लेकींना

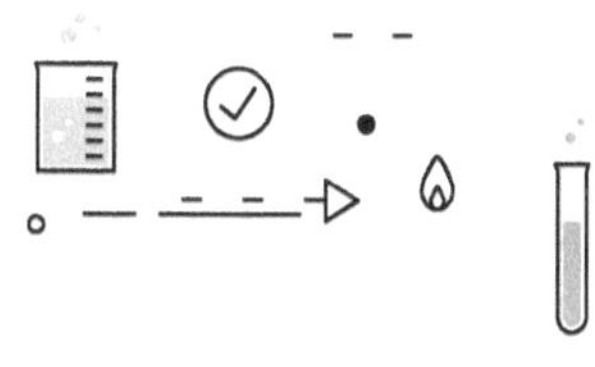

मनोगत

'स्त्रिया आज सर्वच क्षेत्रात पुरुषांच्या खांद्याला खांदा लावून काम करत आहेत' हे वाक्य आपण नेहमीच ऐकत असतो. मात्र स्त्रियांना ही संधी सहजासहजी मिळालेली नाही. हजार वर्षांच्या बुरसटलेल्या पुरुषी मानसिकतेला आव्हान देत, धडका देत स्त्रियांनी आपलं हे अवकाश स्वतः निर्माण केलं आहे. गुणोत्तराचा विचार केला तर आजही स्त्रियांना त्यांचा न्याय्य वाटा मिळालेला दिसत नाही. अद्यापही जगभरातील नोकरीच्या संधीमध्ये स्त्रियांना साधारणतः तीस टक्के प्रतिनिधित्व मिळालेले दिसते. स्टेम म्हणजेच विज्ञान, तंत्रज्ञान, अभियांत्रिकी आणि गणित या चार क्षेत्रांतदेखील स्त्रियांचे प्रमाण पन्नास टक्क्यांवर जायला अजून कैक दशकांची वाट पाहावी लागेल.

भारतातच नाही तर संपूर्ण जगातच स्त्रियांवर अन्याय करण्यात आला. त्यांच्यावर जाचक बंधने घातली गेली, त्यांचा शिक्षणाचा अधिकार नाकारला गेला. आज जगभर लोकशाहीचे ढोल वाजवणाऱ्या अमेरिकेतदेखील १९२०पर्यंत स्त्रियांना मतदानाचा अधिकार नाकारला गेला होता. म्हणजे स्वातंत्र्यानंतर तब्बल १३४ वर्षांनंतर या देशाला जाणीव झाली की आपल्या लोकसंख्येतील ५० टक्के भाग आपण दुर्लक्षित केला आहे. भारतात सावित्रीमाई आणि जोतीराव फुले यांनी सर्व सामान्य स्त्रियांना शिक्षणाचा रस्ता खुला केला तरी स्त्रियांना अद्याप खूप मोठा टप्पा गाठायचा होता. काळाच्या पुलाखालून भरपूर पाणी वाहून जायचे अद्याप बाकी होते.

या निमित्ताने जेम्स बॅरी या व्यक्तीची प्रकर्षाने जाणीव होत आहे. भारतातील पहिली महिला डॉक्टर कोण? यावर आपल्याकडे नेहमी वाद होतात. आनंदीबाई जोशी, रखमाबाई राऊत यांच्या बरोबरीने कादंबरी गांगुली यांचेदेखील नाव घेतलं जातं. पण 'जगातील' पहिली महिला डॉक्टर कोण... असं विचारलं तर सहसा आपल्याला

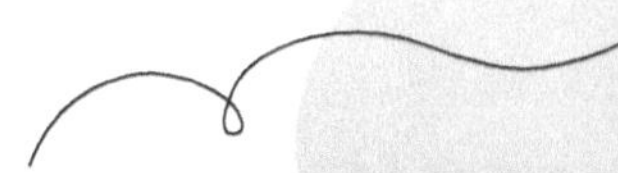

माहीत नसतं. अलेक्सा, सिरी, गुगल असिस्टंट यांना विचारलं तर एलिझाबेथ ब्लॅकवेल यांचे नाव सांगितलं जाईल, मात्र हे खरं नाही. जेम्स बॅरी ही व्यक्ती जगातील पहिली महिला डॉक्टर आहे. स्वतःचं स्त्रीत्व लपवून, पुरुष बनून मेडिकल कॉलेजला ॲडमिशन मिळवली, नंतर ५६ वर्षं प्रॅक्टिस केल्यानंतर जेव्हा तिचा मृत्यू झाला, तेव्हा तिचं स्त्रीत्व बाकिच्यांना समजलं... आपण सिनेमामध्ये अनेक वेळा स्त्री-पुरुष एकमेकांच्या वेशात येताना पाहिलं असेल. खरं तर लिंगबदलाचा मेकओव्हर एवढा हलक्या दर्जाचा असतो की शेंबडं पोरगंदेखील ओळखेल. मात्र जेम्स ५६ वर्षं स्त्रीत्व लपवून पुरुष बनून राहिला आणि मृत्यूनंतर एक दंतकथा बनून.

हे खरं आहे की पहिली नोंदणीकृत स्त्री डॉक्टर एलिझाबेथ ब्लॅकवेल याच आहेत. मात्र त्यांच्या तीस वर्षं आधी मागरिट नावाची मुलगी डॉक्टर बनण्यासाठी जेम्स बॅरी हे नाव घेऊन मेडिकल कॉलेजमध्ये दाखल झाली होती. तिला असं का करावं लागलं? याचं उत्तर आहे, 'तेव्हा डॉक्टर होण्यास महिलांना अटकाव होता.' ३० वर्षांनंतर खुद्द एलिझाबेथ ब्लॅकवेल यांचे अर्ज जवळजवळ सगळ्या मेडिकल कॉलेजने नाकारले होते. जिनिव्हा मेडिकल कॉलेजनेदेखील अट घातली होती की शिकत असलेल्या १५० पैकी एका विद्यार्थ्याने जरी हरकत घेतली तर तिला प्रवेश नाही मिळणार. मतदान घेण्यात आलं. आश्चर्य म्हणजे सर्वांनीच एकमताने तिचं स्वागत केलं.

त्या आधी ३० वर्षांपूर्वी अर्थात अधिक प्रतिकूल परिस्थिती होती. म्हणून मागरिटला पुरुषवेष घेण्याशिवाय पर्याय नव्हता. घरचं अठरा विश्व दारिद्र्य काढायचं असेल तर त्या काळात सर्जन बनणं हा बेस्ट पर्याय होता. मागरिटला मुलाचं रूप देऊन डॉक्टर बनवायचं ठरवलं. मागरिट बल्कलीचं नवीन नाव झालं, 'जेम्स मिरांडा स्टुअर्ट बॅरी.' टॉवेलचा वापर करत मागरिटचं 'स्त्रीत्व' झाकलं गेलं. तीन वर्षांत म्हणजे १८१२मध्ये जेम्स हा 'डॉ. जेम्स' झाला. लगोलग पुढच्या वर्षांत सर्जरीचा अभ्यासक्रमदेखील जेम्सने पूर्ण केला. शिक्षण पूर्ण झालं पण नोकरीचं काय? मूळचा प्लॅन असा होता की शिक्षण पूर्ण झाल्यावर जेम्स बॅरी व्हेनेझुएला देशात जाऊन वैद्यकीय व्यवसाय सुरू करेल. जनरल फ्रान्सिस्को मिरांडा हे व्हेनेझुएला येथे मोठे अधिकारी होते. ते नोकरीसाठी जेम्सला मदत करणार होते.

व्हेनेझुएलामध्ये पुरुष वेष त्यागून जेम्सला स्त्रीचं नॉर्मल जगणं सुरू करता येणं शक्य होतं. मात्र शिक्षण पूर्ण होईपर्यंत तिकडे महाभारत घडलं होतं. व्हेनेझुएलामध्ये झालेल्या स्वातंत्र्यचळवळीत मिरांडाचा सक्रिय सहभाग होता. लोकांनी त्यालाच नेता म्हणून निवडलं होतं. लढा यशस्वी झाला, दीड-दोन वर्षं मिरांडा 'हुकूमशहा' झाला.

मात्र स्पेनने व्हेनेझुएला ताब्यात घेतला आणि मिरांडाला अटक झाली. जेम्स बॅरीचं भविष्य टांगणीला लागलं. आता पुरुष अवतार सुरू ठेवणं हा जेम्सकडे एकच पर्याय उरला होता. शिक्षण पूर्ण करून त्याने सैनिकी नोकरी पकडली. वैद्यकीय तपासणी आवश्यक नसेल अशाच पोस्टसाठी प्रयत्न करणं हशील होतं. हॉस्पिटल साहाय्यक म्हणून जॉईन झालेला जेम्स प्रमोशनवर प्रमोशन मिळवत इन्स्पेक्टर जनरल म्हणून रिटायर झाला. पूर्ण आयुष्यभर आपल्या स्त्रीसुलभ भावनांना नाकारून जेम्सला पुरुषी आयुष्य जगावं लागलं. त्याच्या मृत्यूनंतर त्याचं स्त्रीत्व जगासमोर आलं. अठरा वर्षांचा असताना जेम्स ऊर्फ मार्गारिटा मोठ्या भावाला पत्रात म्हणते, 'मी जर मुलगा असते तर सैन्यात गेले असते.'

यापुढे तरी जगात कोणत्या मुलीला 'मी मुलगा असते तर' हा निबंध लिहायला लागू नये या भावनेने हे पुस्तक आपल्या हाती देत आहोत. या पुस्तकात आपण ज्या व्यक्तिरेखा पाहणार आहोत, त्यांनी विज्ञानात भरीव कामगिरी तर केली आहेच, पण त्याशिवाय स्त्री म्हणून येणाऱ्या अडथळ्यांवर त्यांनी मात केली आहे. एका अर्थाने त्यांनी पुढच्या पिढीसाठी रस्ता निर्माण केला आहे, त्या खऱ्या अर्थाने पाथमेकर्स आहेत. त्यांचा हा संघर्ष पुढील कैक पिढ्यांसाठी प्रेरणादायक असेल. यातून स्त्री म्हणून होणाऱ्या अन्यायाविरुद्ध उभं राहण्यासाठी बळ मिळेल.

उपलब्ध आकडेवारी सांगते की २५ टक्के म्हणजे चारपैकी एका महिलेला आयुष्यात एकदा तरी लैंगिक अत्याचाराला सामोरं जावं लागलेलं असतं. चारित्र्यावर शिंतोडे हा स्त्रियांच्या उमेदीला गाडून टाकण्याचा पारंपरिक राजमार्ग. जवळपास सर्वच स्त्रियांना त्यांच्या आयुष्यात या समस्येला एकदातरी सामोरं जावं लागतं. प्रत्यक्ष अत्याचार असो अथवा दडून केलेला कुप्रचार, दोन्हीही स्त्रीवर नियंत्रण मिळवण्यासाठी, तिचे पंख कापण्यासाठी वापरले जातात. याशिवाय धार्मिक आणि सामाजिक बंधनं आहेतच. एवढे अडथळे पार करून जर एखादी स्त्री आपले स्थान निर्माण करत असेल, तर तिला मानाचा मुजरा केला पाहिजे. या पुस्तकातील सर्व व्यक्तिरेखा नक्कीच या मानाच्या मुजऱ्यास पात्र आहेत.

महिला शास्त्रज्ञांची मानवी बाजू या विषयावरील लिखाणास उद्युक्त करून त्यास दिशा देणाऱ्या दीपाली चौधरी यांना मनापासून धन्यवाद! या पुस्तकास मधुमिता शिंदे यांनी खूपच सुंदर आणि समर्पक मुखपृष्ठाने सजवले आहे, त्यांचे खूप खूप आभार. पुस्तकाच्या निर्मिती प्रक्रियेमध्ये हजारो लहानसहान बाबींवर बारकाईने लक्ष ठेवणाऱ्या वर्षा आठवले आणि सकाळ प्रकाशनच्या सर्व टीमचे देखील आभार. हे

पुस्तक अधिकाधिक सुंदर कसे होईल यासाठी या सर्वांनी खूप परिश्रम घेतले आहेत. जीवरसायनशास्त्रज्ञ आणि लेखिका सुनिती धारवाडकर यांचे या पुस्तकासाठी अगदी सुरुवातीपासून मार्गदर्शन लाभले आहे, आभार न मानता त्यांच्या ऋणात राहणेच मला आवडेल. प्रत्येक निर्मितीची प्रक्रिया पूर्ण झाल्यावर सर्वांत महत्त्वाचा भाग असतो की पुस्तकाचे स्वागत वाचक मंडळी कसे करतात? तुमच्या बऱ्या वाईट प्रतिसादाची प्रतीक्षा आहेच. आपल्या सूचना नक्की कळवा...

– डॉ. नितीन हांडे

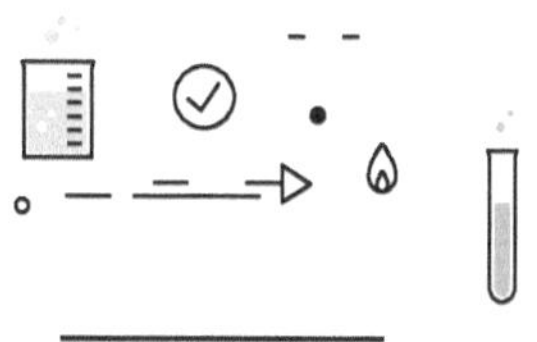

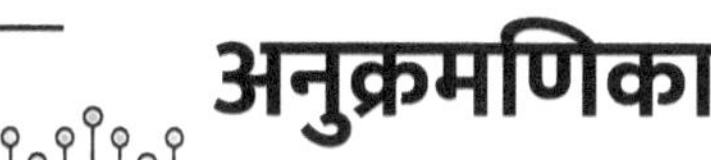

अनुक्रमणिका

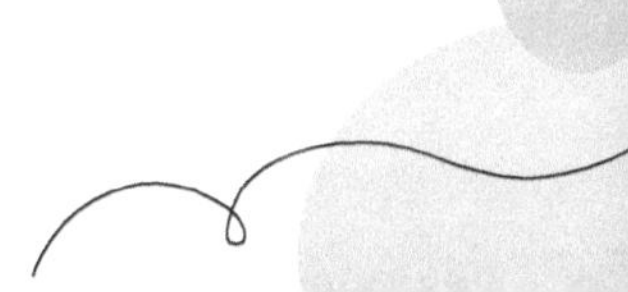

ॲडा लव्हलेस
संगणक प्रोग्रॅमची जननी!

एक उमराव घराण्यातील मुलगी नाइलाजाने गणिताशी गट्टी करू पाहते. मात्र नंतर ती या विषयाच्या प्रेमात पडते. तिच्या या पहिल्या प्रेमाला ती आयुष्यभर विसरू शकली नाही. या प्रेमातूनच ती जगाला सर्वांत पहिला संगणक प्रोग्रॅम देऊन जाते. संगणक केवळ गणनक्रियेतच नाही तर इतर अनेक गोष्टींमध्ये उपयोगी येईल, प्रत्येक गोष्टीचं रूपांतर कोड्स किंवा डिजिट्समध्ये करता येईल हे तिने पावणेदोनशे वर्षांपूर्वी ओळखलं होतं. खऱ्या अर्थाने ॲडा लव्हलेस ही संगणक प्रोग्रॅमची जननी आहे. शेतीचा शोध लावणारी स्त्री होती आणि पहिला संगणक प्रोग्रॅम बनवणारीदेखील... हा केवळ योगायोग नाही

५ जून १८३३. चार्ल्स बॅबेज, ज्याला आपण 'कॉम्प्युटरचा पप्पा' म्हणतो, त्याच्या घरी पार्टी सुरू होती. पार्टीमध्ये सौंदर्य, बुद्धिमत्ता किंवा प्रतिष्ठा यांपैकी कोणताही एक निकष पूर्ण करणाऱ्या व्यक्तींनाच निमंत्रित केलं होतं. या पार्टीत १७ वर्षांची एक मुलगी आलेली होती. विशेष म्हणजे सौंदर्य, बुद्धिमत्ता आणि प्रतिष्ठा हे तीनही निकष तिच्याबाबत पूर्ण होत होते. या पार्टीमध्ये आलेल्या पाहुण्यांना चार्ल्स बॅबेज आपलं बहुचर्चित 'डिफरन्शियल इंजिन' दाखवतो आणि त्या इंजिनाकडे सर्वांत कुतूहलाने

पाहणारी एकमेव व्यक्ती म्हणजे १७ वर्षांची तरुणी असते. इथेच चार्ल्स बॅबेजला आपली शिष्या मिळते. त्या तरुणीचं नाव असतं, ॲडा लव्हलेस...

आपल्यापैकी बहुतेक जणांनी चार्ल्स बॅबेज हे नाव ऐकलेलं असतं, मात्र ॲडा लव्हलेस हे काहीसं अंधारात असलेलं नाव! जाऊ द्या... शेक्सपियर म्हणून गेला आहे, की नावात काय आहे... इथे मात्र नावातच एक गंमत आहे. ॲडा, जिचं बालपण 'लव्ह लेस' होतं; आई-बापाच्या प्रेमाविना ते करपून गेलं. बाप गावभर प्रेम वाटणारा होता, तरी लेकीच्या वाट्याला त्याचं काहीच प्रेम आलं नाही. मात्र, लग्न झाल्यावर तिच्या नावाला लव्हलेस नाव जोडलं गेलं आणि तिचं आयुष्य 'लव्हफुल' झालं.

एकोणिसावं शतक सुरू होत असताना लॉर्ड जॉर्ज गॉर्डन बायरॉन हा उमराव घराण्यातील देखणा तरुण लंडनमधील हजारो मुलींचा क्रश होता. आपल्या काव्यप्रतिभेने त्याने हजारो मुलींना अशी भूल घातली होती, की त्या त्याच्या पायाची दासी व्हायलादेखील तयार होत्या. वयाच्या दहाव्या वर्षी वडिलोपार्जित इस्टेटीचा वारसा मिळाल्यामुळे खुशालचेंडू झालेला हा बायरॉनभाऊ हजारो विवाहित, अविवाहित मुलींच्या काळजाचा तुकडा झाला होता. अतिशय दिलफेक, चंचल वृत्तीच्या लॉर्ड बायरॉनची लफडी मोजताना लोकांच्या हाताचीच नव्हे, तर पायाची बोटंदेखील कमी पडायची. एखादा माणूस किती प्रसिद्ध असावा, याचं बायरॉन हे आदर्श उदाहरण म्हणता येईल. कारण त्याची मुलं, त्याची नातवंडं ही त्याच्या मृत्यूनंतरदेखील बायरॉनची मुलं, बायरॉनची नातवंडं म्हणूनच ओळखली जात होती. असा हा मदनाचा पुतळा; मात्र या भाऊचं मन जडलं अशा मुलीवर, जिला त्याचं अजिबात कौतुक नव्हतं. गणित, चित्रकला, नृत्यकला यांत तरबेज असलेली ॲनाबेला, प्रचंड हुशार तर होतीच; परंतु तिचं वैशिष्ट्य म्हणजे ती याच्याकडे ढुंकूनदेखील न पाहणारी होती. बायरॉनपेक्षा चार वर्षांनी लहान असलेली ही मुलगी सर राल्फ या उमरावाची कन्या होती.

इथे नेहमीचं गुळपाडी फ्लर्टिंग करून चालणार नव्हतं किंवा कवितेच्या ओळी तिला भुरळ पाडू शकत नव्हत्या. म्हणून त्याने तिला रीतसर मागणी घातली. मात्र, या बायरॉनचा इतिहास जगजाहीर असल्यामुळे साहजिकच ही मागणी नाकारली गेली. 'दुनिया है मेरे पीछे, लेकिन में तेरे पीछे...' असल्या प्रियाराधनाला ही गणितज्ञ बळी पडणार नव्हती. मात्र इथे देव धावून आला. मध्यस्थी करणाऱ्या बाईने ॲनाबेलाला पटवलं की, 'त्याचं उच्च खानदान पाहा, त्याची श्रीमंती पाहा. आपलं बायबल सांगतं की, प्रत्येकाला सुधारण्याची एक संधी दिली पाहिजे.' आणि इथे धार्मिक मुद्दा मध्ये

आल्यामुळे ॲनाबेला नावाचा मासा बायरॉनच्या गळाला लागला. लग्न केल्यावर लोक सुधारतात, या अंधश्रद्धेपायी किती मुलींचं आयुष्य बरबाद झालं आहे, काय माहित!

जानेवारी १८१५मध्ये लग्न झाल्यावर ॲनाबेलाची लेडी बायरॉन झाली आणि लवकरच तिला कळून चुकलं की, आपण लॉर्ड बायरॉनबद्दल जे ऐकलं होतं, ते हिमनगाचं केवळ टोक होतं. सावत्र नणंदेला मागच्या वर्षी झालेल्या मुलीचा बापदेखील आपला नवराच होता, हे समजलं आणि तिच्या पायाखालची वाळू सरकली. मात्र आता घर सोडून चालणार नव्हतं. कारण आता तिच्या पोटातही एक जीव वाढत होता. १० डिसेंबर १८१५ रोजी तिच्यापोटी कन्यारत्नाने जन्म घेतला. आपल्या त्या सावत्र बहिणीच्याच नावावरून लॉर्ड बायरॉनने तान्ह्या बाळाचं नावदेखील ऑगस्टा ॲडा ठेवलं. खरं तर लॉर्ड बायरॉनला मुलगा हवा होता हे ऐकून तुम्हाला नवल वाटेल, पण इंग्लंडच्या या उमराव घराण्यामध्ये मुलगा झाला नाही, म्हणून सव्वा महिन्यांचं बाळ आणि ओली बाळंतीण यांचा जाच सुरू झाला. बडा घर पोकळ वासा! अतिशय स्वाभिमानी आणि खंबीर असलेल्या ॲनाबेलाला नवऱ्याने रडायला भाग पाडलं.

मात्र तरीही तिच्या नवऱ्याचं रागाधान झालं नाही. तिचं स्वतंत्र व्यक्तिमत्त्व आणि हुशारीही त्याला टोचत होती. शेवटी ॲनाबेलाला तिच्या माहेरी पाठवण्यात आलं. तिच्या माहेरी सुबत्ता होती, वडील कर्जबाजारी असले, तरी मामा श्रीमंत होता. आणि ॲनाबेला ही तिच्या आईवडिलांचं एकुलतं एक अपत्य होती, त्यामुळे सगळ्या इस्टेटीची मालकी ॲनाबेलाकडे आली. तान्ही ॲडा हालाखीचं जीवन जगली, असं नाही म्हणता येणार, मात्र ममतेचा अनुभव तिला बालपणी आलाच नाही. लॉर्ड बायरॉन आणि त्याची सावत्र बहीण यांच्या प्रेमप्रकरणाचा गवगवा होऊ लागला आणि लॉर्ड बायरॉनला इंग्लंड सोडून पळून जावं लागलं. कारण असे संबंध अनैतिक आणि बेकायदेशीरदेखील होते. इंग्लंड सोडून पळून गेल्यावर आठ वर्षांनी त्याचा मृत्यू झाला. त्याला अनेक अनौरस मुलं झाली, मात्र ॲडा हीच त्याची एकमेव कायदेशीर वारस होती. बापाचं प्रेम तर सोडा, त्याचा चेहरा पाहणंदेखील ॲडाच्या नशिबात नव्हतं. ती आईबरोबर राहत होती; परंतु वैवाहिक जीवनात आलेल्या या कटू अनुभवामुळे ॲनाबेला कोरडी पडली होती.

ॲनाबेलाने आपल्या नवऱ्यावर केस दाखल केली आणि तिला कोर्टाने ५०० पौंड वार्षिक पोटगी मंजूर केली. त्या काळात घटस्फोटित मातेला अपत्याची कस्टडी मिळत नसे. इथे ॲडाचा बाप बेजबाबदार होता, त्याने खुशीखुशी बाळाची कस्टडी बाळाच्या आईकडे दिली होती. या कालावधीत ॲनाबेलाच्या मानसिकतेवर एवढा गंभीर परिणाम झाला होता की, माझ्या मुलीमध्ये तिच्या बापाचा कोणताही गुण यायला नको, यासाठी

ती खूपच दक्ष राहू लागली. लहान मुलीला शिस्तीची नाही, तर मायेची, प्रेमाची गरज असते, हे ऑनाबेला पूर्ण विसरून गेली. चार वर्षांच्या ऑडाला गणित आणि विज्ञान शिकवण्यासाठी खासगी शिक्षक नेमण्यात आले. उच्चभ्रू लोकांचं लक्षण म्हणून फ्रेंच भाषा आणि संगीत याचा अभ्यासदेखील ऑडाने करायचा होता. बाकीचे विषय पूर्णपणे वर्ज्य होते. मनावर ताबा राहावा, यासाठी तिला रोज तासन्तास शवासन करायला भाग पाडलं जायचं. मनाचं रबर दाबून ठेवलं तरी उसळणारच ना... या सर्व प्रकारामुळे ऑडाच्या मनात आईबद्दल अढी बसली आणि न पाहिलेल्या बापाबद्दल कुतूहल निर्माण झालं. मात्र, तिला विसाव्या वाढदिवसापर्यंत तिच्या वडिलांचं चित्रदेखील दाखवण्यात आलं नव्हतं.

लहानपणी अनेक आजारांचा सामना ऑडाला करावा लागला. त्यावर मात करत, आईला अपेक्षित अशी आज्ञाधारक मुलगी होण्याचा ती पूर्णपणे प्रयत्न करत होती. तिला वडिलांकडून कल्पनाशक्तीची देणगी मिळाली होती. त्या वेळी इंग्लंडमध्ये औद्योगिक क्रांतीने वेग घेतला होता. त्यातील यंत्र आणि गिअर्स पाहून बारा वर्षांच्या ऑडाला कल्पना सुचली. वाफेच्या शक्तीवर उडू शकेल असा, पोटात गिअर असलेला लाकडी घोडा तयार करायचा, जो पंख हवेत उडवेल आणि तोंडातून वाफ सोडेल. भारी ना! तिने आपली ही कल्पना आईला पत्र पाठवून कळवली होती.

हो... एका घरात राहूनही तिला आईशी संवाद साधण्यासाठी पत्र पाठवायला लागायचं.

लहानपणापासून तिचा सांभाळ तिच्या आजीने केला होता. ती सात वर्षांची असताना तिची आजी मरण पावली. नंतर ऑडाचं संगोपन नोकरचाकरांनी केलं. आई तिच्या कामांमध्ये व्यग्र असायची. मुलीला केवळ योग्य शिस्त आणि शिक्षण मिळतंय का, याचीच ती काळजी करायची. समाजासमोर ऑडाच्या आईला आदर्श माता असल्याचं ढोंग करावं लागत असे. एका जिंदादिल कवीला समजून घेतलं नाही आणि संसार मोडून वेगळी झाली, हा ठपका ऑनाबेलावर होताच. लंडनमधील सरदार-उमराव घरातील स्त्रीवर्ग तिच्या नावाने खडे फोडत होता. किती विसंगती आहे ना! बायको आणि पोरीला सोडणारा नवरा चुकीचा ठरला नाही, याचं खापरदेखील बाईवर फोडण्यात आलं. त्यामुळे आदर्श पत्नी नाही, तर किमान आदर्श माता होणं ऑनाबेलासाठी सक्तीचं झालं होतं. लहान वयातच परिपक्वता आलेल्या ऑडाला या सर्व गोष्टी समजत होत्या.

काळाच्या ओघात ऑनाबेलाचे वडील मृत्यू पावले, लॉर्ड बायरॉनही मृत्यू पावला. वारसाहक्काने माहेर आणि सासरची, दोन्हीकडची इस्टेट ऑनाबेलाला मिळाली. लेकीला घेऊन तिने युरोप दौरा केला. दोन वर्ष प्रवासाचा आनंद घेतला. परतल्यावर तेराव्या वर्षी ऑडा आजारी पडली. तिला गोवर झाला. या आजारपणामुळे ती इतकी अशक्त झाली की, पुढील दीड वर्ष ती चालू शकली नाही. या काळात तिने अधिक

ऑडा बायरॉन, वय सात

चिकाटीने गणित आणि विज्ञान समजून घेतलं. याच काळात ती खगोलशास्त्राच्या प्रेमात पडली. त्यांचे फॅमिली डॉक्टर, सामाजिक कार्यकर्ते विल्यम फ्रेंड यांच्याकडून ऑडाला भरपूर शिकायला मिळालं. तिचं गणित खूपच पक्कं झालं. फ्रेंड आणि त्यांची मुलगी सोफिया यांच्याशी ऑडाच्या खगोलशास्त्राविषयीच्या गप्पा होत असत. फ्रेंड यांनी तिच्या आईला पाठवलेल्या पत्रात ऑडाची चौकशी करताना म्हटलं,

'ऑडा कशी आहे? पुढच्या महिन्यात गुरू हा ग्रह पृथ्वीच्या अधिक जवळ असणार आहे. तुमच्याकडे जर चांगला टेलिस्कोप असेल तर तुम्हाला या ग्रहाचं आणि त्याच्या उपग्रहांचं निरीक्षण करून चांगली चित्रं काढता येतील.'

तेव्हा ऑडा इतकी आजारी होती की, ती अंथरुणातून उठू शकत नव्हती, तिच्या पायाला तात्पुरता लकवा झाला होता. तिला बसून राहणंदेखील अशक्य झालं होतं. दिवसभरातून ती जास्तीत जास्त दीड तास बसू शकत होती. या असहाय करणाऱ्या प्रदीर्घ आजारपणाचा तिच्या मनावर परिणाम होईल की काय, अशी भीती तिच्या आईला वाटत होती. या काळजीने ती ऑडाला अधिकाधिक वेळ देऊ लागली. या काळात तिची आई मानवी कवट्या आणि व्यक्तीचं व्यक्तिमत्त्व, यावरील पुस्तकं वाचत होती. ऑडानेही हा विषय समजून घेतला. भविष्यात या विषयावर मायलेकींचे वाददेखील झाले. एक वर्ष असंच गेलं, मग ऑडा कुबड्या घेऊन हळूहळू चालू लागली.

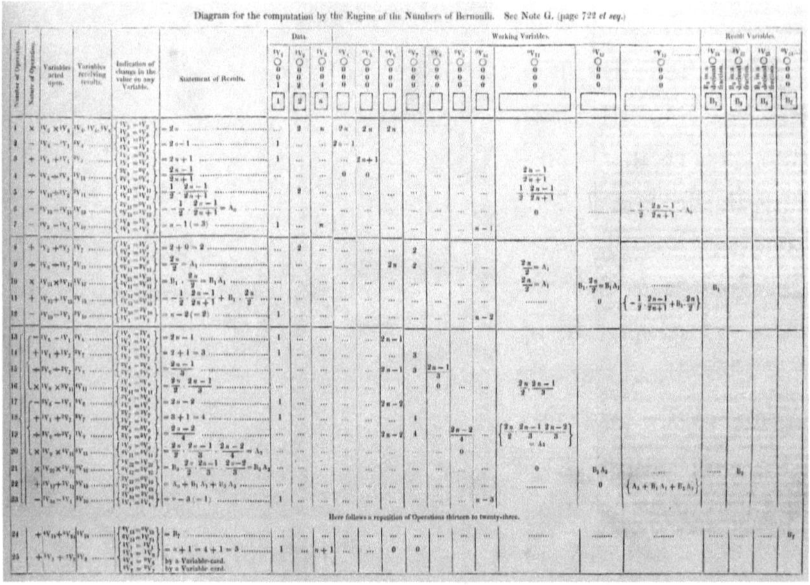

Diagram for the computation by the Engine of the Numbers of Bernoulli. See Note G. (page 722 *et seq.*)

'नोट जी' मधील ॲडा लव्हलेसची आकृती
पहिला प्रकाशित संगणक अल्गोरिदम

ती पूर्ण बरी होईल की नाही, याची मात्र तेव्हा खात्री नव्हती. पुढच्या सहा महिन्यांत ॲडा खडखडीत बरी झाली. या काळात तिने भरपूर वाचन केलं होतं, त्याची शिदोरी तिला पुढे आयुष्यभर पुरली.

ॲडा आजारपणातून उठली आणि हिंडायला-फिरायला लागली, अगदी नृत्याच्या कार्यक्रमांमध्येसुद्धा भाग घेऊ लागली. तारुण्यात पदार्पण करण्यास तयार असलेल्या ॲडाबरोबर नृत्य करण्याची संधी मिळेल का, या आशेवर अनेक तरुण टपून बसायचे. ॲडा आणि तिच्या आईचे संबंध लहानपणापासून ताणलेले होते, त्यात आता तीन मावशींची भर पडली. आईच्या या तिघी जिवलग मैत्रिणी या मायलेकींच्या नात्यात एवढं नाक खुपसायच्या की, ॲडाने त्या तिघींचं नाव, 'तीन चेटकिणी' असं ठेवलं होतं. वयात आलेल्या घरंदाज पोरीने कसं बसावं, कसं उठावं, कसं चालावं, कसं बोलावं, कसं वागावं, कसं जगावं यावरून या तिन्ही मावश्या रोजच टोमणे मारून ॲडाचं जगणं मुश्कील करत होत्या.

शिस्तीच्या बडग्याखालचं कंटाळवाणं जीवन जगत असतानाच ॲडाला शिकवायला एका तरुण शिक्षकाची नेमणूक झाली आणि तिचं ब्लॅक अँड व्हाईट आयुष्य रंगीत झालं. निसर्गनि आपली करामत दाखवली. तारुण्यसुलभ आकर्षण निर्माण झालं. ॲडाचं आणि तिच्या या तरुण शिक्षकाचं प्रेमप्रकरण जमलं. मावशी मंडळींना जेव्हा याचा सुगावा लागला, त्यांनी अपेक्षेप्रमाणे नाक मुरडून ॲडाला उपदेशाचा मोठा डोस पाजला. मात्र, या वयात डोक्यात रसायनं थैमान घालत असतात. दोघांनी पळून जायचा प्रयत्न केला खरा, पण तो अयशस्वी झाला. ज्यांच्या भरवशावर हे जोडपं पळालं होतं, त्यांनी जबाबदारी घ्यायला नकार दिला. उमराव घराण्यातील मुलगी आणि मध्यमवर्गीय तरुण, त्या काळात असे आंतरवर्गीय विवाह थोडेच सहजासहजी होणार होते? आणि यांच्यामध्ये पडून कोण मोठ्या लोकांशी पंगा घेणार? ॲडाला तिच्या आईकडे सोपवण्यात आलं.

त्यानंतर आपल्या हिंदी चित्रपटात होते, त्याप्रमाणे शिक्षकाची हकालपट्टी झाली आणि ॲडाची खरडपट्टी निघाली. आई आणि तीन मावश्या तिला एवढं बोलल्या की, पुन्हा प्रेमबिम करायच्या भानगडीत ॲडा पडलीच नाही. आईदेखील आपल्या लेकीकडे डोळ्यांत तेल घालून अधिक लक्ष देऊ लागली. तिला गणित आणि विज्ञानाच्या नवीन शिक्षिका म्हणून मेरी समरवील भेटल्या. *रॉयल ॲस्ट्रोनॉटिकल सोसायटीच्या* पहिल्या स्त्री सभासद म्हणून त्या प्रसिद्ध होत्या. त्यांच्यामुळे ॲडाची अनेक शास्त्रज्ञांशी ओळख झाली. चार्ल्स बॅबेजच्या पार्टीमध्ये ॲडा त्यांच्या ओळखीनेच गेली होती. चार्ल्स बॅबेजची ओळख झाली आणि ॲडाचं जीवनच बदलून गेलं, तिला तिच्या आयुष्याचं ध्येय सापडलं.

चार्ल्स बॅबेज हा अठराव्या शतकात जन्माला आलेल्या सर्वांत बुद्धिमान मानवांपैकी एक. लंडनमधील एका बँकरचा हा एकुलता एक मुलगा. केंब्रिज विद्यापीठात शिकत

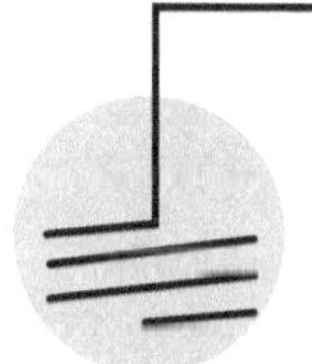

ॲडाने तिच्या शोध निबंधात यंत्राला द्यायच्या आज्ञावली क्रमवार मांडल्या. पहिलाच अगदी अचूक संगणकीय प्रोग्रॅम जन्माला आला होता. अंकांबरोबरच तिने अक्षर आणि चिन्ह यांचा वापर करून कोडिंग कसं करता येईल, याची मांडणी केली. तसेच संगणक आज्ञावलीमध्ये महत्त्वाचा भाग असलेलं लूपिंग म्हणजे एक कमांडची दुसऱ्या कमांडशी जोडणी करण्याचं कामही तिने अगदी अचूकपणे केलं.

असतानाच त्याने डिफरेन्शिअल मशिनमध्ये रस असलेल्या विद्यार्थ्यांचा एक ग्रुप तयार केला होता आणि त्यानुसार कामही सुरू केलं होतं. आज आपण संगणकाचा वेगवेगळ्या गोष्टींमध्ये उपयोग करतो. मात्र, संगणक संकल्पनेचा जन्म केवळ गणितीय क्रिया सोडवण्यासाठी झाला होता. त्याच्या गणक या नावातूनदेखील आपल्याला त्याचा हेतू कळतो. हजारो वर्षांपूर्वी चीनमध्ये ॲबॅकसचा प्रयोग यशस्वी झाला होता; मात्र त्याला मर्यादा होत्या. नंतर लॉग टेबल्सचा वापर होऊ लागला. मधल्या काळात जगाच्या कक्षा रुंदावल्या आणि सागरी वाहतूक वाढली. या वाहतुकीदरम्यान बरीच आकडेमोड करावी लागत असे. आणि ही गणितं सोडवत असताना चुकीला माफी नसते, कारण एवढीशी चूक झाली तर जहाजं एकमेकांना धडकून अपघात होऊ शकतात. म्हणून ही गणितं सोडविण्यासाठी संगणक बनवण्याचा बॅबेजने प्रस्ताव दिला.

नुकतीच नेपोलियनबरोबरची इंग्लंडची युद्धं संपली होती. ब्रिटिश आरमार जगामध्ये सर्वोत्तम गणलं जाऊ लागलं होतं. बॅबेजने जेव्हा संगणकाचा प्रस्ताव दिला, तेव्हा त्याला ब्रिटिश नेव्हीकडून भरपूर निधी मिळाला होता. हे यंत्र वाफेच्या शक्तीवर काम करणार होतं किंवा हाताच्या साहाय्याने त्याचा क्रॅंक हॅंडल फिरवावा लागणार होता. माहितीच्या आदान-प्रदानासाठी पंच कार्डचा वापर करण्यात येणार होता. या प्रकारच्या पंच कार्डचा वापर जॅकवार्ड यंत्रमागांमध्येदेखील करण्यात येऊ लागला होता. १८०१मध्ये जोसेफ जॅकवार्ड याने पंच कार्डचा वापर करून यंत्रमागाच्या प्रगतीला नवी दिशा दिली होती. हे मशीन छिद्रान्वेषी असायचं. आपल्याला जशी रचना हवी आहे, त्याप्रमाणे पंच कार्डमध्ये छिद्रं पाडायची. त्या रचनेनुसार यंत्रमाग सूचना पाळणार, त्यानुसार कापड आणि त्यावरील डिझाईन तयार होणार, असं स्वरूप होतं.

हे यंत्रमाग कसं काम करतं, ते बघायला ॲडाची आई तिला घेऊन गेली होती. त्या काळात राजघराण्यातील स्त्रियांसाठी हे खूपच धाडसाचं होतं. 'उँचे खानदान की औरते

२००९ पासून इंग्लंडमध्ये एक अभिनव उपक्रम सुरू आहे. ऑक्टोबर महिन्यातील दुसऱ्या मंगळवारी 'ॲडा लव्हलेस दिवस' साजरा केला जातो. नाही... हा दिवस तिचा जन्मदिवस नाही की, स्मृतिदिवसदेखील नाही. मात्र तरीही मुद्दाम ठरवून ऑक्टोबर महिन्याच्या दुसऱ्या मंगळवारी गणित आणि विज्ञान यांसारख्या क्षेत्रात उल्लेखनीय कामगिरी करणाऱ्या महिलांचं या निमित्ताने कौतुक केलं जातं.

ऐसे कैसे कारखाने जा सकती है'!! मात्र, त्यातील तांत्रिक बाबी समजून घेण्यात माय-लेकींना रस होता. बॅबेजच्या यंत्रामध्येदेखील दोघींना रस होता. वीस आकडी संख्यांची आकडेमोड करता येईल, असं यंत्र बॅबेजला तयार करायचं होतं; पण त्याला ते शक्य झालं नाही. शेवटी दुधाची तहान ताकावर भागवत त्याने छोट्या स्वरूपात यंत्र तयार केलं. त्याचं हे 'डिफरेन्शिअल यंत्र' सहा आकडी संख्यांचं गणित अचूकपणे सोडवत असे. बॅबेजने खगोलीय गणितं सोडवण्यासाठी केलेलं हे यंत्र यशस्वी झालं. त्यासाठी त्याला ऑस्ट्रॉनॉमिकल सोसायटीकडून दीड हजार पाउंड रोख रक्कम आणि सुवर्णपदक मिळालं. हे यंत्र कसं काम करतं, याबद्दल ॲडाला कुतूहल होतं. तिने पत्र पाठवून या यंत्राच्या ब्ल्यू प्रिंटची मागणी केली आणि यातून सुरू झालेली ॲडा आणि बॅबेजची दोस्ती पुढे आयुष्यभर टिकली.

बॅबेज यांच्या सल्ल्याने ॲडा लंडन विद्यापीठामध्ये ॲडव्हान्स मॅथेमॅटिक्स शिकू लागली. प्रत्येक गोष्टीला डिजिटल स्वरूप द्यायला ॲडा इथे शिकली. संगीत असो वा रंग अथवा जगातील इतर कोणतीही गोष्ट, सर्व काही संख्येच्या माध्यमातून मांडले जाऊ लागले. याच काळात ॲडाला संसार मांडायचीदेखील संधी मिळाली. १९ वर्षांच्या ॲडाला चांगलं स्थळ सांगून आलं. लवलेस परगण्याच्या सरदार (स्पेलिंग Lovelace असं आहे बरं का, ती loveless ची शब्दकोटी आता विसरून जा!) विल्यम किंग या सरदाराशी तिचं लग्न झालं. विल्यम हाही साहित्यिक, गणितज्ञ, शास्त्रज्ञ इत्यादींचा चाहता होता. त्यामुळे तिला संसारात तडजोड करावी लागली नाही. विल्यममुळे चार्ल्स डिकन्ससारख्या लेखकाशी तसंच मायकेल फॅरेडेसारख्या जीनियस शास्त्रज्ञाशी ॲडाची ओळख झाली.

ॲडा आणि विल्यम या दोघांनाही घोड्यांचा आणि घोडेस्वारीचा नाद. भारीच की राव! या जोडीच्या संसाराची घोडदौड सुरू झाली आणि चार वर्षांमध्ये तीन गोजिरी फुलं त्यांच्या संसारवेलीला लागली. दोन मुलं आणि एक मुलगी. मुलीचं नाव ॲनाबेला ठेवताना ॲडाला आई आठवली तर दोन्ही मुलांची नावं लॉर्ड बायरॉनच्या नावावर बायरॉन अन् गॉर्डन अशी ठेवली. तिने इथे बेजबाबदार बापाचं विनाकारण कौतुक केलं, असं तुम्हाला वाटेल, पण तिच्या मनात वडिलांविषयी एक विशेष स्थान होतं. झालं असं की, ॲडाला कुठून तरी तिच्या बापाने तिच्यावर लिहिलेली कविता मिळाली. अतिशय भावूक, तरल, सुंदर असलेली ही कविता तिच्या मनात बापासाठी जागा निर्माण करून गेली. 'माझी एकमेव लेक. तिच्या आईसारखी सुंदर असेल का?' या आशयाची ती कविता होती. आईच्या कोरड्या प्रेमाच्या पार्श्वभूमीवर तिला वडिलांच्या प्रेमाचं

कौतुक वाटलं. म्हणूनच तिच्या इच्छेनुसार मृत्यूनंतर तिचं पार्थिव तिच्या वडिलांच्या पार्थिवाशेजारी पुरण्यात आलं.

चार्ल्स बॅबेज यांनी काही वर्षांनंतर डिफरेन्शिअल इंजिनपेक्षा सुधारित अशा ऑनालिटिकल इंजिनवर काम करणं सुरू केलं. ३१ आकडी संख्यांची आकडेमोड ज्यामध्ये शक्य होणार होती. प्रोग्रॅम करता येईल, असा हा पहिला संगणक असणार होता. (पुढे शंभर वर्षांनंतर ऑलन ट्युरिंग यांनी हीच संकल्पना पुढे नेली होती.) १८४२मध्ये एका इटालियन अभियंत्याने चार्ल्स बॅबेजची व्याख्याने ऐकून त्याच्या या यंत्रावर फ्रेंच भाषेत शोधनिबंध प्रसिद्ध केला. (हा अभियंता लुईगी मेनाब्रिया पुढे जाऊन १८६७मध्ये इटलीचा पंतप्रधान झाला बरं का!) या शोधनिबंधाचा इंग्रजी अनुवाद ऑडाने केला. चार्ल्स बॅबेजने तो अनुवाद वाचला आणि ऑडाला खडसावलं, 'तुझी क्षमता अनुवाद करण्यापेक्षा खूप अधिक आहे; तू या संशोधनात मोलाची भर टाकू शकतेस. तू तुझा स्वतंत्र शोधनिबंध प्रसिद्ध कर.'

ऑडाने नव्याने शोधनिबंध लिहिला. या निबंधामध्ये तिने यंत्राला द्यायच्या आज्ञावली क्रमवार मांडल्या. पहिलाच अगदी अचूक संगणकीय प्रोग्रॅम जन्माला आला होता. अंकांबरोबरच तिने अक्षर आणि चिन्ह यांचा वापर करून कोडिंग कसं करता येईल, याची मांडणी केली. तसेच संगणक आज्ञावलीमध्ये महत्त्वाचा भाग असलेलं लूपिंग म्हणजे एक कमांडची दुसऱ्या कमांडशी जोडणी करण्याचं कामही तिने अगदी अचूकपणे केलं. वडिलांचा कवितेचा आणि आईचा गणिताचा वारसा एकत्र करत तिने अतिशय कल्पकतेने हा प्रोग्रॅम तयार केला. तिचं हे संशोधन १८४३मध्ये स्वीस जर्नलमध्ये प्रसिद्ध झालं. मात्र तिच्या हयातीत तिला फारशी प्रसिद्धी मिळाली नाही. कदाचित, चार्ल्स बॅबेज यांचं यंत्र यशस्वी झालं असतं, तर ऑडाचं नावदेखील तेव्हा जगभर गाजलं असतं.

बॅबेज यांच्या यंत्राचा प्रयोग यशस्वी होत नसल्याने ब्रिटिश नेव्हीने त्यांचा निधी थांबवला होता. त्यामुळे यंत्र अर्धवट स्थितीमध्ये पडून राहिलं होतं. सरकारचे सतरा हजार पौंड वाया गेले होते. आपलं सरकारदरबारी असलेलं वजन वापरून ऑडाने बॅबेजला सरकारात महत्त्वाचं पद मिळवून देण्याचा प्रयत्न केला. रेल्वे कमिशनरची जागा रिकामी होती, त्यासाठी प्रयत्न केले, पण अर्धवट यंत्राचं अपयश तिथे आड येत गेलं. ते यंत्र पूर्ण करण्यासाठी निधी उभा करण्याच्या प्रयत्नात बॅबेज आणि ऑडा प्रचंड गाळात गेले. तिने गणिताचा आणि अल्गोरिदमचा वापर जुगारात कसा करता येईल, यावर बराच वेळ आणि पैसा खर्च केला. घोड्यांच्या शर्यतीमध्ये तिने प्रचंड

पैसा गमावला. गणिताचा वापर करून दर आठवड्याला भाकितं काढली जायची, पैसा लावला जायचा आणि डब्बा गुल व्हायचा. कवीच्या अंत:प्रेरणेवर पोसलेला फाजील आत्मविश्वास गणिती बुद्धीवर मात करून गेला आणि शक्याशक्यतेचा साधा गणितीय नियम तिच्या लक्षात आला नाही.

चांगलं आरोग्य मिळण्याबाबत ॲडा फारच कमनशिबी म्हणावी लागेल. तिचं लहानपण आजारपणाने ग्रस्त होतं. साडेसात वर्षांची असताना तिने प्रचंड डोकेदुखी सहन केली होती. त्यानंतर किशोरवयात तब्बल दोन वर्षं तिने अंथरुणात काढली होती. आता तारुण्यातही आजारांनी तिचा पिच्छा सोडला नाही. २२ वर्षांची असताना तिने दुसऱ्या बाळाला जन्म दिला. तेव्हा १८३७मध्ये ॲडाला कॉलऱ्याची लागण झाली आणि तिला उपचारांसाठी कुटुंबापासून वेगळं ठेवण्यात आलं. तेव्हा लागण झालेल्या रुग्णांना वेगळ्या रुग्णालयात ठेवण्यात येत असे. त्या काळी कॉलराच्या साथीने इंग्लंडमध्ये एवढी दहशत माजवली होती की, त्याचं वर्णन वाचताना आपल्याला कोरोनाकाळाची आठवण यावी. अगदी नंतरच्या काळात राणी व्हिक्टोरियाचा युवराज अल्बर्टसुद्धा कॉलरा साथीला १८६१मध्ये बळी पडला होता. त्याकाळात प्रतिजैविकं तर नव्हतीच, त्यामुळे रुग्ण दगावण्याचं प्रमाण मोठं असायचं. मृत्यू पावलेल्या रुग्णांच्या अंत्यविधीसाठी दफनभूमीदेखील वेगळी वापरण्यात येत असे. सुदैवाने उपचारांनंतर ॲडा कॉलरामधून बचावली.

त्यानंतर एकामागून एका आजारांनी तिला गाठलं. कॉलरा बरा झाला; पण नंतर तिचा दमा बळावला. पुढे पोटाचाही त्रास सुरू झाला. वेदनाशामकं घेऊन घेऊन तिला अफूची सवय लागली. त्यामुळे वेगवेगळे भास होऊ लागले. मासिक पाळीतही तिला मोठ्या प्रमाणात रक्तस्राव व्हायचा. शरीरातील कॅल्शियम कमी झालं, हाडं ठिसूळ होऊन सांधेदुखी सुरू झाली. एवढे आजार असताना तिला मानसिक स्वास्थ्य तरी कसं लाभणार? तिची मन:स्थिती सारखी बदलायची आणि या सर्वांचं पर्यवसान मानसिक आजारात झालं. तिला वेडाचे झटके येऊ लागले. त्याचा परिणाम तिच्या वैवाहिक नात्यावर झाला. तिच्या नवऱ्याने तिला सुचवल्याप्रमाणे तिने काही संगीतोपचार करून पाहिले, पण व्यर्थ! त्यात भरीस भर म्हणून तिला कॅन्सरने ग्रासलं. वयाच्या चौथ्या वर्षापासून आकड्यांमध्येच खेळणारी, लोळणारी ही मुलगी वयाच्या चाळिशीचा आकडादेखील नाही गाठू शकली.

ॲडाचं आजारपण वाढलं तेव्हा तिची काळजी घ्यायला तिची आई हजर झाली. अर्थात, तिथेही तिची हुकूमशाही सुरू होतीच. ॲडाला कोणी भेटायचं, कोणी नाही, हे

तीच ठरवत असे. ॲडाला आजारपणात चार्ल्स डिकन्सची खूप छान साथ मिळाली. डिकन्स त्यांच्या घरचा नेहमीचा पाहुणा होता. महिन्यातून एकदा तरी तो जेवायला आणि गप्पा मारायला यायचाच. ॲडाच्या आजारपणात तर चार्ल्स रोज तिच्या उशाशी बसून तिला आपल्या कादंबरीतील कथा वाचून दाखवत असे. औषधांचा मारा सुरू होताच; तरीही कॅन्सरवर विजय काही मिळणार नव्हताच. सुरुवातीला ॲडाची चव आणि वास घेण्याची क्षमता हरपली, पण तिची स्मरणशक्ती आणि गणनक्षमता मात्र शाबूत होती. अखेरीस २७ नोव्हेंबर १८५१ रोजी तिची प्राणज्योत मालवली. त्या वेळी तिचं वय अवघं छत्तीस वर्षांचं होतं.

सरदार घराण्यातील एक मुलगी नाइलाजाने गणिताच्या वाटेला लागते आणि नंतर या विषयाच्या प्रेमातच पडते. पुढे प्रेम अयशस्वी झालं, नंतर लग्न झालं आणि तीन मुलं झाली तरी ती तिच्या पहिल्या प्रेमाला विसरू शकली नाही. आणि याच पहिल्या गणितप्रेमातून ती संपूर्ण जगाला सर्वात पहिला संगणक प्रोग्रॅम देऊन गेली. संगणक केवळ गणनक्रियेतच नाही, तर इतर अनेक गोष्टींमध्येही उपयोगी पडेल, हे तिने तेव्हाच ओळखलं होतं. प्रत्येक गोष्टीचं रूपांतर कोड्स किंवा डिजिट्समध्ये करता येईल, हे तिच्यातील कवयित्री ओळखू शकली होती. अमुक शास्त्राचा जनक, तमुक शास्त्राचा बाप अशी विशेषणं आपण आजवर अनेक वेळा पाहिली, त्या अर्थाने ॲडा लव्हलेस संगणक प्रोग्रॅमची जननी होती. तिच्या कार्याची दखल घेत १९७९मध्ये अमेरिकन संरक्षण खात्याने विकसित केलेल्या संगणकीय भाषेला ॲडाचं नाव दिलं आहे.

२००९ पासून इंग्लंडमध्ये एक अभिनव उपक्रम सुरू आहे. ऑक्टोबर महिन्यातील दुसऱ्या मंगळवारी 'ॲडा लव्हलेस दिवस' साजरा केला जातो. नाही… हा दिवस तिचा जन्मदिवस नाही की, स्मृतिदिवसदेखील नाही. मात्र तरीही मुद्दाम ठरवून ऑक्टोबर महिन्याच्या दुसऱ्या मंगळवारी गणित आणि विज्ञान यांसारख्या क्षेत्रात उल्लेखनीय कामगिरी करणाऱ्या महिलांचं या निमित्ताने कौतुक केलं जातं. त्या काळात उमराव घरात जन्म घेतल्यामुळे ॲडाला ज्या सवलती मिळाल्या, त्या इतर कोणत्या सामान्य स्त्रीला मिळणं अशक्य होतं, ही बाबही लक्षात घेतली पाहिजे. या पुस्तकात पुढे आपण अशा स्त्रियांची माहिती पाहणार आहोत, ज्यांना समाजात प्रचंड संघर्ष करावा लागला आहे. या सर्व स्त्रियांचं चरित्र वाचल्यावर आपल्या लक्षात येईल की, संधी मिळेल तिथे स्त्रीने आजवर तिची सर्जनशीलता दाखवून दिली आहे. शेतीचा शोध लावणारी स्त्री होती आणि पहिला संगणक प्रोग्रॅम तयार करणारीदेखील… हा केवळ योगायोग नाही. नवनिर्मितीची देणगी लाभलेल्या स्त्रीला त्रिवार वंदन.

दृष्टिक्षेप

- चार्ल्स बॅबेजची ओळख झाली आणि ॲडाचं जीवनच बदलून गेलं, तिला तिच्या आयुष्याचं ध्येय सापडलं.

- एक उमराव घराण्यातील मुलगी नाइलाजाने गणिताशी गट्टी करू पाहते. नंतर ती या विषयाच्या प्रेमातच पडते.

- तिच्या या पहिल्या प्रेमाला ती आयुष्यभर विसरू शकत नाही. या प्रेमातूनच ती जगाला सर्वांत पहिला संगणक प्रोग्रॅम देऊन जाते.

- संगणक केवळ गणनक्रियेतच नाही तर इतर अनेक गोष्टींमध्ये उपयोगी येईल, प्रत्येक गोष्टीचं रूपांतर कोड्स किंवा डिजिट्समध्ये करता येईल हे तिने पावणेदोनशे वर्षांपूर्वी ओळखलं होतं.

- खऱ्या अर्थाने ॲडा लव्हलेस ही संगणक प्रोग्रॅमची जननी आहे.

- शेतीचा शोध लावणारी स्त्री होती आणि पहिला संगणक प्रोग्रॅम तयार करणारीदेखील... हा केवळ योगायोग नाही.

मेरी क्युरी
आणि प्रेरणेचा किरणोत्सार

'इच्छा तेथे मार्ग' या म्हणीचा प्रत्यय देणारी मेरी क्युरी. ज्या देशामध्ये मुलींना शिक्षणाची संधी नव्हती, अशा देशामध्ये मेरीचा जन्म झाला. अतिशय प्रतिकूल परिस्थितीवर मात करत विज्ञानामध्ये मूलभूत संशोधन करून इतिहास घडवला. नोबेल पारितोषिकावर एका स्त्रीचं नाव पहिल्यांदा कोरलं गेलं. दोन वेगवेगळ्या विषयात नोबेल पारितोषिक मिळवणारी मेरी... देशोदेशींच्या मुलींना विज्ञान क्षेत्रामध्ये येण्यासाठी प्रेरणा देणारी मेरी... जगातील कोणत्याही देशात एखाद्या स्त्रीने विज्ञान क्षेत्रात चांगली कामगिरी केली तर तिला लोक कौतुकाने 'आमच्या देशातील मेरी क्युरी' असं म्हणतात, यावरून मेरी क्युरीचं स्थान समजून येतं.

ज्या काळात स्त्रियांना शिक्षण आणि संशोधन या क्षेत्रामध्ये संधी नव्हती, त्या काळात आपल्या नशिबाची झुंज देत एक मुलगी पुरुषसत्ताक मानसिकतेच्या छाताडावर पाय रोवून विज्ञान क्षेत्रात तळपली. अणुशास्त्र विकसित होत असताना त्यामध्ये महत्त्वाचं योगदान देणारी मादाम मेरी क्युरी, जिला आपण आधुनिक वैज्ञानिक पद्धतीचा वापर करणारी पहिली स्त्री-शास्त्रज्ञ म्हणू शकतो. स्त्री सक्षमीकरणाचं आदर्श उदाहरण म्हणजे मेरी क्युरी. दोन वेगळ्या विषयांत नोबेल पारितोषिक मिळवणारी पहिली व्यक्ती ते अगदी

शेकडो वर्षांची परंपरा असलेल्या फ्रान्सच्या पँथिऑन राष्ट्रीय स्मारकात दफन करण्यात आलेली पहिली स्त्री. मुलींना शिकायला बंदी असलेल्या देशात जन्मलेल्या मुलीचा हा प्रवास थक्क करणारा आहे.

मेरीचं मूळ नाव मान्या स्क्लोडोव्स्का (Manya Sklodowska) (हे आडनाव एकदाच बरं का... लय अवघड टाईप करायला आणि तसंही ते तुमच्या लक्षात राहणार नाहीच.) ७ नोव्हेंबर १८६७ रोजी पोलंड देशाच्या राजधानीच्या शहरात, वॉर्सामध्ये व्लादीस्लाव आणि ब्रोनीस्लाव्हा या शिक्षक दांपत्याच्या पोटी एक कृश बाळ जन्माला आलं. आधीच्या चार अपत्यांनंतर जन्मलेलं हे अतिशय किरट्या अंगाचं, अगदीच नाजूक

व्लादीस्लाव स्क्लोडोव्स्का (Wladyslaw Sklodowski) आणि मुली (डावीकडून) मारिया, ब्रोनीस्लाव्हा (Bronislawa) आणि हेलेना, १८९०

असलेलं शेंडेफळ... मान्या हे तिचं टोपणनाव होतं. सर्वांत मोठी सोफिया, नंतर जोसेफ, त्यानंतर ब्रोनीस्लाव्हा आणि हेलेना या बहिणींच्या पाठीवर ही मान्या जन्माला आली. तिच्या बालपणीच्या काळात पोलंडमध्ये रशियाविरोधी धामधूम सुरू होती. तिच्या जन्मापूर्वी चार वर्षं आधी पोलिश लोकांनी रशियाचं आधिपत्य झुगारून अपयशी बंड करून पाहिलं होतं, त्यामुळे रशियाने पोलंडवरची पकड अधिक आवळली होती. पोलंडवर रशियाचं राज्य होतं. त्याविरुद्ध पोलिश जनतेचा संघर्ष सुरू होता. मान्याचे अनेक नातेवाईक या लढ्यामध्ये सक्रिय सहभागी होते. त्यामुळे पोलिश जनतेला आधीच कमी उपलब्ध असणाऱ्या संधीही या कुटुंबाला मिळत नव्हत्या. मान्याचे आई-वडील स्थानिक शाळेत कमी पगारावर अध्यापनाचं काम करत होते.

रशियन अधिकारी पोलिश जनतेला अतिशय सापत्नभावाची वागणूक देत होते. सर्व सरकारी महत्त्वाच्या हुद्द्यांवर रशियन लोकांचीच नेमणूक केली जायची. पोलिश

शाळांमध्ये विज्ञानाचं उच्च शिक्षण द्यायला मनाई होती. या सर्वच विषमतेविरुद्ध पोलिश जनतेने बंड उभारलं होतं. रस्त्यावर कधीही हिंसाचार सुरू व्हायचा. त्यामुळे लहान मुलांना कायम, 'बाहेर रस्त्यावर जाऊ नका, दंगा सुरू होईल', अशी भीती दाखवली जायची. मान्याने या बागुलबुवाची एवढी धास्ती घेतली होती, की भावंडं कधी अंगणात खेळत असतील तर ती त्यांच्यात सामील व्हायची नाही. नुसती घरकोंबडी झाली होती मान्या! मात्र घरातल्या घरात खेळताना मोठी चार भावंडं दोन गटात असणार... आणि ही दोन्ही गटात लिंबूटिंबू असणार. दोन्ही बाजूंना बॅटिंग मिळते तो लिंबूटिंबू खेळाडू.

भावंडं बाहेर खेळत असताना छोटी मान्या घरातच बसायची. दिवसभर घरात बसून काय करणार, तर पुस्तकं चाळत बसायची. त्यामुळे तिला अक्षरओळख खूपच लवकर झाली. वयाच्या चौथ्या वर्षांच छोट्या मान्याला छान वाचता येत होतं, अगदी तिच्यापेक्षा मोठ्या असलेल्या बहिणी वाचू शकत नसतील, तेदेखील ही अद्याप शाळेत न गेलेली पोर वाचू शकत होती. तिच्या आईला क्षयरोग झाला होता, त्यामुळे आई तिला जवळ घेत नसे. आई जवळ घेऊन आपले लाड का नाही करत, हे छोट्या मान्याला तेव्हा समजायचंच नाही. बाकीच्या आया आपल्या मुलांना म्हणतात की, खूप खेळ झाला, आता अभ्यासाला बस; पण इथे चित्र उलटं होतं. आई म्हणायची, 'पोरी, लय अभ्यास झाला, आता जरा बाहेर जाऊन खेळ.' मुलीने घरातील कुबट, रोगट वातावरणापेक्षा मोकळ्या हवेत श्वास घ्यावा, हा तिच्या आईचा हेतू असायचा.

मान्या सात वर्षांची असताना तिची मोठी बहीण सोफिया टायफॉइडने मृत्यू पावली. आई तर आधीच आजारी होती, तिला आपल्या मोठ्या मुलीचा अकाली मृत्यू सहन झाला नाही आणि ही खचलेली आई तीन वर्षांत मरण पावली. दहा वर्षांच्या मान्याला मोठी बहीण ब्रोनीस्लाव्हा हिच्याकडून प्रेम, माया, ममता मिळाली. या बहिणीला आईचंच नाव लाभलं होतं आणि पुढे आईची जबाबदारी तिने उचलली. मान्याच्या आईने ख्रिस्ती धर्म स्वीकारला होता आणि इतर कडव्या कॅथॉलिक पंथीयांप्रमाणे ती बरीचशी कर्मठही होती. तिची अपेक्षा होती की, आपल्या सर्व अपत्यांनी ख्रिस्ती धर्मातील कॅथॉलिक पंथाचं पालन करावं. मात्र मान्याचे वडील जन्माने ज्यू असले, तरी नास्तिक होते. आईचं छत्र फार काळ लाभलं नसल्याने वडील हेच मान्याचे आदर्श होते. त्यांच्या पावलावर पाऊल ठेवून मान्यादेखील नास्तिक झाली.

मान्या शाळेत हुशार होती. अभ्यासक्रम झपाट्याने पूर्ण करत तिच्यापेक्षा दोन वर्ष मोठ्या असलेल्या मुलींच्या वर्गात ती सामील झाली. मोठी बहीण हेलेना त्याच वर्गात होती. वडील भौतिकशास्त्र आणि गणिताचे शिक्षक होते. त्यामुळे या विषयात

तर मान्याने लवकरच प्रभुत्व मिळवलं. याशिवाय तिने पोलिश, जर्मन, रशियन, फ्रेंच या भाषांतही कौशल्य संपादन केलं. त्यांच्या शाळेत पोलिश इतिहास, पोलिश संस्कृती शिकवायला बंदी होती. जे काही शिकवलं जायचं, त्यात रशिया कसा महान आहे, ही एकच बाब समाविष्ट असायची. शाळेत पोलिश भाषा वापरायलादेखील बंदी होती. मात्र, आपली बंडखोर मान्या शाळेतील पोरांना पोलिश संस्कृती आणि इतिहास याचे धडे वर्गात इतर शिक्षक नसतील तेव्हा द्यायची. असं करताना पकडली गेली असती, तर तिचं शिक्षण तर संपलं असतंच, शिवाय कदाचित रशियन कारागृहाची हवाही खायला लागली असती. मात्र पोलंडवरील अतीव प्रेम तिला ही जोखीम घ्यायला प्रवृत्त करत होतं. हे सगळं करताना तिची अभ्यासातील आघाडी कायम होती बरं का! वयाच्या सोळाव्या वर्षी तिने शाळेचं गोल्ड मेडल जिंकलं.

शालेय शिक्षण तर झालं, मात्र पुढे काय? कारण पोलंडमध्ये महिलांना महाविद्यालयात आणि विद्यापीठात प्रवेश घेता येत नव्हता, पण आपल्या मान्याचा जन्मच क्रांतिकारी चळवळ्या घरात झाला होता. हा जीव या पृथ्वीवर चारचौघींसारखं शिवणकाम, भरतकाम करण्यासाठी आला नव्हता. स्वप्ने साकार करायची, तर मान्यासमोरील संघर्ष अटळ होता. पोलंडमध्ये स्त्रियांना उच्च शिक्षण घ्यायला बंदी असली, तरी शेजारच्या देशात फ्रान्समध्ये जाऊन पुढचं शिक्षण घेता आलं असतं; याचा अर्थ, तिने पळून जाऊन फ्रान्समध्ये आश्रय मिळवणं आणि शिक्षण घेणं, हाच पर्याय उपलब्ध होता. मात्र त्यासाठी आवश्यक तेवढे पैसे मान्याकडे किंवा घरच्यांकडे नव्हते. आणि मोठी बहीण ब्रोनीस्लाव्हाही शिक्षण घेऊ इच्छिणारी उमेदवार होती. तीही शालेय शिक्षणात अतिशय हुशार होती आणि उच्च शिक्षणाची संधी शोधत होती. मान्याचा जीव की प्राण असलेल्या या मोठ्या बहिणीला, ब्रोनीला वैद्यकीय शिक्षण घ्यायचं होतं.

रशियन राजवटीविरुद्ध राष्ट्रीय उठावामध्ये सहभागी असल्याच्या कारणावरून मान्याच्या कुटुंबाला आपली सगळी संपत्ती गमवावी लागली होती. त्यात मान्याच्या आईच्या प्रदीर्घ आजारपणामुळे घरचा आर्थिक पाया पूर्णपणे खचला होता. अगदी हातावर पोट असल्यागत परिस्थिती झाली होती. मुलींचं शिक्षण पूर्ण होत नाही, तोवर वडिलांची नोकरीही सुटली. रोजचं जेवण आणण्यासाठी पैसे आणायचे कुठून, हा प्रश्न असताना उच्च शिक्षण हे तर मान्या आणि तिच्या बहिणीसाठी मृगजळच होतं. पण म्हणतात ना, इच्छा तिथे मार्ग... मान्याने मार्ग शोधला. या बहिणींनी आपापसात ठरवलं की, पहिल्यांदा मोठ्या बहिणीने परदेशी जाऊन शिक्षण घ्यायचं आणि मान्याने

मिळेल ते काम करून त्याचा खर्च उचलायचा. पाच वर्षांमध्ये मोठी बहीण शिक्षण पूर्ण करेल, तिकडे नोकरी मिळवेल आणि धाकट्या बहिणीलाही तिकडे बोलावून घेईल. आणि नंतर लहान बहिणीच्या शिक्षणाचा मोठी बहीण खर्च उचलेल.

ठरल्याप्रमाणे मान्या एका वकिलांच्या मुलांना शिकवण्याचं काम करत आपल्या बहिणीला पॅरिसला पैसे पाठवत होती. हे गव्हर्नेसचं काम करताना मान्याच्या आयुष्यातील पहिलं प्रेम, पहिला ब्रेकअप घडला... काजीमिएझ झोरावस्की हा मान्यापेक्षा एक वर्षाने मोठा. त्याची आई चळवळीत अग्रेसर होती. तिला आणि तिच्या वडिलांना बंडखोरीसाठी रशियन जेलची हवा खायला लागली होती. अतिशय श्रीमंत असलेलं झोरावस्की कुटुंब हे मान्याच्या वडिलांच्या नात्यात होतं, त्यामुळे मान्याला तिथे नोकरी मिळाली होती. मान्या अभ्यासात हुशार असल्याने काजीमिएझच्या भावंडांना शिकवण्याची जबाबदारी मान्यावर सोपवण्यात आली होती. काजीमिएझ हा सुट्टीसाठी घरी आला होता. त्याच्या भावंडांना शिकवता शिकवता काजीमिएझ आणि तिच्यामध्ये प्रेमाची कळी उमलली.

'जब हम जवाँ होंगे'टाईप पोलिश भाषेतील गाणी म्हणत दोघं लग्न करायचा विचार करत होते. मात्र तिच्या आणि तिच्या प्रियकराच्या मध्ये अमिरी-गरिबीची पारंपरिक दरी होतीच. मान्या केवळ पैशांसाठी आपल्या मुलाला जाळ्यात ओढत आहे, असा त्याच्या घरच्यांचा समज झाला. मान्याला बहिणीला पैसे पाठवावे लागतात, तसंच उरलेल्या पैशांत ती घर कसंबसं चालवते, हे सर्व झोरावस्की कुटुंबाला ठाऊक होतं. आपली लायकी नसताना प्रेम करायची हिची हिंमत कशी झाली, असं म्हणून तिचा प्रेम करण्याचा हक्क नाकारला गेला. त्यांच्या प्रेमाची कळी कुस्करली गेली. एवढंच नाही, तिला कामावरूनही काढून टाकण्यात आलं. नंतर मोठा झाल्यावर काजीमिएझ झोरावस्की जगप्रसिद्ध गणितज्ञ झाला, मात्र त्याच्या हृदयात मान्यासाठी विशेष स्थान कायम राहिलं. मेरी क्युरीच्या मृत्यूनंतर रेडियम इन्स्टिट्यूट, वॉर्सा येथील तिच्या स्मृतिस्थळावर अश्रू ढाळताना झोरावस्कीला अनेकांनी अनेकदा पाहिलं.

भविष्यात आपण एकत्र येऊ, अशी दोघांना आशा असावी; मात्र १८९१मध्ये मान्या फ्रान्सला गेली आणि त्यांच्या दिशा वेगळ्या झाल्या. कोवळ्या वयात प्रेमाची अवहेलना झाली, आर्थिक बाबतीत तुलना करून मान्याला तिची पायरी दाखवण्याचा प्रयत्न झाला होता. त्यामुळेच असेल कदाचित, परंतु मान्याला पुन्हा आयुष्यात कधीही पैसे कमवावे वाटले नाहीत. कधी चांगले उंची कपडे घालावे वाटले नाहीत. तिच्या वयाची कोणतीही मुलगी अशा प्रसंगी खचली असती, मात्र खचेल ती मान्या कसली!

ती या प्रसंगातून अधिक कणखर झाली. मिळतील त्या नोकऱ्या करून पैसे जमवत राहिली आणि तिने बहिणीला डॉक्टर करून दाखवलंच. त्यानंतर स्वतः १८९१मध्ये फ्रान्सला गेली. आपली शिकायची इच्छा बाजूला ठेवून लहान बहिणीने मोठ्या भावंडांना शिकवण्याचं उदाहरण तसं दुर्मीळच... माझ्या वाचनात तर नाही आलं कधीच.

मान्या महाविद्यालयात दाखल झाली. मान्याची 'मेरी' झाली ती तिथेच! मेरीची बहीण आता विवाहित होती. तिचा नवा संसार होता. त्यात आपला अडथळा नको, असा विचार करून तिच्याकडे राहण्यापेक्षा स्वतंत्र खोली घेऊन राहणं मेरीने पसंत केलं. त्यांना त्यांची प्रायव्हसी आणि मेरीला अभ्यासासाठी हवा असलेला एकांत, दोन्ही कामं झाली. मेरीने आपल्यावर केलेल्या उपकारांची जाणीव ठेवून बहीण तिला जास्तीत जास्त मदत करायला पाहायची. मात्र बहिणीवर आपला आर्थिक बोजा कमीत कमी कसा पडेल, याची काळजी मेरी घ्यायची. ती अतिशय काटकसरी होती. एवढी की, ती स्वतःची उपजीविका चहा, ब्रेड, बटर एवढंच खाऊन करत होती. आधीच बारीक शरीर, त्यात असलं खाणं. पार बुजगावणं झालं शरीराचं! उत्साह मात्र दांडगा होता.

रोज रात्री एक वाजेपर्यंत काम केलं, तरी पहाटे पाच वाजता तिचा दिवस सुरू व्हायचाच. या कृश मूर्तीमध्ये एवढं चैतन्य कुठून येत असावं! पाहणाऱ्या व्यक्ती थक्क होत असत. मेरीमध्ये स्वाभिमान तर एवढा ठासून भरला होता की, तिने स्कॉलरशिप चक्क नाकारली आणि 'माझ्याऐवजी जास्त गरजू विद्यार्थ्याला ती द्यावी', असं कळवलं. ही फकिरी वृत्तीच तिला जगापेक्षा वेगळी ठरवते. कारण ती स्वतः अशा खोलीत राहत होती, जी उन्हाळ्यात भट्टी आणि हिवाळ्यात रेफ्रिजरेटरचं काम करायची. धूळयुक्त अंधाऱ्या कुबट खोलीत न राहता आपण या स्कॉलरशिपमुळे चांगल्या ठिकाणी राहू शकलो असतो, चांगलंचुंगलं खाऊ शकलो असतो, असा विचारही तिच्या मनात आला नाही. कदाचित, ती स्वतःच्या सहनशीलतेची परीक्षा पाहत असावी. आणि त्यात ती नक्कीच उत्तीर्ण झाली. रात्री दहा वाजेपर्यंत लायब्ररीचा वापर आणि नंतर खोलीत जाऊन साध्या दिव्याच्या उजेडात अभ्यास, अधेमध्ये आठवण झाली तर पावाचा तुकडा चघळणं... असा तिचा दिनक्रम होता.

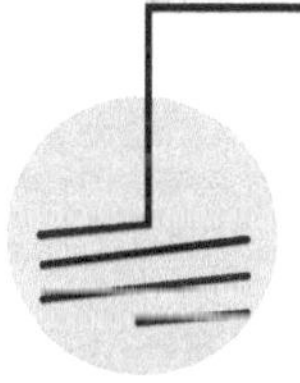

रेडियमचा शोध हा खूपच महत्त्वाचा होता आणि या दांपत्याने त्याचं पेटंट घेतलं असतं, तर ते खूपच श्रीमंत होऊ शकले असते. आपल्या संशोधनाचा उपयोग सर्वसामान्यांना व्हावा म्हणून या दांपत्याने पेटंट घ्यायचं नाकारलं.

महाविद्यालयात ती कुणाशी गप्पा मारायची नाही. आपण भलं आणि आपलं शिक्षण भलं! वर्गातल्या विद्यार्थ्यांशी कधी संवाद साधायचा प्रयत्न केला नाही. १८९३मध्ये फ्रान्समधील सोरबॉन विद्यापीठाची भौतिकशास्त्राची पदवी मेरीने मिळवली. बहिणीने तिचं वचन पूर्ण केलं, तिची जबाबदारी संपली होती. बहिणीला आता अधिक त्रास देणं मेरीला आवडणार नव्हतं. ती पोलंडला परतली. वॉर्सामध्ये नोकरी शोधू लागली, पण तिच्या योग्यतेचं काम तिथे तिला मिळालं नाही. त्याच दरम्यान, परदेशी गुणवंत विद्यार्थ्यांना देण्यात येत असलेली फेलोशिप मेरीला देण्यात आली. मेरी पुन्हा पॅरिसला आली. तिथे तिला मॅग्नेटिझम प्रॉपर्टीज् अँड केमिकल कंपोझिशन यावर संशोधन करण्यासाठी प्रयोगशाळा आवश्यक होती. त्यासाठी शोधाशोध सुरू असतानाच तिची पिएर क्युरी याच्याशी ओळख झाली. पिएरच्या रूपाने फक्त संशोधनातील साथी नाही, तर मेरीला जीवनसाथी सापडला. अँड दे लिव्ड मेरीली आफ्टर.

मूळचे पोलंडचे पण नंतर फ्रान्समध्ये स्थायिक झालेले शास्त्रज्ञ प्रा. जोसेफ कोवालस्की यांनी मेरीशी पिएरची ओळख करून दिली. कोवालस्की हे मेरीला ती पोलंडमध्ये असल्यापासून ओळखत होते. मेरीच्या बुद्धिमत्तेने त्यांना दिपवून टाकलं होतं. त्यांनीच मेरीला पॅरिसमधील विद्यापीठात प्रवेश मिळवून देण्यासाठी मदत केली होती, तसेच पुढे काही आर्थिक स्वरूपाची मदत केली होती. पिएरला पहिल्यांदा भेटली त्याचं वर्णन मेरी करते,

'मी जेव्हा खोलीत प्रवेश केला, तेव्हा खिडकीपाशी मला एक उमदा तरुण दिसला. पस्तिशीचा असला, तरी तो खूपच तरुण दिसत होता. त्याचं नम्रपणे आणि आपुलकीने बोलणं मला खूप विश्वास देऊन गेलं. मला तो प्रथमदर्शनीच आवडला आणि मीदेखील त्याला आवडले आहे, हे त्याच्या डोळ्यांतून मला स्पष्ट दिसत होतं.'

भिडस्त स्वभाव असलेल्या पिएरला मेरीच्या व्यक्तिमत्त्वाने प्रचंड आकर्षित केलं. तिच्या विद्वत्तेबरोबरच तिची कामाप्रति असलेली निष्ठा आणि तिचं समर्पण या सर्व गोष्टी पाहून पिएर तिच्या प्रेमात पडला. त्याने तिच्यासमोर लग्नाचा प्रस्ताव मांडला. मात्र मेरीने त्याला स्पष्टच सांगितलं, की संशोधन पूर्ण झाल्यानंतर तिला पोलंडला जायचं आहे आणि देशाची सेवा करायची आहे. 'माझ्याबरोबर पोलंडला यायची अट मान्य असेल तरच मी लग्नाचा विचार करू शकते.'

पोलंडमध्ये कदाचित पिएरला संशोधनाचं काम किंवा नोकरी मिळाली नाही, तर तो तिकडे फ्रेंच शिकवण्याचं काम करेल, असं तिचं नियोजन होतं. पिएरला यात काहीच अडचण नव्हती. मेरीसाठी काहीही करायची त्याची तयारी होती. मात्र तशी वेळ

आलीच नाही. वॉर्सामध्ये मेरीला 'स्त्री' असल्याने प्राध्यापकपद मिळू शकलं नव्हतं. रोज एकत्र काम करताना एकमेकांची एवढी सवय झाली होती की, मेरी जेव्हा नोकरी शोधायला काही काळ पोलंडला गेली, तेव्हाचा विरह दोघांना सहन झाला नाही आणि मेरी पॅरिसला परतल्यावर दोघांनी लग्नाचा निर्णय घेतला.

दोघंही नास्तिक असल्यामुळे धार्मिक विधीशिवाय या दोघांचं लग्न झालं. नेहमीच्या नववधूच्या पारंपरिक पांढऱ्या गाऊनला फाटा देत मेरीने लग्नासाठी वेगळा ड्रेस निवडला होता. ही नववधू निळ्या गाऊनमध्ये लग्नाला उभी राहिली. तिचा त्या वेळचा निळ्या गाऊनमधील फोटो नंतर खूपच प्रसिद्ध झाला. नंतर तिच्या प्रयोगशाळेमध्येही ती या निळ्या रंगाच्या गाऊनमध्ये नेहमी असायची. कितीही साधेपणाने लग्न केलं, तरी लग्नात भेटवस्तू मिळत असतातच; त्यांचं यांनी काय केलं असेल? चक्क सगळ्या वस्तू विकून टाकल्या आणि दोघांसाठी दोन सायकली विकत घेतल्या. रोजच्या जीवनात लागणाऱ्या किमान वस्तू सायकलला बांधल्या आणि हे दोघं सायकलवर हनिमूनला गेले. वाटेल तिकडे फिरायचे, कधी जंगल, कधी पर्वत अशी मनसोक्त भटकंती या नवदांपत्याने केली.

या दोघांचं सहजीवन आणि संशोधन हे नुसतं सुरू नाही झालं, तर ते बहरत गेलं. किरणोत्सार हा विषय तेव्हा खूपच चर्चेत होता. रॉंटेजन याने एक्स-रेचा शोध नुकताच लावला होता. हेन्री बेक्वरेल याने १८९६मध्ये युरेनियममधून काही अज्ञात किरण बाहेर पडतात हे शोधलं होतं. हे किरण नक्की कसले आणि त्याचा मानवाला काय उपयोग होऊ शकतो, यावर अधिक संशोधन होणं गरजेचं होतं. आपल्या पुढील संशोधनात मदत मिळावी म्हणून बेक्वरेलने पिएर आणि मेरी यांना बोलावलं होतं. पिएर आणि मेरीने रेडिएशन मोजण्यासाठी क्युरी स्केल नावाची मोजमापपट्टीही तयार केली. एखाद्या वायूमधून किरणं उत्सर्जित केली जातात, तेव्हा तो वायू आयोनाईज्ड (आयनीभवन) होतो, म्हणजेच त्याच्यामध्ये धनप्रभार आणि ऋणप्रभार तयार होऊन त्यातून वीज वाहू शकते. हा वीजप्रवाह मोजला असता त्यावरून आपल्याला किती वायू आयोनाईज्ड झाला आहे आणि त्यावरून तिथे किती रेडिएशन झालं आहे, हे समजू शकतं. (रेडिएशन मोजण्यासाठी आजही क्युरी हेच एकक वापरतात.)

मेरीनेदेखील या संदर्भातील प्रयोग सुरू ठेवले. युरेनियम आणि थोरियमची अनेक संयुगं किरणोत्सार करत असतात, मात्र युरेनाईट हे संयुग सर्वात जास्त किरणोत्सारी असतं. युरेनाईटलाच बोली भाषेत पिंचब्लेंड असं नाव आहे, ज्याचं शास्त्रीय नाव युरेनियम ऑक्साईड अर्थात UO_2 आहे. निसर्गात पिंचब्लेंड हे अशुद्ध स्वरूपात

सापडतं. तोपर्यंत असा समज होता की, पिंचब्लेंडमध्ये युरेनियम आणि ऑक्सिजन हे दोनच घटक असतात. यात युरेनियमशिवाय इतर घटक असले पाहिजेत, असा अंदाज मेरीला आला. त्यावर तिने संशोधन पेपर लिहिला. अर्थात तत्कालीन रसायनशास्त्रज्ञांनी तिच्या या अंदाजाला केराची टोपली दाखवली. यात काही नवं मूलद्रव्य असेल तर त्याचा अणूभारांक किती असेल? यासारख्या शंका उपस्थित करून प्रत्यक्षात हे मूलद्रव्य पाहत नाही तोवर आम्ही यावर विश्वास ठेवणार नाही, अशी भूमिका घेतली.

खरं तर तेव्हा पिएर वेगळ्या, स्फटिकांच्या संशोधनामध्ये गुंतला होता. मात्र, आता वेळेचं गांभीर्य समजून त्याने स्वतःचं संशोधन बाजूला ठेवलं आणि तो मेरीच्या मदतीला धावून आला. आता आपले अंदाज सिद्ध करण्यासाठी म्हणजेच पिंचब्लेंडमध्ये युरेनियमव्यतिरिक्त असलेले घटक वेगळे करण्यासाठी क्युरी दांपत्याची धडपड सुरू झाली. दोन वर्षं रोज मोठ्या कढईत पिंचब्लेंड उकळवणं सुरू झालं. यांची प्रयोगशाळा आधीच फारच भारी होती. अशा अर्थाने की, केवळ काही उपकरणं ठेवली होती म्हणून त्या झोपडीला प्रयोगशाळा म्हणायचं... बस! दिवसभर चुलीपुढे जाळ आणि धूर नुसता! त्यातून गुदमरायला होई. तरीही त्यांनी आपल्या साधनेत खंड पडू दिला नाही आणि अखेरीस त्यांना फळ मिळालं. त्यांच्या या प्रयोगातून एक नवं मूलद्रव्य तयार झालं होतं. मेरीने आपल्या देशाचं नाव त्याला द्यायचं ठरवलं आणि १८९८मध्ये पोलोनियम या मूलद्रव्याची भरती आवर्तसारणीमध्ये झाली. पुढे जाऊन रेडियमचा शोधदेखील या जोडीने लावला.

रेडियमचा शोध हा खूपच महत्त्वाचा ठरणार होता आणि या दांपत्याने त्याचं पेटंट घेतलं असतं, तर ते खूपच श्रीमंत होऊ शकले असते. आपल्या संशोधनाचा उपयोग सर्वसामान्यांना व्हावा म्हणून या दांपत्याने पेटंट घ्यायचं नाकारलं. त्यामुळे पुढील संशोधनासाठी रेडियम हे सर्व शास्त्रज्ञांसाठीही मुक्त राहणार होतं. आता रेडियमचा

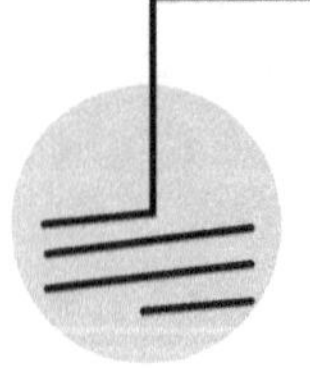

शुद्ध रेडियम वेगळं करून त्याचा वेगवेगळ्या गोष्टींसाठी वापर कसा करता येईल, यावर मेरीने लक्ष केंद्रित केलं. औद्योगिक तसंच आरोग्य क्षेत्रामध्ये रेडियम उपयुक्त ठरणार होतं. रेडियममधून उत्सर्जित होणारा रेडॉन हा वायू कर्करोगाच्या पेशींचा नाश करू शकतो. त्यामुळे याचा उपयोग कर्करोग झालेल्या रुग्णांच्या उपचारांसाठी करता येईल, हे मेरीच्या लक्षात आलं.

वापर वेगवेगळ्या गोष्टींमध्ये सुरू झाला. १९०३मध्ये मेरीला या संशोधनासाठी डॉक्टरेट मिळाली. इथे एक गंमत आहे, तिला पीएच.डी.साठी मार्गदर्शक म्हणून लाभलेल्या लीपमन आणि मोसा या दोन्हीही प्राध्यापकांना नंतर नोबेल पारितोषिक मिळालं. पण त्यांच्या या शिष्येने आधीच नोबेल पटकावलं होतं. संशोधनादरम्यान चार वर्षांत तब्बल बत्तीस रिसर्च पेपर्स तिने प्रसिद्ध केले होते. त्याच वर्षी पिएर आणि बेक्वरेल यांच्यासह मेरीला रेडिओ ॲक्टिव्हिटीसाठी नोबेल पारितोषिक जाहीर करण्यात आलं. तिच्या कामाची दखल संपूर्ण जगाने घ्यायची वेळ आली.

एवढी गुणवत्ता असूनही पुन्हा तिच्या वाट्याला नाकारलेपण आलं. कारण काय, तर एखादी स्त्री शास्त्रज्ञ असल्याचं तत्कालीन शास्त्रज्ञांच्या पचनी पडत नव्हतं, त्यात जर तिने आमूलाग्र शोध लावला असेल तर... नोबेल समितीने पिएर आणि बेक्वरेल या दोघांचीच नावं पुरस्कारासाठी पुढे केली होती. पिएरने नोबेल समितीला ठणकावून सांगितलं की, 'यामध्ये मूळ काम मेरीचंच आहे, तिला जर पुरस्कार मिळत नसेल तर आमच्यापैकी कुणालाच देऊ नका.' तिचा जोडीदार अगदी खंबीरपणे तिच्या पाठीशी होता म्हणूनच मेरीचं नाव जगभर चमकू शकलं. आणि नोबेल पारितोषिकावर पहिल्यांदाच एका स्त्रीच्या नावाची मोहर उठली. तिच्यानंतर विज्ञान या विषयात तिच्या मुलीनेही अशीच कामगिरी केली, हेदेखील विशेष! १९४७पर्यंत विज्ञानातली स्त्रियांना देण्यात आलेली तीनही नोबेल पारितोषिकं मेरीच्या घरात आली होती, जे दोन वेळा तिला आणि एकदा तिच्या मुलीला मिळालं.

आपल्या मुलीमध्ये वैज्ञानिक दृष्टिकोन रुजवण्यासाठी मेरी आणि पिएरने जाणीवपूर्वक प्रयत्न केले. मेरी आणि पिएरचं सहजीवन आदर्शवत म्हणावं असं होतं. दोघांचा ध्यास एक, श्वास एक! पिएर तिच्यासाठी काहीही करायला तयार असायचा. पिएर एवढा लाजाळू होता की, नोबेल पारितोषिक घेताना खूप लोकांना सामोरं जायला लागेल असं त्याला वाटत होतं. त्यामुळे नोबेल पारितोषिक मिळाल्यावर लगेच व्याख्यान द्यायचं त्याने टाळलं. ते त्याने दीड वर्षानंतर दिलं होतं. नोबेल पारितोषिक मिळाल्यानंतर या दांपत्याला खूपच प्रसिद्धी मिळाली. रोज सत्कार समारंभ आणि पत्रकार यांच्या भेटी चालू झाल्या. मात्र अशा निरर्थक मुलाखतींमध्ये आपला संशोधनाचा अमूल्य वेळ वाया जात आहे, याची टोचणी या दोघांना लागत होती. त्यांनी शक्य तेवढे समारंभ आणि मुलाखती टाळण्याचा प्रयत्न केला. कोणत्याही सत्कार समारंभाला जाण्यासाठी मेरीने कधीही आपली वेशभूषा बदली नाही. तिचा तो लग्नामधला निळा गाऊन हाच सर्वत्र दिसत होता.

१९०४मध्ये प्रयोगशाळेत पिएर आणि मेरी क्युरी

दोन मुलींचं संगोपन करताना काटकसरीने संसार सुरू होता. हे कुटुंब कधी भटकंतीसाठी जंगल, पर्वत असं निसर्गाच्या सान्निध्यात आनंद मानायचं. आयुष्य मनासारखं जगता येत होतं. सगळं छान सुरू असताना १९०६ साली पिएर क्युरीचा अपघाती मृत्यू झाला. तो रस्त्यावरून चालत येत असताना भरधाव वेगाने आलेली घोडागाडी धडकल्याने पिएरचा घटनास्थळीच मृत्यू झाला. जिवापाड प्रेम करत असलेला साथी हरपल्यामुळे मेरी एकटी पडली. पदरी दोन मुली होत्या. धाकटी ईव्ह तर दीड वर्षाचीही नव्हती. मात्र, या प्रसंगाला मेरी धीराने सामोरी गेली. अगदी साधेपणाने पिएरवर अंत्यसंस्कार करण्यात आले. प्रसारमाध्यमांनी विनाकारण गर्दी करू नये, म्हणून नियोजित दिवसाच्या एक दिवस आधीच अंत्यसंस्कार उरकण्यात आला. मिरवणूक किंवा शोकसभा या औपचारिक गोष्टींना फाटा देण्यात आला.

दोघांपैकी कुणाला जर अकाली मृत्यू आला, तरी दुसऱ्याने त्याचा शोक करत बसण्यापेक्षा संशोधनाचं काम पुढे नेणं सुरू ठेवलं पाहिजे, असं या दोघांचं आधीच ठरलं होतं, पण अपघाती मृत्यूचा धक्का खूपच मोठा असतो. जवळजवळ पुढचं एक-दीड वर्ष मेरी त्यातून सावरू शकली नाही. कामात मन गुंतवून पिएरच्या आठवणी विसरता येतील, अशीही शक्यता नव्हती. कारण आजवर दोघांनी मिळूनच संशोधन केलं होतं. प्रयोगशाळेतील प्रत्येक वस्तूपाशी तिला पिएरचा भास होत होता. तोवर प्रसिद्ध केलेल्या प्रत्येक शोधनिबंधावर दोघांचं नाव असल्याने प्रत्येक वेळी मेरीला चुकल्यागत वाटू लागलं. तिचे सासरे आणि बहीण ब्रॉना यांनी तिला नैराश्यातून बाहेर पडण्यास मदत केली. मेरीच्या आयुष्यात असे कसोटीचे कित्येक क्षण या आधीही आले होते, भविष्यातही येणार होते. मेरीने पुन्हा कंबर कसली. मातृत्व आणि संशोधन या दोन्ही आघाड्यांवर एकटीने तोंड देत मेरीने स्वतःला सिद्ध करून दाखवलं.

१९११मध्ये रसायनशास्त्रातील नोबेल

पिएरच्या मृत्यूनंतर फ्रेंच सरकारने मेरी आणि तिच्या मुलींसाठी पेन्शन देऊ केली होती. ती मेरीने नाकारली. कुटुंबाचा उदरनिर्वाह चालवण्यास आपण सक्षम आहोत, असं मेरीने त्यांना कळवलं. या आधीही आर्थिक चणचणीच्या काळात स्कॉलरशिप नाकारणारी मेरी आता नोकरी असताना कशी काय सरकारची मदत स्वीकारेल? नोबेल पारितोषिक मिळाल्यानंतर १९०४मध्येच पॅरिस विद्यापीठात पिएरची प्रयोगशाळा साहाय्यक म्हणून मेरीची नेमणूक झाली होती. मात्र पिएरच्या मृत्यूनंतर त्याच्या मोकळ्या झालेल्या प्राध्यापकपदी मेरीची नेमणूक झाली. पॅरिस विद्यापीठातील मेरी ही पहिली स्त्री प्राध्यापक. तिने पॅरिस विद्यापीठात भौतिकशास्त्र आणि किरणोत्सार या विषयांची अद्ययावत प्रयोगशाळा उभारली. तिच्या मार्गदर्शनाखाली अनेक तरुण संशोधक विज्ञानाच्या वाटा चोखाळू लागले. तिचा विद्यार्थी असलेला आंद्रे डेबियर्न याने १८९९मध्ये ऑक्टीनियम नावाच्या मूलद्रव्याचा शोध लावला. मेरींचं स्वतंत्र संशोधन सुरू होतंच.

मेरी आता विज्ञानाच्या क्षेत्रात दिशादर्शक ठरू लागली होती. समकालीन शास्त्रज्ञांच्या दृष्टीने ती कुतूहलाचा किंवा उपहासाचा विषय होऊ लागली. तापमान मोजायचं केल्विन हे एकक ज्याच्या नावावरून दिलं आहे, ते शास्त्रज्ञ लॉर्ड केल्विन हे एक मोठं नाव. शेकडो शोध त्यांच्या नावावर असल्यामुळे विज्ञान जगतात त्याचा मोठा

दबदबा होता. या केल्विन महाशयांनी अशी भूमिका घेतली की, जगामध्ये रेडियम हे मूलद्रव्य असूच शकत नाही. त्यांच्या या वाक्याला अनेक वृत्तपत्रं, नियतकालिकांनी उचलून धरलं आणि मेरीच्या संशोधनाविषयी पुन्हा संशय निर्माण करण्यात आला. मात्र मेरीने शुद्ध रेडियम मिळवण्यात १९१०मध्ये यश मिळवलं. दुर्दैवाने तोपर्यंत केल्विन महाराज मरण पावले होते. रेडियम संशोधनासाठी मेरीने १९११मध्ये रसायनशास्त्रातील नोबेलदेखील पटकावलं.

शुद्ध रेडियम वेगळं करून त्याचा वेगवेगळ्या गोष्टीसाठी वापर कसा करता येईल, यावर मेरीने लक्ष केंद्रित केलं. औद्योगिक तसंच आरोग्य क्षेत्रामध्ये रेडियम उपयुक्त ठरणार होतं. रेडियममधून उत्सर्जित होणारा रेडॉन हा वायू कर्करोगाच्या पेशींचा नाश करू शकतो. त्यामुळे याचा उपयोग कर्करोग झालेल्या रुग्णांच्या उपचारांसाठी करता येईल, हे मेरीच्या लक्षात आलं. लवकरच रेडियम शुद्धीकरणाचा कारखाना फ्रान्समध्ये सुरू करण्यात आला आणि कर्करोगावर रेडियमचा वापर सुरू झाला. त्या काळामध्ये रेडॉन वायू भरलेल्या नळ्या ठिकठिकाणच्या हॉस्पिटलमध्ये पाठवल्या जात असत. यात नलिका भरताना होणारी वायू गळती भीषण असते आणि त्यामुळे मेरीला प्रचंड थकवा येत असे. (आता काम जरा सोपं झालं आहे, नलिकेत वायू भरायची गरज उरली नाही, रेडियम क्लोराईडची इंजेक्शन उपलब्ध झाली आहेत.)

दोन नोबेल मिळाल्यानंतर मेरीला तिच्या मायदेशातून पोलंडमधून आलेलं शास्त्रज्ञांचं शिष्टमंडळ भेटायला आलं आणि यापुढील संशोधन आपल्या देशात करावं, अशी त्यांनी मेरीला विनंती केली. मात्र पोलंड तेव्हा स्वतंत्र नव्हता. त्यामुळे तिथे किती संधी मिळेल, याची तिला साशंकता होती. इथे स्पर्धेचा फायदा ग्राहकाला होतो, त्याप्रमाणे मेरीलादेखील मिळाला. मेरीने तिच्या मायदेशात फ्रान्स सोडून जाऊ नये यासाठी फ्रान्स सरकारनेही तिला काही ऑफर्स देऊ केल्या. पॅरिस विद्यापीठामध्ये मेरीच्या मार्गदर्शनाखाली *रेडियम इन्स्टिट्यूट*ची निर्मिती करण्यात आली. तिने पोलंडमधील वॉर्सा शहरात निर्माण होणाऱ्या संशोधन संस्थेला पूर्ण सहकार्य करण्याचं मान्य केलं, तिला पॅरिसमधील संस्थाही अद्ययावत करायची होती. १९१४मध्ये ही संस्था कार्यरत झाली. मात्र त्याआधी मेरीला जीवघेण्या आजाराला सामोरं जावं लागलं. रेडियमच्या नलिका सतत खिशात बाळगल्यामुळे तिच्या किडन्या खराब झाल्या होत्या. १९१२मध्ये मेरीला पूर्ण एक वर्ष सक्तीची विश्रांती घ्यावी लागली.

तोपर्यंत फ्रान्समधील सर्वात महत्त्वाची शास्त्रज्ञ म्हणून मेरीला स्थान मिळू लागलं. मात्र मेरीचं यश पाहून अनेकांना पोटदुखीचा त्रास सुरू झाला आणि समोर 'स्त्री' असेल

तर मग चारित्र्यावर शिंतोडे उडवले की झालं! मेरी आणि तिचा प्रयोगशाळेतील सहकारी लांगेविनचं प्रेमप्रकरण आहे, अशी पत्रकं प्रसिद्ध करण्यात आली. ती जनतेमध्ये वाटण्यात आली. तिच्याबद्दल लोकांच्या मनात प्रचंड द्वेष निर्माण केला गेला. तिचं परदेशी नागरिक असणं अधोरेखित करण्यात आलं. ती नास्तिक असणं हीदेखील बंडखोरी समजण्यात आली. ती जन्माने ज्यू असणं तिच्यासाठी अडचणीचं ठरत होतं, कारण त्या काळात फ्रान्समध्येही ज्यूविरोधी मोठी लाट होती. थोडक्यात काय, तर मिळेल त्या मुद्द्यावरून फ्रेंच प्रसारमाध्यमं मेरीविरुद्ध रान उठवू पाहत होती. मेरीने इतर मुद्द्यांना भीक घातली नसती, पण चारित्र्यावर शंका घेऊन वैयक्तिक आयुष्यात केलेली घुसखोरी मेरीला सहन झाली नाही.

यातून बाहेर पडण्यासाठी मुलींना घेऊन मेरी पोलंडला गेली. लवकरच, १९१४मध्ये पहिल्या महायुद्धाला तोंड फुटलं. या महायुद्धाच्या काळात मेरीने रेड क्रॉस या मदत दलात सक्रिय सहभाग घेतला. युद्ध जखमींसाठी दोनशे क्ष-किरण व्हॅन उभारल्या, पोर्टेबल क्ष-किरण यंत्रं पुरवली तसंच क्ष-किरण यंत्र वापरू शकणारे शेकडो तंत्रज्ञ प्रशिक्षित केले. यासाठी लागणाऱ्या गाड्या तसंच इतर उपकरणांसाठी तिने जनतेकडून पैसा उभा केला, वस्तू गोळा केल्या. मेरीने घेतलेल्या या पुढाकारामुळे अनेकांनी मोठमोठ्या देणग्या दिल्या, स्वतःचे ट्रक दिले. तब्बल दोनशे ट्रकवर ही क्ष-किरण यंत्रं जोडली गेली. प्रत्येक ट्रकवर एक प्रशिक्षित तंत्रज्ञ असायचा. सैनिकांनी या यंत्राचं 'लिटिल क्युरी' असं मस्त नामकरणदेखील केलं. या यंत्रांमुळे अचूक निदान होऊन लाखो सैनिकांचे निखळलेले सांधे आणि हाडं योग्य पद्धतीने पुन्हा जुळवता येऊ शकले.

क्ष-किरणांच्या योग्य वापरामुळे सैनिकांच्या शरीरात घुसलेल्या धातूच्या तुकड्याचा किंवा बंदुकीच्या गोळीचा अचूक शोध घेणं आता सोपं झालं होतं. या कामात तिची सतरा वर्षांची मुलगी आयरीन हिनेदेखील मदत केली, जिने नंतर नोबेल पटकावलं. या युद्धात जखमांचं निर्जंतुकीकरण करण्यासाठी पहिल्यांदा रेडॉन गॅस वापरला गेला. छोट्या छोट्या इंजेक्शनमध्ये हा वायू भरलेला होता आणि युद्धभूमीमध्ये जेव्हा जखमांवर टाके घालायचे असायचे, त्या वेळेस हा वायू वापरण्यात आला. काळाचा महिमा पाहा. जिच्या देशभक्तीवर संशय घेण्यात आला होता, ती अशा पद्धतीने देशाला उपयुक्त ठरत होती. या आधुनिक तंत्रज्ञानाचा वापर युद्धभूमीत कसा करण्यात आला, याच्या नोंदी मेरीने रेडिओलॉजी इन वॉरमध्ये केलेल्या आहेत.

युद्धाच्या फंडात जमा करण्यासाठी मेरी तिच्याकडचे सगळे दागिने आणि रोख रक्कम तसेच सन्मानचिन्ह, पदकं घेऊन गेली. त्या वेळी मेरीची फ्रान्सवरील ही निष्ठा

पाहून अधिकारीही थक्क झाले. त्यांनी सोने आणि पैसे यांचा स्वीकार केला, मात्र तिची सन्मानचिन्हं, पदकं घेण्यास सविनय नकार दिला. तिने तिचं नोबेल पारितोषिक गहाण ठेवून त्या पैशांमधून वॉर बॉण्ड्स विकत घेतले. मेरीला भौतिक श्रीमंतीचा कधीच मोह नव्हता. तिची निष्ठा केवळ विज्ञान आणि विज्ञानावरच होती. त्यासाठी आवश्यक तेवढे कष्ट उपसायची तिची तयारी होती. या चार वर्षांच्या महायुद्धाच्या धामधुमीदरम्यान मेरीची तब्येत कमालीची ढासळली. मात्र, आता तिच्या देशभक्तीवर कोणी संशय घेऊ शकणार नव्हतं.

युद्धसमाप्तीनंतर फ्रेंच सरकारने मेरीला *लिजन ऑफ ऑनर क्लबचं* सभासदत्व देऊ केलं. मात्र मेरीने ते नम्रपणे नाकारलं. अमेरिकन राष्ट्राध्यक्षांनी तिला सन्मानाने अमेरिकेला बोलवलं, तिची व्याख्याने आयोजित केली. तिच्या चाहत्यांनी तिच्यासाठी भरपूर निधी गोळा केला. आता तिच्यावर टीका करणारे गायब झाले. प्रसारमाध्यमांनी तर पलटी मारून मेरीचं गुणगान गाणं सुरू केलं. अर्थातच मेरीदेवी अशा भोंदूंच्या भक्तीने प्रसन्न होणार नव्हती. आज तिच्यावर टीका करणाऱ्यांची नावं इतिहासाला माहीत नाहीत. मेरीचं नाव मात्र अजरामर झालं आहे. समकालीन असल्याने तिची आणि आइनस्टाइनची तुलना होणं स्वाभाविक होतं. दोघांमध्ये अधिक महान कोण, यावर विनोदही व्हायचे. आइनस्टाइनच महान का? कारण $E = MC^2$. इथे E म्हणजे आइनस्टाइन आणि MC म्हणजे मेरी क्युरी.

स्वतः अल्बर्ट आइनस्टाइनने मेरीची विद्वत्ता जाणली होती. त्याने मेरीचं कौतुक करताना म्हटलंय, 'मेरी अशी एक व्यक्ती आहे, जी कधीही प्रसिद्धीमुळे भ्रष्ट झाली नाही, तिच्यामुळे विज्ञानाचीही प्रतिमा बदलेल. विज्ञानात सौंदर्य शोधणारी मेरी अद्भुत आहे, महान आहे.'

विज्ञानात सौंदर्य पाहणारी मेरी सांगते, 'शास्त्रज्ञ हा प्रयोगशाळेत काम करणारा केवळ तंत्रज्ञ नसतो, तर तो असतो एक लहान मुलगा; ज्याला त्याची प्रयोगशाळा परिकथा सांगत असते. विज्ञानात कितीही यांत्रिक स्वरूपाचं काम वाटत असलं, तरी त्याचं मूळचं सौंदर्य कमी होत नसतं. वैज्ञानिक प्रगती ही एक सुंदर कविता असते. मानवाच्या मनात जन्माला येणारी जिज्ञासा आणि तिचा मागोवा घेताना तो करत असलेलं धाडस ही या पृथ्वीतलावरची सर्वांत सुंदर बाब आहे.'

मेरीने सर्व मित्र-मैत्रिणी आणि नातेवाइकांना सांगून ठेवलं होतं की, तुम्हाला जर मला काही भेटवस्तू द्यायच्याच असतील तर अशा वस्तू द्या की ज्यांचा मला विज्ञानात, संशोधनात उपयोग होईल. पहिल्या महायुद्धकाळात रसायनांचा मोठा वापर झाला

होता. विज्ञान हे मानववंशाच्या मुळावर उठलं आहे, अशी विज्ञानाची प्रतिमा होऊ लागली होती. ती बदलण्याचा मेरीचा ध्यास होता. विज्ञानात सौंदर्य पाहणारी स्त्री ती! संशोधनाचा उपयोग अधिकाधिक मानवजातीला झाला पाहिजे, हा तिचा अट्टाहास... त्यामुळेच तर तिने कधी कोणत्या शोधाचं पेटंट घेतलं नव्हतं. विज्ञान तिने स्वतःच्या घरात असं रुजवलं की नंतर मोठी मुलगी, मोठा आणि धाकटा - दोन्ही जावई या सर्वांनी नोबेल मिळवलं आहे. मेरी आणि पिएर यांची मिळून एकाच कुटुंबात पाच नोबेल पुरस्कार. इथे नेपोटिजम नसतो बरं का! जे काही मिळवायचं, ते स्वतःच्या मेहनतीवर मिळवायचं असतं.

कर्करोगाच्या आजारावर काम करण्यासाठी मेरीने रेडियम संशोधन संस्था उभारली होती. मेरी रेडिएशनवर काम करत होती, त्या वेळी त्याचे दुष्परिणाम कोणालाच माहीत नव्हते. मेरी बिनधास्त होती. मूलद्रव्यांच्या टेस्टट्यूब ओव्हरकोटच्या खिशात घेऊन फिरायची. शेवटी त्याचा परिणाम झालाच. मेरीच्या अंगावर चट्टे उठले. त्याची आग आग व्हायला लागली. (कुणी कॅन्सरसाठी रेडिएशन घेतलेला ओळखीचा असेल तर त्याला विचारा, काय अवस्था होते.) शेवटी त्यात ती मरण पावली. ज्ञात नसलेला आजार मेरीला झाला होता, असं निदान डॉक्टरने केलं. आपल्या संशोधनात झोकून देऊन मानवहितासाठी काम करताना तिला मृत्यू आला. ४ जुलै १९३४ रोजी मेरीला एका प्रकारे शहीदत्व प्राप्त झालं. स्वतः नास्तिक असलेली मेरी मानववंशासाठी फार उपकार करून गेली आहे. आज कर्करोगबाधित लाखो लोक किमोथेरपी आणि रेडिएशनचा वापर करून रोगमुक्त झाले आहेत. त्यांनी आणि त्यांच्या कुटुंबीयांनी तसंच संपूर्ण मानववंशाने मेरीला धन्यवाद दिले पाहिजेत.

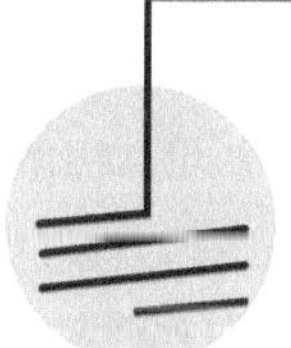

क्ष-किरणांच्या योग्य वापरामुळे सैनिकांच्या शरीरात घुसलेल्या धातूच्या तुकड्याचा किंवा बंदुकीच्या गोळीचा अचूक शोध घेणं आता सोपं झालं होतं. या कामात तिची सतरा वर्षांची मुलगी आयरीन हिनेदेखील मदत केली, जिने नंतर नोबेल पटकावलं. या युद्धात जखमांचं निर्जंतुकीकरण करण्यासाठी पहिल्यांदा रेडॉन गॅस वापरला गेला. छोट्या छोट्या इंजेक्शनमध्ये हा वायू भरलेला होता आणि युद्धभूमीमध्ये जेव्हा जखमांवर टाके घालायचे असायचे, त्या वेळेस हा वायू वापरण्यात आला.

फ्रेंच सरकारने मेरीच्या त्यागाची योग्य दखल घेतली. १९९५मध्ये तत्कालीन फ्रेंच अध्यक्षांच्या विनंतीवरून मेरी आणि पिएर यांचे अवशेष फ्रान्सच्या पँथिऑन राष्ट्रीय स्मारकात दफन करण्यात आले, जिथं शेकडो वर्षांपासून केवळ राजघराणं आणि त्यातील अतिमहत्त्वाच्या पुरुषांनाच स्थान होतं. तिच्या कबरीमध्ये पोलंडची मातीदेखील मिसळण्यात आली. मेरीने फ्रान्सवर जेवढी निष्ठा दाखवली तेवढीच तिच्या मायदेशावर, पोलंडवरदेखील दाखवली होती. याची जाणीव ठेवूनच पोलंडने २०००० स्वॉटीच्या (पोलंडचे चलन) नोटेवर मेरी क्युरीच्या प्रतिमेला स्थान दिलं आहे. फ्रान्स सरकारनेदेखील ५०० फ्रेंच फ्रँकच्या नोटेवर मेरी क्युरीची छबी चितारली आहे. मेरीच्या मृत्यूनंतर सापडलेल्या आणि आवर्तसारणीमध्ये ९६व्या स्थानावर असलेल्या मूलद्रव्याला क्युरीअम हे नाव देण्यात आलं आहे.

अकाली प्रौढत्व आल्यामुळे तिचं बालपण हरवलं असलं, तरी एक मस्तीखोर मूल तिच्यामध्ये आयुष्यभर दडलेलं होतं. ती म्हणते, 'निसर्ग जेव्हा जेव्हा त्याची किमया दाखवतो, तेव्हा तेव्हा माझ्यातील मूल अतिशय आनंदी होत असतं, आनंदाने टाळ्या पिटत असतं.'

आयुष्याचा चांगला उपयोग करून घेण्यासाठी मेरी सुचवते, 'हा कसा, ती कशी हे जाणून घेण्यासाठी धडपडण्यापेक्षा विज्ञान कसं काम करतं, हे जाणून घ्यायला, कल्पनेच्या तळाशी जाण्यासाठी धडपडायला हवं. कदाचित, आपण सर्वोच्च पातळी कधीच गाठू शकणार नाही, मात्र त्याची भीती कधी बाळगू नका, आपापलं काम करत राहा. कोणत्याही एका घटनेमुळे किंवा एखाद्या व्यक्तीच्या वागणुकीमुळे खचू नका.'

हे जग सुंदर करण्याचा ध्यास घेतलेली मेरी म्हणते, 'हे जग सुंदर करायचं असेल तर केवळ एका व्यक्तीची प्रगती होऊन चालणार नाही. स्वतःच्या प्रगतीची काळजी प्रत्येकाने घेतली तर सर्वांची प्रगती शक्य होईल.'

मेरी म्हणायची, 'आयुष्य ही घाबरण्याची नाही तर समजून घेण्याची बाब आहे. आपण जेवढे समजून घेऊ तेवढं आपलं आयुष्य भयमुक्त होऊ शकेल. कोणत्याही एका प्रसंगामुळे हताश होऊ नका. प्रगती ही कधीच जलद आणि सुलभ नसते, आपण काय केलं आहे यापेक्षा काय करायचं शिल्लक आहे, याचा विचार करावा. आयुष्य हे कुणाचंच सोपं नसतं, प्रत्येकाचं खडतरच असतं. मात्र प्रत्येकाने एक विश्वास मनात ठेवला पाहिजे की, जगात इतर कोणाला नाही, अशी विशेष देणगी त्याला स्वतःला लाभली आहे. आपल्यातील ही विशेष देणगी ओळखून तिचा पुरेपूर वापर केला

पाहिजे.' अशी ही प्रेरणेचा किरणोत्सार करणारी मेरी आणि तिचं आयुष्य हे 'इच्छा तिथे मार्ग' याचं सर्वोत्तम उदाहरण नक्कीच ठरेल.

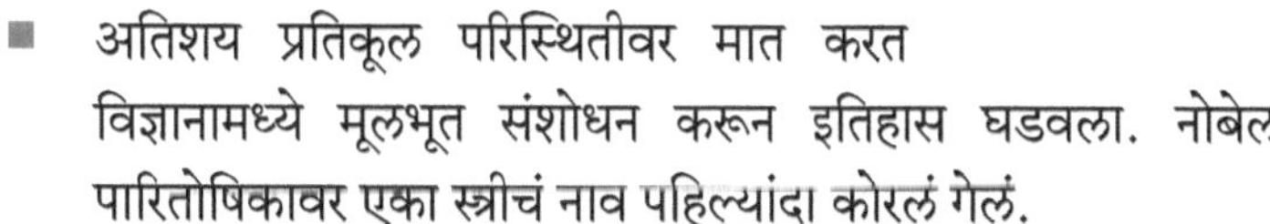

दृष्टिक्षेप

- 'इच्छा तेथे मार्ग' या म्हणीचा प्रत्यय देणारी मेरी क्युरी.
- ज्या देशामध्ये मुलींना शिक्षणाची संधी नव्हती, अशा देशामध्ये मेरीचा जन्म झाला.
- अतिशय प्रतिकूल परिस्थितीवर मात करत विज्ञानामध्ये मूलभूत संशोधन करून इतिहास घडवला. नोबेल पारितोषिकावर एका स्त्रीचं नाव पहिल्यांदा कोरलं गेलं.
- दोन वेगवेगळ्या विषयात नोबेल पारितोषिक मिळवणारी मेरी. देशोदेशींच्या मुलींना विज्ञान क्षेत्रामध्ये येण्यासाठी प्रेरणा देणारी मेरी. जगातील कोणत्याही देशात एखाद्या स्त्रीने विज्ञान क्षेत्रात चांगली कामगिरी केली तर तिला लोक कौतुकाने 'आमच्या देशातील मेरी क्युरी' असं म्हणतात, यावरून मेरी क्युरीचं स्थान समजून येतं.
- पिएर आणि बेक्वरेल यांच्यासह मेरीला रेडिओऑक्टिव्हिटीसाठी नोबेल पारितोषिक जाहीर करण्यात आलं. तिच्या कामाची दखल संपूर्ण जगाने घ्यायची वेळ आली.

मिलेव्हा मारीक (आइनस्टाइन)

कालसापेक्ष उपेक्षित शास्त्रज्ञ

कोणत्याही नाण्याला नेहमी दोन बाजू असतात. आपल्या संशोधनातून संपूर्ण जग हलवून सोडणारा आइनस्टाइन अगदी लहान मुलालादेखील ठाऊक असतो; परंतु त्याच्या संशोधनात महत्त्वाची मदत करणारी मिलेव्हा फारशी कोणाला ठाऊक नसते. तिची मदत अतिशय महत्त्वाची होती, म्हणूनच आइनस्टाइनने नोबेल पारितोषिकाचे सर्व पैसे मिलेव्हाला दिले होते. मिलेव्हावर झालेला अन्याय अनेक वर्ष अंधारात राहिला. मात्र आज जगभरातील स्त्री संघटना या अन्यायाला वाचा फोडण्यासाठी 'खोल दो जुबान' हे आंदोलन चालवत आहेत. मिलेव्हाची ही संघर्षगाथा आणि सध्या सुरू असलेलं आंदोलन किमान भविष्यातील संभाव्य मिलेव्हांची संख्या नक्कीच कमी करेल.

कहाणी १.

एकोणिसावं शतक संपत असताना एका संस्थेमध्ये एक मुलगी गणित आणि शास्त्र शिकण्यासाठी दाखल होते. संपूर्ण वर्गात ती एकमेव मुलगी असते. शिक्षण घेत असताना एका सहाध्यायाच्या प्रेमात पडते, गर्भवती होते, त्यामुळे शिक्षणाकडे तिचं दुर्लक्ष होतं आणि पदविका न मिळवताच तिला बाहेर पडावं लागतं. ती त्या सहाध्यायाशी लग्न करते. पुढे तिच्या आयुष्यात ती कधीच चमकलेली दिसत नाही. मात्र, तिचा नवरा

खूप मोठा शास्त्रज्ञ होतो. त्याच्यापासून वेगळी झाल्यानंतर पंधरा वर्षांनी ती दावा करते की, नवऱ्याच्या संशोधनामध्ये माझंदेखील महत्त्वाचं योगदान आहे. मात्र तिचं बोलणं कोणीही गंभीरपणे घेत नाही. लोकांना वाटतं की, ही नाटक करत आहे.

कहाणी २.

एक दिलफेक स्वभावाचा देखणा, हुशार आणि व्हॉयलीन वगैरे वाजवणारा मुलगा... थोडक्यात, डीडीएलजेमधील शाहरुख. नुकतंच ब्रेक-अप झाल्यामुळे निर्माण झालेली पोकळी भरून काढण्यासाठी धडपडणारा... शिक्षण घेण्यासाठी संस्थेमध्ये दाखल होतो, वर्गामध्ये असलेल्या एकमेव मुलीच्या मागे लागतो. ती मुलगी दिसायला साधारणच, मात्र प्रचंड बुद्धिमान. कदाचित, या बुद्धिमत्तेच्या तेजानेच त्याचे डोळे दिपले असावेत. मात्र आपली काजोल काही या शाहरुखला दाद देत नाही. पण म्हणतात ना, प्रयत्ने वाळूचे कण रगडीता तेलही गळे. खरी वाळू रगडून कधी तेल गळाले नसेल, पण इथे मात्र ही मुलगी त्याच्या गळाला लागली. तिला काहीही करून पटवायचंच, असं त्याने ठरवलेलं असतं. छान छान कविता लिहून तिला इम्प्रेस करतो. याच्या कल्पनाशक्तीची तिला भुरळ पडते. दोघांचं प्रेम जमतं आणि त्यानंतर हा भाऊ तिच्या रूमवरच पडीक राहायला लागतो. तिलाही लेक्चरला जाऊ देत नाही आणि स्वतःदेखील जात नाही. निसर्ग त्याची किमया इथे निष्ठुरपणे दाखवतो आणि ही मुलगी गर्भवती होते. जबाबदारी घ्यायची त्याची अजिबात तयारी नाही. तिचं शैक्षणिक वर्ष वाया जातं. पुढे तिला कधीच पदवी मिळत नाही. पुढे जाऊन या दोघांचं लग्न होतं आणि ती गृहिणीची भूमिका जगत नवऱ्याला संशोधनात मदत करते, नवऱ्याला नोबेल पारितोषिक मिळतं, नवरा नोबेल पारितोषिकाची संपूर्ण रक्कम तिला देतो, मात्र संशोधनातील तिचं योगदान उघडपणे मान्य करत नाही.

दोन्ही कहाण्या एकाच जोडप्याच्या आहेत... इतिहासाच्या अनेक बाजू असतात, इतिहास हा कालसापेक्ष, व्यक्तिसापेक्ष, पतसापेक्ष, लिंगसापेक्ष लिहिला जातो. आणि जे नाणं चालणारं असतं ना, दुर्दैवाने त्याची दुसरी बाजू कधीच पाहिली जात नाही. हजारो प्रतिभावान स्त्रियांच्या अव्यक्त अबोल कहाण्यांच्या प्रातिनिधिक स्वरूपात असलेली ही मिलेव्हाची कहाणी. सापेक्षतावादाचा सिद्धान्त मांडून संपूर्ण जगाला चकित करणाऱ्या अल्बर्ट आइनस्टाइनच्या संशोधनात त्याच्या पत्नीची महत्त्वाची भूमिका असल्याचं अनेक वर्ष नाकारलं गेलं आहे. 'जगातील सर्वांत मोठा शास्त्रज्ञ' अशी आइनस्टाइनची प्रतिमा मलिन होऊ नये, म्हणून त्याचे भक्त हिरीरीने प्रचार करताना मिलेव्हा मारीकवर

पुन्हा पुन्हा अन्याय करत असतात... खरंच मिलेव्हा मारीक ही सापेक्षवादाच्या सिद्धान्ताशी संबंधित असेल का?

१९ डिसेंबर १८७५मध्ये सर्बियामधील टीटेल या छोट्या शहरात एका सुखवस्तू घरामध्ये मिलेव्हाचा जन्म झाला. तिच्या पाठीवर एक छोटा भाऊ आणि एक बहीण असं हे कुटुंब. वडील मायलोस मारीक हे सैन्यातून निवृत्त होऊन महत्त्वाच्या सरकारी पदावर कार्यरत होते. हे कुटुंब आता नोव्हीसाद या शहरात स्थलांतरित झालं होतं. या तीनही मुलांच्या शिक्षणाबाबत आईवडील अतिशय दक्ष होते. जवळच्या शाळेत प्राथमिक शिक्षण पूर्ण करताना मिलेव्हाची हुशारी तिच्या शिक्षकांच्या निदर्शनास आली. त्यांनी पालकांना बोलावून सांगितलं की, मिलेव्हाला मोठ्या शाळेत घाला. तिथेच तिच्या हुशारीचं चीज होऊ शकेल.

१८९२मध्ये मिलेव्हाच्या वडिलांनी एक धाडसी निर्णय घेतला. त्यांनी अशी शाळा निवडली जिथे केवळ मुलांनाच प्रवेश होता. आपलं राजकीय वजन वापरून त्यांनी प्रवेशासाठी प्रयत्न केले. झग्रेब शहरातील रॉयल क्लासिकल हायस्कूलमधील शिक्षकांनी प्रवेशपरीक्षेमधील तिची चमकदार कामगिरी पाहून तिला दहावीला प्रवेश तर दिलाच; परंतु भौतिकशास्त्राच्या व्याख्यानांना उपस्थित राहण्याची विशेष सवलतही दिली. १८९४मध्ये चांगल्या मार्कांनी उत्तीर्ण होत मिलेव्हाने शालेय शिक्षण पूर्ण केलं. आता पुढे काय, हा प्रश्न होताच. कारण गणित, विज्ञान ही क्षेत्रं अजून पुरुषांच्या पूर्णपणे मक्तेदारीखाली होती. स्त्रियांना या क्षेत्रात प्रवेश मिळाला नव्हता. त्या वर्षी मिलेव्हा प्रचंड आजारी पडली आणि त्याचं पर्यवसान पाठीच्या आजारात झालं. या आजाराने तिला पुढे आयुष्यभर त्रस्त केलं. याच वेळी तिच्या छोट्या बहिणीला स्किझोफ्रेनियाने ग्रासलं. त्यामुळे सर्व कुटुंब स्वित्झर्लंड इथे काही काळ स्थायिक झालं.

मिलेव्हाने स्वित्झर्लंडमधील मेडिकल कॉलेजमध्ये प्रवेश घेतला खरा, पण तिथे सहा महिन्यांतच ती कंटाळली. कारण गणित आणि भौतिकशास्त्र हाच तिचा श्वास होता. झुरिक येथील पॉलिटेक्निक कॉलेजमधील गणिताची प्रवेश परीक्षा उत्तीर्ण होऊन तिने डिप्लोमासाठी प्रवेश घेतला. वर्ष होतं, १८९६. या संस्थेत प्रवेश मिळवणं अवघड होतं. जगात प्रसिद्ध असलेला जीनियस आइनस्टाइनसुद्धा या प्रवेश परीक्षेत पहिल्या वेळी अपयशी ठरला होता. मुलींना तर तिथे प्रवेश नव्हताच. पहिल्या प्रयत्नातच प्रवेश परीक्षा उत्तीर्ण झाली असली, तरी संचालकांशी संघर्ष करूनच मिलेव्हाला प्रवेश मिळवावा लागला. मिलेव्हा तेव्हा २१ वर्षांची झाली होती. वर्गामध्ये तिच्याबरोबर एकही मुलगी नव्हती. त्यामुळे प्रागतिक विचारांच्या वडिलांनादेखील चिंता वाटू लागली

होती. शेवटी 'इस बाप की पगडी को नीचे मत होने देना' वगैरे डीडीएलजे मधल्या अमरीश पुरीसारखी ताकीद देऊन मिलेव्हाला तिथे एकटं राहून शिकण्याची परवानगी मिळाली आणि संपूर्ण कुटुंब पुन्हा सर्बियामध्ये नोव्हीसादला परतलं.

वर्गामध्ये पाच मुलं होती. त्यात अल्बर्ट आइनस्टाइन सर्वांत छोटा, १७ वर्षांचा... मिश्कील स्वभावाचा. वेबर नावाचे अतिशय चाकोरीबद्ध शिक्षक त्यांना शिकवायला होते. या गुरुजींचे आणि अल्बर्टचे सारखे खटके उडायला लागले.अफाट कल्पनाशक्ती लाभलेला अल्बर्ट वेबरगुरुजींच्या चाकोरीमध्ये बंदिस्त होत नव्हता. त्यामुळे गुरुजींचा तो नावडता विद्यार्थी होता. श्री इडियट्समध्ये आपण रँचो आणि वीरू सहस्रबुद्धे सरांचे सीन पाहिले असतील, अल्बर्टचं वागणं अगदी तसंच होतं. कारण आपल्याला सगळं येतं, हे गुरुजी आपल्याला नवीन काय शिकवणार, असा त्याचा आविर्भाव असायचा. मात्र संपूर्ण जगात आपण हुशार असल्याचा अल्बर्टचा समज लवकरच दूर झाला, जेव्हा त्याला न सोडवता आलेलं गणित मिलेव्हाने सोडवून दाखवलं. ये लडकी तो अपने से तेज है! ये तो अब इज्जत का सवाल हो गया. अल्बर्ट गिंटो को गुस्सा आ गया.

अल्बर्टचा स्वाभिमान दुखावला गेला खरा, मात्र त्याला त्याचवेळी मिलेव्हाचं आकर्षण देखील वाटू लागलं. खरं तर त्याच्यापेक्षा ती चार वर्षांनी मोठी होती, शिवाय दिसायलाही अतिशय साधारण. रूढार्थाने सुंदर म्हणावी, असं तिच्यात काही नसताना अल्बर्ट तिच्यासाठी ठार वेडा झाला. (असा ठार वेडा तो याआधीदेखील झाला होता आणि नंतरही अनेक वेळा झाला. प्रेमात पडला की तो एवढ्या जोरात पडायचा की त्याला जगाचा विसर पडायचा.) विज्ञान शिकण्यासाठी मिलेव्हाने आपल्या तारुण्यसुलभ भावनांना कुलूपबंद करून डोळ्यांना झापडं लावून घेतली होती. त्यामुळे अल्बर्टला भरपूर प्रियाराधन करावं लागलं. अखेर तिच्या हृदयाच्या कुलपाची चावी त्याला सापडली. अल्बर्टच्या कविता तिला आवडल्याच, शिवाय, त्याचं व्हॉयलिन वाजवणंदेखील तिला जाम आवडलं. व्हॉयलिनच्या गजाने त्याने तिच्या मनाची तार छेडली. मिलेव्हाला गाण्याची आवड होती, त्यामुळे या दोघांची संगीत मैफल जमायला लागली आणि मने जवळ यायला लागली.

अल्बर्टचे शिक्षकांशी खटके उडायचे, त्यामुळे तो तासाला बसण्यास अनुत्सुक असायचा. गप्पा मारायला जोडीदार हवा, म्हणून मिलेव्हालादेखील तो तासाला जाऊ द्यायचा नाही. दोघं तिच्या खोलीत गप्पा मारत बसायचे. अल्बर्ट तिला लाडाने डॉली म्हणायचा. वेबरगुरुजींनी आता तिलादेखील धारेवर धरायला सुरुवात केली. या प्रसंगाआधी आपल्या मैत्रिणीला लिहिलेल्या पत्रामध्ये मिलेव्हा म्हणाली होती, 'माझ्या

कामगिरीवर शिक्षक समाधानी असून लवकरच मला तिथेच साहाय्यकाची नोकरीही मिळेल.' मात्र नंतर गाडीने ट्रॅक बदलला. एकेकाळी वर्गामध्ये सर्वांत पुढे असलेली ही मुलगी चक्क नापास करण्यात आली. 'करण्यात आली' कारण तिला तोंडी परीक्षेत सर्वांत कमी मार्क्स दिले गेले आणि आपला रँचो अल्बर्ट मात्र पहिला आला.

अल्बर्ट १९००मध्ये डिप्लोमा झाला, मात्र मिलेव्हाची गाडी तिथेच अडकली. त्यातच तिला अल्बर्टपासून दिवस गेले. परीक्षेचा दुसरा प्रयत्न करताना ती तीन महिन्यांची गर्भवती होती. याही वेळेस ती अयशस्वी ठरली, वेबरगुरुजी काही पाठ सोडत नव्हते. गर्भवती असल्याने लवकर निर्णय घ्यायला लागणार होता. तिने अल्बर्टला लग्न करण्यासाठी विचारलं आणि अल्बर्टने घरी परवानगी मागितली. घरातून अर्थातच संमती मिळणार नव्हती. मुलीचं रूप, पाठीचा आजार, वयाने मोठं असणं याबरोबरच सर्वांत मोठं कारण होतं, तिचं 'ज्यू' नसणं. त्याची आई स्पष्ट म्हणाली की, 'जेव्हा तू तिशीमध्ये असशील, तेव्हा ती म्हातारी झाली असेल, असल्या घोडनवरीशी का लग्न करतोस?' अल्बर्ट तेव्हा स्वतःच्या पायावर उभा नव्हता, त्यामुळे तो घरच्यांच्या विरोधात जाऊ शकत नव्हता.

मिलेव्हा वडिलांच्या घरी परतली. आई-वडिलांनी तिला खूप झापलं, मात्र तिचा अल्बर्टवर विश्वास होता. त्याची अडचण ती समजून घेत होती. तिने घरच्यांना समजावून दिलं की, अल्बर्ट खूप चांगला मुलगा आहे, हुशार आणि कर्तबगार आहे आणि ते दोघं लग्न नक्की करतील. जानेवारी १९०२मध्ये तिने त्यांच्या पहिल्या मुलीला जन्म दिला. कुमारी मातांची मुलं सांभाळण्यासाठी असलेल्या संस्थेमध्ये सहा महिन्यांनंतर त्या बाळाला देण्यात आलं. पुढे त्याचं काय झालं, माहीत नाही. (कारण आइनस्टाइनला अशी मुलगी होती, हेच मुळात १९८७ नंतर प्रकाशात आलं आहे.) मात्र अल्बर्ट त्या बाळाला कधीच पाहायलाही आला नाही. कधी काळी एकाच शहरात राहून तो मिलेव्हाला भारंभार पत्रं लिहायचा. मात्र मिलेव्हा वडिलांच्या घरी आल्यापासून त्यांचा पत्रव्यवहार खूपच कमी झाला होता. त्यांचं प्रेम आणि लग्न करण्याचा निर्धारही टिकून होता.

अल्बर्ट आणि मिलेव्हा यांच्याबरोबर शिकलेले इतर चारही विद्यार्थी शिक्षण पूर्ण करून त्याच संस्थेमध्ये कामाला लागले होते. मात्र बंडखोर अल्बर्टला कोणीही नोकरी देत नव्हतं. त्यातील एका मित्राच्या वशिल्याने अल्बर्टला कशीबशी पेटंट ऑफिसमध्ये नोकरी मिळाली. तेव्हा आजारी पडलेल्या वडिलांनी अधिक न ताणता अल्बर्टच्या लग्नाला होकार दिला आणि अल्बर्ट-मिलेव्हा ही जोडी १९०३मध्ये विवाहबद्ध झाली.

अल्बर्टचा पीएच.डी.साठी अभ्यास सुरू होता, त्या कामात आता मिलेव्हाची मदत होणार होती. आठ तास काम करून घरी आल्यानंतर अल्बर्ट आणि मिलेव्हा तासन्तास विज्ञानावर चर्चा करत बसायचे. खूपच आनंदाचे क्षण होते ते... आणि हा आनंद द्विगुणित करत पुढच्या वर्षी त्यांच्या संसारात पहिल्या मुलाची, हान्सची भर पडली.

हान्सच्या निमित्ताने अल्बर्टची आई त्यांच्या घरात राहायला आली. 'नावडतीचे मीठ अळणी' या प्रकारे मिलेव्हाच्या कामातील चुका ती काढायला लागली. अल्बर्टचा प्रबंध पूर्ण करायचा होता. मात्र आठ तासांच्या ड्युटीमुळे त्याला वाचनालयात जायला वेळ मिळत नसे. त्याच्यासाठी वाचनालयात जाऊन आवश्यक संदर्भ शोधणं, ते उतरवून घेणं इत्यादी कामं मिलेव्हाला करावी लागत होती. मात्र आपली सून करत असलेली कामं किती महत्त्वाची आहेत, हे तिच्या सासूला कळत नव्हतं. त्यामुळे सासूबाईंच्या तोंडाचा पट्टा दिवसभर सुरूच असायचा. 'मोठी आली मॅडम, बाळाला उपाशी ठेवून गावभर हिंडत बसते', या प्रकारचे टोमणे मिलेव्हाला ऐकून घ्यायला लागायचे. आणि आपला अल्बर्ट आईपुढे एक शब्ददेखील बोलू शकत नव्हता. तीन-चार महिने नातवाचं कौतुक करून अल्बर्टची आई परत तिच्या घरी गेली आणि जरा या जोडप्याला मोकळा श्वास घेता येऊ लागला.

मिलेव्हाचा अल्बर्टच्या क्षमतेवर पूर्ण विश्वास होता. १९०५मध्ये वडिलांना भेटायला गेली असताना तिने सांगितलं होतं की, 'माझा नवरा जगप्रसिद्ध शास्त्रज्ञ होणार आहे.' झालंही तसंच... ते वर्ष काळाने खास अल्बर्ट आइनस्टाइनसाठीच तयार केलेलं असावं. अल्बर्टला पीएच.डी. मिळालीच, शिवाय या वर्षी त्याच्या प्रसिद्ध झालेल्या पाच निबंधांनी जगभर खळबळ उडवली. फोटोइलेक्ट्रिक इफेक्ट हे आइनस्टाइनला नोबेल मिळवून देणारं संशोधन तसेच $E = MC^2$ हे विज्ञानाचा इतिहास बदलणारं संशोधनदेखील याच काळात प्रसिद्ध झालं. मिलेव्हाच्या मदतीशिवाय यापैकी एकही गोष्ट करणं अल्बर्टला अशक्य होतं.

मिलेव्हाचा भाऊ मिलोस जुनियर हा त्या वेळी शिक्षण घेत असताना बहिणीकडे राहायला आला होता. तो सांगतो की, 'हे जोडपं अगदी पहाटेपर्यंत जागरण करत लिखाण आणि चर्चा करत बसलेलं असायचं.' मिलोस जेव्हा त्याच्या मित्र-मैत्रिणींना घरी पार्टीला बोलवायचा, तेव्हादेखील अल्बर्टने अनेक वेळा कबूल केलं आहे की, मिलेव्हा त्याला गणित सोडवायला मदत करते. सलग पाच आठवडे अल्बर्ट, मिलेव्हा या दोघांनी रात्रं-दिवस मेहनत घेतली आणि शोधनिबंध लिहून पूर्ण केल्यानंतर आइनस्टाइनने दोन

आठवडे बिछान्यातच दडी मारली. या काळात आपण तयार केलेल्या शोधनिबंधामध्ये काही त्रुटी राहिल्या नाहीत ना, हे मिलेव्हा पुन्हा पुन्हा तपासून पाहत होती.

विज्ञान क्षेत्रामध्ये या संशोधनाने खळबळ उडवून दिली. अल्बर्ट आइनस्टाइन हे नाव मोठं होत चाललं होतं. मात्र मिलेव्हाला त्यामध्ये कसलीही असुरक्षितता किंवा असूया वाटत नव्हती. १९०८मध्ये या जोडप्याने कॉनरॅड हॅबीट्श या शास्त्रज्ञासमवेत एक व्होल्टमीटर बनवला. मात्र त्याचं पेटंट घ्यायची वेळ आली, तेव्हा अल्बर्ट आइनस्टाइन आणि कॉनरॅड हॅबीट्श या दोघांची नावं देण्यात आली. हॅबीट्शने मिलेव्हाला विचारलंही की, 'तुझं नाव नको का?' मिलेव्हा म्हणाली, 'अल्बर्ट आणि मी काही वेगळे नाही आहोत.' दो जिस्म एक जान है हम! हिंदी पिक्चर जास्त पाहिले असावेत कदाचित तिने. इथे विनोदाचा भाग सोडला तर मिलेव्हाची समर्पणाची आणि प्रेमाची पातळी यातून दिसून येते.

त्या दोघांनी मिळून लिहिलेला पहिला संशोधन पेपर १९००मध्ये प्रसिद्ध झाला. मात्र त्यावरही केवळ आइनस्टाइन हे एकच नाव आहे. तेव्हा आइनस्टाइनचा डिप्लोमा पूर्ण झाला होता, मिलेव्हाचा नाही, हे त्यामागील कारण असू शकेल. तसंच त्या काळात स्त्री-संशोधिका पचनी पडणं खूपच अवघड होतं. आपलं नाव टाकल्यामुळे शोधनिबंधाचं वजन कमी होऊ नये, अशी मिलेव्हाची इच्छा असावी. नावासाठी ती कधीच धडपडली नाही, मात्र ती ज्याला मदत करत होती, त्याचं मनदेखील तेवढं मोठं असायला हवं होतं. प्रसिद्धी मिळाल्यानंतर आइनस्टाइनने मिलेव्हाचं योगदान जाहीरपणे कधीच मान्य केलं नाही. मात्र आता या दोघांमधील ५४ पत्रांचा पत्रव्यवहार उजेडात आला असून बऱ्याच गोष्टी स्पष्ट झाल्या आहेत.

१९०८मध्ये बर्न विद्यापीठात प्राध्यापकी करायची संधी अल्बर्टला चालून आली. तिथे त्याने दिलेलं पहिलं व्याख्यानदेखील मिलेव्हाच्या हस्ताक्षरात आहे, याशिवाय नोकरी संदर्भातील प्रस्तावाबाबत मॅक्स प्लँक यांना लिहिलेलं उत्तरदेखील तिनेच लिहिलेलं आहे. १९१०मध्ये त्यांच्या कुटुंबात, त्यांचं दुसरं बाळ, एडवर्ड, या चिमुकल्याने प्रवेश केला होता. त्याच वेळेस मिलेव्हाची तब्येत प्रचंड ढासळली. तिला अनेक दिवस आजारपणात काढावे लागले, याच कालावधीत एल्सा नावाची दोघांत तिसरी व्यक्तीही प्रवेश करत होती. एल्सा आइनस्टाइन- लोवेंथाल ही अल्बर्टची सख्खी मावस बहीण. शिवाय दोघांचे वडील हे सख्खे चुलत भाऊ. असं सर्व बाजूने भक्कम नातं असलेली एल्सा इथे मात्र मिलेव्हा आणि अल्बर्ट यांच्या भक्कम नात्यात सुरुंग लावत होती. अल्बर्टपेक्षा एल्साही तीन वर्षांनी मोठी होती बरं का! (अर्थात, यामध्ये

अल्बर्टच्या आईला काही वावगं वाटलं नसणार. आयांची धोरणंदेखील व्यक्तिसापेक्ष बदलतात ना!) एल्सा घटस्फोटित होती. दोन मुलींना घेऊन नवऱ्यापासून वेगळी राहत होती. १९०९पासून तिचा अल्बर्टशी पत्रव्यवहार सुरू झाला आणि अल्बर्ट तिच्या प्रेमात पडला. पुन्हा एकदा जोरात पडला आणि पुन्हा एकदा ठार वेडा झाला. गंमत म्हणजे, अल्बर्ट आणि एल्सा या नात्याबद्दल मिलेव्हा वगळता आइनस्टाइन कुटुंबात इतर कुणालाही हरकत असण्याची शक्यता नव्हती. अल्बर्टला जर्मनीमध्ये नोकरी मिळणं एल्साच्या पथ्यावर पडलं. दोघांच्या भेटी सुरू झाल्या. अल्बर्ट घरात वेळ कमी देऊ लागला. मिलेव्हा याबाबत आपल्या मैत्रिणीला लिहिते, 'संसार म्हटला की असं चालायचंच, एकाच्या हाती मोती येतो, तर दुसऱ्याच्या हाती मोकळा शिंपला उरतो.'

एल्सा आणि अल्बर्ट यांच्या प्रेमाची चर्चा गावभर होऊ लागली. याबाबत मिलेव्हा खडसावायला गेली, त्या वेळी अल्बर्टकडून अनपेक्षित उत्तर आलं, पटत नसेल तर सोडून जा!!! या एका वाक्याने मिलेव्हावर जणू काही वीज कोसळली. ज्याच्यासाठी संपूर्ण करिअरची वाट लागली, ज्याची दोन मुलं पदरामध्ये आहेत, ती व्यक्ती तिला शांतपणे म्हणत होती, 'सोडून जा'. तिने वाद टाळण्यासाठी सपशेल माघार घेतली. अल्बर्टने त्या संधीचा फायदा घेऊन तिच्यावर काही अटी लादल्या. एकत्र राहायचं असेल तर—

१) माझ्याकडे वेळ मागायचा नाही.

२) माझ्याबरोबर बाहेर यायचा आग्रह करायचा नाही.

३) मी थांबवेन त्यानंतर एक शब्ददेखील बोलायचा नाही.

४) मी बाहेर जायला सांगेन, त्यानंतर बेडरूम किंवा स्टडीरूममध्ये एक क्षणदेखील थांबायचं नाही.

या गुलामगिरीच्या अटी वाचून तुमचं रक्त तापलं असेल, मात्र मिलेव्हासमोर तेव्हा पर्याय नव्हता. अशा गुलामीमध्येदेखील काही दिवस मिलेव्हाने संसारगाडा हाकून पाहिला. सहन किती करणार? लाचारीने जगणं अशक्य झाल्यावर तिने वेगळं व्हायचा निर्णय घेतला. १९१४मध्ये महायुद्ध सुरू झालं. आइनस्टाइन बर्लिन येथे रुजू झाला आणि मिलेव्हा दोन्ही मुलांना घेऊन झुरिकला परतली. मात्र एकटीने संसाराचा गाडा हाकणं तिला अवघड जाऊ लागलं. शिकवण्या घेऊन ती घर चालवू पाहत होती, पण पुरेसे पैसे मिळत नव्हते. आइनस्टाइन अधेमधे पैसे पाठवत होता, मात्र महायुद्ध सुरू असल्यामुळे जर्मन चलनाचं खूपच अवमूल्यन झालं होतं, त्यामुळे तसेही आइनस्टाइनने पाठवलेला पैसा काही उपयोगाचा नव्हता.

एक वर्षाने अल्बर्ट झुरिकला आपल्या बायको-मुलांना भेटायला आला खरा, पण बायको आणि मुलांनी विचारलेल्या प्रश्नांची उत्तरं त्याच्याकडे नव्हती. पुढच्या काळात अल्बर्टने पुन्हा बायको-मुलांसमोर यायचंदेखील टाळलं. या काळात तिला झुरिकमधली मित्रमंडळी

अल्बर्ट आणि मिलेव्हा आइनस्टाइन, १९१२

मदत करू पाहत होती, मात्र स्वाभिमानी मिलेव्हाने त्या सर्वांना सविनय नकार दिला. अल्बर्ट आणि मिलेव्हा यांना ही मित्रमंडळी जवळून ओळखत होती. त्यांनी अल्बर्टला वेळोवेळी खडसावलं. 'तू घटस्फोट घेऊन बाप म्हणून दोन मुलांची जबाबदारी टाळू शकत नाहीस', अशी ताकीददेखील त्यांनी अल्बर्टला दिली होती.

मिलेव्हा मात्र अल्बर्ट आणि आपले संबंध पुन्हा सुरळीत होतील, या आशेवर जगत होती. इकडे जर्मनीमध्ये अल्बर्ट एल्साबरोबर अतिशय छानछोकीत राहत होता. जणू काही झालंच नाही, असं दाखवत होता. मिलेव्हाला या उपेक्षेचं खूप वाईट वाटलं. फक्त अल्बर्टच नाही, तर पूर्ण आइनस्टाइन कुटुंबाने तिची जी उपेक्षा केली होती, त्याचा मिलेव्हाला प्रचंड राग आला होता. आपलं ख्रिस्ती असणं त्यांना टोचतंय, हे तिला समजत होतं. यावर प्रतिक्रिया म्हणून तिने आपलं गाव नोव्हीसाद इथे दोन्ही मुलांना ख्रिस्ती धर्माची दीक्षा दिली. एक दहा वर्षांचा आणि दुसरा चार वर्षांचा मुलगा घेऊन मिलेव्हाचा जगण्यासाठी संघर्ष सुरू झाला. मधल्या काळात मिलेव्हाला पुन्हा वेळोवेळी आजारपणाने ग्रासलं. तिची मैत्रीण हेलन हिने तिचं आजारपण काढत मुलांचाही सांभाळ केला. १९१७मध्ये तिला हृदयविकाराचा झटका आला. त्या वेळी आपला तेरा वर्षांचा मुलगा तिने प्रा.झँगर यांच्याकडे सोपवला, सात वर्षांचा मुलगा तिच्यासोबत दवाखान्यात राहिला. युगोस्लाव्हियामधून तिची बहीण मदतीला आली आणि तिने या कुटुंबाला सावरलं. या काळात अल्बर्टने त्यांच्याकडे पूर्ण दुर्लक्ष केलं होतं.

१९१४मध्ये एल्साला तिच्या नवऱ्यापासून घटस्फोट मिळाला होता. एल्साशी लग्न करायला मिळावं, म्हणून अल्बर्टलाही मिलेव्हापासून घटस्फोट हवा होताच. त्याने मिलेव्हाला पत्र पाठवून, 'मी माझी भविष्यातील सर्व जबाबदारी पार पाडेन, पण तू मला घटस्फोट दे', अशी मागणी केली. हे पत्र मिलेव्हाने जपून ठेवलं. पुन्हा एकत्र राहायचं स्वप्न भंगलं असलं, तरी त्यातून सावरत या प्रसंगी आपल्या अबोलीने ठाम भूमिका घेतली. 'मी तुला घटस्फोट देते, मात्र जेव्हा कधी तुला नोबेल पारितोषिक मिळेल, त्या वेळेस ती संपूर्ण रक्कम मला द्यायची', अशी अट मिलेव्हाने घातली.

मिलेव्हापासून घटस्फोट मिळवण्यासाठी अल्बर्टवरील एल्साचा दबाव वाढत चालला होता. तशीही मिलेव्हाची मागणी पोस्टडेटेड चेकप्रमाणे होती, त्यामुळे अल्बर्टने ही अट मान्य केली आणि गुंता सोडवला. मिलेव्हाने घातलेल्या या अटीमधून दोन गोष्टी स्पष्ट होतात—

१) संशोधनामध्ये मिलेव्हाचंही योगदान होतं ही बाब अधोरेखित होते.

२) आपण केलेलं संशोधन नोबेल पारितोषिकाच्या लायकीचं आहे, त्याला कधी ना कधी नोबेल मिळेल, हे तिला आधीच ठाऊक होतं.

१९१९मध्ये त्या दोघांचा घटस्फोट झाला आणि लगेच चार महिन्यांत अल्बर्ट-एल्साचा विवाह झाला. १९२२मध्ये अल्बर्ट आइनस्टाइनला नोबेल मिळालं. ज्या वेळेस नोबेल पारितोषिकाचे पैसे मिलेव्हाला द्यायची वेळ आली, तेव्हा आइनस्टाइनने अट घातली की, 'हे पैसे मी मुलांच्या नावावर सुरक्षित ठेवेन आणि त्याच्या व्याजावर मायलेकरांनी जगावं.' थोडक्यात, या पैशाला तो पोटगीचं रूप देऊ पाहत होता. मात्र मिलेव्हाला पोटगी नाही, तिच्या संशोधनातील योगदानाचं स्वरूप म्हणून ते हक्काचे पैसे हवे होते. मिलेव्हाचं म्हणणं मान्य करण्यात आलं. मिळालेल्या पैशांमधून तिने एक घर आणि दोन चाळी खरेदी केल्या. घरामध्ये स्वतः राहून, चाळी भाड्याने देऊन मिळतील त्या पैशात ती जगायची. शिवाय, शिकवण्या सुरू होत्याच. आता तिच्या पोटापाण्याची भ्रांत मिटली होती; परंतु झालेली फसवणूक तिचा मानसिक छळ करत होतीच.

१९२३मध्ये आइनस्टाइन बेट्टी नावाच्या आपल्या सेक्रेटरीच्या प्रेमात पुन्हा ठार वेडा झाला. मात्र त्याचं हे प्रकरण एल्साने अतिशय मुत्सद्दीपणे हाताळलं. अल्बर्टच्या या रंगेल स्वभावाचा तिने मनापासून स्वीकार केला. हे वादळ आपण बंदिस्त करू शकत नाही, याचा तिला अंदाज आला आणि त्याला याबाबत पुरेसं स्वातंत्र्य दिलं. ती दुसऱ्यांदा घटस्फोट घेण्याचा विचार करू शकत नव्हती. एल्साला विज्ञानामधील काहीच कळत नव्हतं तरीसुद्धा अल्बर्टसाठी मोठमोठे कलाकार वाट पाहतात, हे तिला

खूप आवडायचं. 'मिसेस अल्बर्ट आइनस्टाइन' या नावामुळे मिळणारं हे ग्लॅमर, समाजात मिळणारा मोठेपणा तिला गमवायचा नव्हता. कुटुंबवत्सल, हसरी आणि मुख्य म्हणजे 'संस्कारी' ज्यू असल्यामुळे आइनस्टाइनच्या घरच्यांनादेखील ती खूप आवडायची. थोडक्यात, आइनस्टाइनसाठी ती आदर्श पत्नी ठरली... आदर्शत्व हेही व्यक्तिसापेक्ष ठरत असतं ना!

विज्ञानातील ओ की ठो कळत नसलेली बायको आइनस्टाइनबरोबर कार्यक्रमांना मिरवत असताना मिलेव्हा मात्र उपेक्षित आयुष्य जगत होती. १९२५मध्ये मिलेव्हाने, 'तुझ्या संशोधनामध्ये माझीदेखील भूमिका आहे, हे मी जगाला ओरडून सांगेन', असं कळवलं, तेव्हा अल्बर्टने तिला उत्तर दिलं, 'तुझी धमकी वाचून मला हसायला आलं, कितीही बोंब मारलीस तरी तुझ्यावर कोणी विश्वास ठेवणार नाही. त्यापेक्षा शांत बसणं तुला फायद्याचं ठरेल.'

१९२९मध्ये मैत्रिणीच्या आग्रहाखातर तिने वर्तमानपत्रातील मुलाखतीत आइनस्टाइनच्या संशोधनातील आपल्या योगदानाबद्दल सांगितलं. मात्र तिला कोणी गंभीरपणे घेतलं नाही. कारण आइनस्टाइन हा तोपर्यंत जागतिक कीर्तीचा शास्त्रज्ञ झाला होता, एक प्रकारे त्याला 'दैवत्व' प्राप्त झालं होतं.

मिलेव्हाच्या मोठ्या मुलाने-हान्स याने-अभियांत्रिकी शिक्षण पूर्ण करून नोकरी स्वीकारली, तेव्हा कुठे या कुटुंबाला जरा बरे दिवस आले. हान्सनेही संशोधन क्षेत्रात आपली चुणूक दाखवली. त्याने अमेरिकेचं नागरिकत्व स्वीकारून तिथे प्राध्यापकी केली. मिलेव्हाच्या धाकट्या मुलाच्या आयुष्याची मात्र वाताहत झाली. धाकटा मुलगा एडवर्ड हा अभ्यासात आणि संगीतात हुशार होता. त्याला मोठा झाल्यावर मानसोपचारतज्ज्ञ व्हायचं होतं, सिग्मंड फ्रॉइडचं चित्र त्याने त्याच्या खोलीत लावलं होतं. मात्र मानसोपचाराशी त्याचा संबंध वेगळ्या प्रकारे आला. वीस वर्षांचा झाल्यावर त्याला स्किझोफ्रेनिया हा मानसिक आजार झाल्याचं उघडकीस आलं. आइनस्टाइनच्या घरात हा आनुवंशिक आजार होता, मात्र आता त्याची जबाबदारी आइनस्टाइन नाही, तर मिलेव्हावर पडणार होती. पुढे तर एडवर्डचा आजार खूपच बळावला. त्याला घरी ठेवणं अशक्य झालं, प्रसंगी तो मिलेव्हावर शारीरिक हल्लाही करू लागला. एडवर्डला उपचारगृहात ठेवावं लागलं. त्याच्या उपचारांवर खर्च करता करता मिलेव्हाला सर्व विकावं लागलं. तीन मजली घरातील भाड्याने दिलेले दोन मजले विकले, तर ती राहत असलेला मजला तिने आइनस्टाइनच्या नावावर केला. त्या बदल्यात आइनस्टाइनने तिला आर्थिक मदत केली. मिलेव्हाने एका शाळेत भौतिकशास्त्र शिक्षिकेची नोकरी

स्वीकारली. मात्र आपल्यानंतर एडवर्डचं काय होईल, याची चिंता तिला कायम सतावत होती. आइनस्टाइनने किमान या मुलाची जबाबदारी घ्यावी, असं तिला वाटत होतं. आला दिवस पुढे ढकलत ती निरर्थक आयुष्य असंच रेटत राहिली. १९४८मध्ये एडवर्डला पुन्हा एकदा स्किझोफ्रेनियाचा मोठा अटॅक आला. या वेळी मात्र मिलेव्हा उन्मळून पडली. तिला पॅरेलीसिस झाला, डावी बाजू लुळी पडली. काही दिवस तिची शुद्ध हरपली. अखेरीस ४ ऑगस्ट १९४८ रोजी मिलेव्हाने झुरिकमध्ये शेवटचा श्वास घेतला. अबोली कायमची अबोल झाली.

तिच्या मृत्यूनंतर अल्बर्ट मिलेव्हा यांचा पत्रव्यवहार त्यांची सून, म्हणजे हान्सची पत्नी फ्रेईडा प्रसिद्ध करू पाहत होती. मात्र, आइनस्टाइन ट्रस्टने त्यावर आक्षेप घेतला. मात्र आज मिलेव्हाला न्याय मिळवून देण्यासाठी महिला संघटना पुढे सरसावल्या आहेत. त्याचाच एक भाग म्हणून आइनस्टाइनचं जीभ बाहेर काढलेलं जगप्रसिद्ध चित्र वापरून, मात्र आइनस्टाइनऐवजी मिलेव्हाचा चेहरा वापरून चित्रं काढली जात आहेत आणि या अशा लिंगभेदाधारित अन्यायाविरुद्ध 'जबान खोलो' अर्थात उघडपणे बोला असं आवाहन केलं जात आहे. त्या काळामध्ये अबोली मिलेव्हा उपेक्षित ठेवली असली तरी तिचा हा उपेक्षितपणा कालसापेक्ष ठरावा, आजच्या काळात तिला न्याय मिळावा हीच अपेक्षा...

मिलेव्हाला न्याय देणं म्हणजे आइनस्टाइनवर अन्याय, असं समजणं चुकीचं होईल. कोणत्याही व्यक्तीला देवत्वाच्या भूमिकेत पाहिलं की, त्याची चिकित्सा करणं टाळलं जातं. आइनस्टाइन ग्रेट आहे तो विज्ञानातील त्याच्या योगदानामुळे, अणुयुद्ध टाळण्यासाठी त्याने केलेल्या प्रयत्नांमुळे ग्रेटच राहणार. मेरी क्युरीवर जेव्हा अनैतिक संबंधाचे आरोप झाले, तेव्हा आइनस्टाइनने तिच्या समर्थनार्थ भूमिका घेतली होती. लिझ माईटनरसारख्या शास्त्रज्ञेला आधार देण्यातही त्याची महत्त्वाची भूमिका होती. मात्र जगासाठी झटणारा हा माणूस वैयक्तिक आयुष्यात काही अक्षम्य चुका करू शकतो... आपण त्याच्या माणूस म्हणून असलेल्या मर्यादा मान्य केल्या पाहिजेत.

एडिसन, आइनस्टाइन यांसारखे जीनियस आपल्याप्रमाणेच मानव होते, काम, क्रोध, लोभ, मोह, मद, मत्सर या षडरिपूंनी त्यांना ग्रासलं तर त्यात नवल नाही. यामध्ये त्यांनी टेस्ला किंवा मिलेव्हा यांच्यावर केलेला अन्याय दूर करणं, किमान त्याला वाचा फोडणं, हे तर आपल्या हाती आहे ना! सर्बियामध्ये जन्मलेल्या मिलेव्हा या अबोलीला भविष्यात न्याय मिळेल... पण आपल्या देशातील कोट्यवधी अबोलींनी स्वतःतल्या क्षमतांना दडपित बाप, नवरा आणि मुलगा यांच्या आज्ञेत अजून किती वर्ष राहायचं

आहे? आज आपण अशा देशात राहत आहोत, ज्या देशात राज्य महिला आयोगाची तत्कालीन सदस्य म्हणते की, 'मुलींनी मोबाईल वापरायला नकोत, त्यामुळे त्या पळून जातात.' बलात्कारपीडितेशी लग्न करशील का, असं आरोपीलाच ज्या देशातील न्यायाधीश विचारतात आणि त्याचं त्यांना काहीच वैषम्य वाटत नाही. एक ना दोन... हजारो उदाहरणं आहेत. आज आहेत पण उद्या निश्चित नसणार. त्यासाठी जबान खोलो... बोलत राहिलं पाहिजे... कृती करत राहिलं पाहिजे.

दृष्टिक्षेप

- कोणत्याही नाण्याला नेहमी दोन बाजू असतात. आपल्या संशोधनातून संपूर्ण जग हालवून सोडणारा आइनस्टाइन अगदी लहान मुलालादेखील ठाऊक असतो; परंतु त्याच्या संशोधनात महत्त्वाची मदत करणारी मिलेव्हा फारशी कोणाला ठाऊक नसते.

- संशोधनातील तिची मदत अतिशय महत्त्वाची असल्यामुळेच आइनस्टाइनने नोबेल पारितोषिकाचे सर्व पैसे मिलेव्हाला दिले होते.

- मिलेव्हावर झालेला अन्याय अनेक वर्षं अंधारात राहिला. मात्र आज जगभरातील स्त्री संघटना या अन्यायाला वाचा फोडण्यासाठी *nobelformileva* हे आंदोलन चालवत आहेत.

- मिलेव्हाची ही संघर्षगाथा आणि सध्या सुरू असलेलं आंदोलन किमान भविष्यातील संभाव्य मिलेव्हांची संख्या नक्कीच कमी करेल.

- हजारो प्रतिभावान स्त्रियांच्या अव्यक्त अबोल कहाण्यांच्या प्रातिनिधिक स्वरूपात असलेली ही मिलेव्हाची कहाणी वाचून वाईट वाटतं. तिचं हुशार गणितज्ञ आणि संशोधिका म्हणून असलेलं आयुष्य केवळ आइनस्टाईनशी लग्न केल्यामुळे एखाद्या शोकांतिकेप्रमाणे झालं असेल का?

लीझ माइटनर
मानवतेची सच्ची पाईक

संशोधन करण्याची संधी मिळावी म्हणून अतिशय जाचक अटीदेखील निमूटपणे मान्य करणारी लीझ. तिची विज्ञाननिष्ठा अद्वितीय अशी म्हणावी लागेल. सन्मान नाही, वेतन नाही तरीदेखील केवळ संशोधन करायला मिळते यातच लीझ आनंद मानत होती. तिच्या या संघर्षामधूनच अनेक महिलांना संशोधनांमध्ये प्रेरणा मिळाली आणि त्यांच्या रस्त्यामधील अडथळेदेखील कमी झाले. लिंगभेद आणि वंशभेदाची स्वतः बळी असताना मनात कधीच कोणतीही कटुता ना बाळगणारी सदाफुली म्हणजे लीझ माइटनर. 'मानवतेवरचा विश्वास अखंड अबाधित असलेली भौतिकशास्त्रज्ञ' हे तिच्या कबरशिलेवर असलेलं वाक्य तिची खरी ओळख सांगतं.

एखाद्या व्यक्तीला तब्बल '४८ पेक्षा नोबेल पुरस्काराचं नामांकन मिळालं असेल, पण पुरस्कार मात्र एकदासुद्धा मिळाला नसेल, त्या व्यक्तीला तुम्ही काय म्हणाल ? जेव्हा ती व्यक्ती स्वतः केलेल्या संशोधनासाठी आपल्याच सहकाऱ्याला नोबेल घेताना पाहते… आणि तरी शांतपणे त्याचं कौतुक करते, समोरची व्यक्ती त्या पुरस्कारातील रक्कम देऊ करते, तेव्हा ती रक्कम जशीच्या तशी दान करून टाकते. काही व्यक्ती पुरस्कारापेक्षा

मोठ्या असतात आणि अशा थोर व्यक्तींपैकी एक लीझ माइटनर. नोबेल पुरस्काराच्या खूप पुढे असलेली ही 'नोबेल' व्यक्ती.

लीझ माइटनर... किरणोत्सर्ग आणि अणुगर्भ विज्ञानात पायाभूत संशोधन करणारी भौतिक शास्त्रज्ञ... 'अणुबॉम्बची माता' असं तिला न आवडणारं बिरुद अनेक वेळा तिला चिकटवलं जातं. 'मला बॉम्ब तयार करण्यात रस नाही', असं सांगून तिने मॅनहॅटन प्रकल्पात काम करायची संधी नाकारली होती. 'विज्ञानाचा वापर विधायक कामासाठी झाला पाहिजे, विध्वंसक कामासाठी नाही', या तत्त्वाशी प्रामाणिक राहणारी, स्वतः लिंगभेद आणि वंशभेदाची बळी असून मनात कधीच कोणतीही कटुता न बाळगणारी, सदैव मानवतेची पाईक असलेली सदाफुली म्हणजे लीझ माइटनर. माझं काम हीच माझी खरी ओळख असेल आणि तेच माझं आत्मचरित्र असेल, असं म्हणणाऱ्या लीझला जवळून जाणून घेऊ या!

१८७८मध्ये ऑस्ट्रियाची राजधानी व्हिएन्ना इथे एका श्रीमंत आणि सुसंस्कृत ज्यू कुटुंबात 'लीझ' ऊर्फ 'एलीसा' माइटनरचा जन्म झाला. एकूण आठ भावंडं... त्यापैकी लीझचा नंबर तिसरा. तिला चार बहिणी आणि तीन भाऊ होते. तिच्या जन्म दाखल्यावर १७ नोव्हेंबर तारीख असली तरी नंतरच्या सगळ्या कागदपत्रांवर ७ नोव्हेंबर तारीख आहे. (म्हणजे मेरी क्युरी आणि लीझचा वाढदिवस एकाच दिवशी.) लीझची आई संगीततज्ज्ञ आणि वडील फिलीप हे बुद्धिबळपटू. मोठी बहीण गुस्ती व्यावसायिक पियानोवादक होती. म्हणजे कला आणि क्रीडा यांचा वारसा लीझला घरातून मिळाला. थोरामोठ्यांचं येणं जाणं, पुस्तकांनी गच्च भरलेलं कपाट... घरात भरपूर सांस्कृतिक सुबत्ता होती. फिलिप हे ज्यू धर्मातील मोजक्या वकिलांपैकी एक. अर्थात ते धर्मबिर्म मानत नव्हते, त्यांचे विचार अतिशय पुरोगामी होते. 'धर्म मानत नसलेले ज्यू' असं त्यांचं संपूर्ण कुटुंब. (लीझने तर नंतर ख्रिस्ती धर्मातील मार्टिन ल्यूथर यांनी काढलेल्या विद्रोही पंथाची दीक्षा घेतली होती. एकाच घरात काही मेंबर ज्यू, काही कॅथॉलिक ख्रिचन तर काही ल्युथेरीयन पंथाचे. आहे ना धर्मनिरपेक्ष कुटुंब!)

लहान असतानाच तिने स्वतःच्या एलिसा नावाचं 'लीझ' हे लघुरूपांतर केलं. 'मुलीचे' पाय पाळण्यात दिसतात', (दर वेळेस काय मुलाचे पाय म्हणायचे... आपण बदलूया ही म्हण) त्याप्रमाणे लीझची संशोधक वृत्ती अगदी आठव्या वर्षी जागृत असलेली दिसून येते. वेगवेगळे अडथळे वापरून प्रकाशाची गंमत पाहणं आणि त्याची अगदी शास्त्रीय प्रयोगाप्रमाणे नोंद ठेवणं, हा तिचा छंद. तिची ही नोंदवही कायम तिच्या उशापाशी असायची. लीझच्या वडिलांनी सर्व मुलांना खासगी शिकवणी लावली होती.

अभ्यासाव्यतिरिक्त अवांतर वाचन करण्याची तसंच पियानो वाजवण्याची तिला आवड होती. 'आईवडिलांचं सारं ऐकावं, मात्र बरेवाईट याचा विचार स्वतःच करावा', असं सांगणारी आई लाभली हे माझं भाग्य, असं लीझ म्हणत असे. आईनेच तिला प्रत्येक गोष्ट चिकित्सा करूनच स्वीकारावी, असं बाळकडू दिलं. 'का' हा प्रश्न सर्व गोष्टींसाठी विचारावा असं शिकवलं. म्हणूनच एकदा तिची आजी म्हणाली की, 'संध्याकाळी सुईने काही शिवायचं नाही', तर तिने प्रश्न विचारला, 'का?' आजी म्हणाली, 'संकटाचं आभाळ कोसळतं...' तर लीझ म्हणाली, 'आपण पाहू कसं कोसळतं ते!' आणि खरंच ही सुई दोरा घेऊन मुद्दाम शिवायला बसली. आभाळ अर्थात कोसळणार नव्हतंच.

१८९७पर्यंत व्हिएन्नामध्ये स्त्रियांना उच्च शिक्षणाची सोय नव्हती. मुलींना वयाच्या केवळ चौदाव्या वर्षापर्यंत शिकता येई. लीझचं शालेय शिक्षण १८९२मध्येच पूर्ण झालं. ती वडिलांच्या मागे लागली की, मला पुढे विज्ञान शिकायचं आहे. यात तिच्या वडिलांच्या हातात तरी काय होतं! ते म्हणाले की, काही नाही तर शिक्षिका हो. त्या काळातील स्त्रियांसाठी करिअरचा हा एकमेव पर्याय होता. तिने शिक्षिकेचा अभ्यासक्रम पूर्ण केला. फ्रेंच भाषा शिकून घेतली. काही दिवस शिकवण्याही घेतल्या. पण त्यात तिला रस नव्हताच. तिला केवळ शिक्षणात रस होता. सुदैवाने १८९७मध्ये नवीन नियम आले. विद्यापीठात शिकण्याची स्त्रियांना परवानगी मिळाली. मात्र त्यासाठीची प्रवेश परीक्षा खडतर होती. मधली पाच वर्ष वाया गेली होती. आता प्रवेश मिळाला नाही, म्हणून हे वर्ष वाया घालवण्यात काही अर्थ नव्हता.

मॅच्युरा नावाची अतिशय अवघड समजली जाणारी परीक्षा द्यायची होती. ग्रीक, लॅटिन या भाषांबरोबरच गणित, मानसशास्त्र, तर्कशास्त्र, भौतिकशास्त्र, वनस्पतिशास्त्र आणि प्राणिशास्त्राचा अभ्यासही या परीक्षेसाठी करावा लागे. अनेक वर्षांची ज्ञानाची भूक असल्याने तिला ही जंबो थाळी संपवणं आणि पचवणं अवघड गेलं नाही. अवघड विषयांची शिकवणी लावून लीझने या परीक्षेची तयारी केली आणि उत्तीर्ण झाली. परीक्षेला बसलेल्या चौदा मुलींपैकी केवळ चारच मुली पास होऊ शकल्या होत्या. १९०१मध्ये लीझ व्हिएन्ना विद्यापीठात दाखल झाली. १९०५मध्ये सर्वोच्च श्रेणी मिळवून ती पदवीधर झाली. रसायनशास्त्र, वनस्पतिशास्त्र यांचा अभ्यास लीझने पदवीसाठी केला असला, तरी विद्यापीठातील प्रोफेसर एक्सनर आणि प्रोफेसर बोल्ट्झमन या दोन शिक्षकांमुळे भौतिकशास्त्राची तिला गोडी लागली. त्यात बोल्ट्झमन हे तिच्या बेस्ट फ्रेंड हेन्रीटचे वडील. नुकत्याच उदयाला येऊ पाहणाऱ्या अणुशास्त्र या विषयाचे ते अभ्यासक आणि खंदे समर्थक होते.

शिक्षक चांगले असले तर जीवनाची दिशा बदलते असं म्हणतात, ते इथे खरं झालेलं दिसून येईल. लीझच्या आयुष्याला बोल्ट्झमन सरांमुळे खऱ्या अर्थाने वळण मिळालं. 'कंडक्शन ऑफ हीट इन अनहोमोजीनियस सॉलिड्स' या विषयावर प्रबंध सादर करून १९०६मध्ये लीझने डॉक्टरेटसुद्धा मिळवली. व्हिएन्ना विद्यापीठातून भौतिकशास्त्राची डॉक्टरेट मिळवणारी लीझ ही दुसरी स्त्री होती बरं का! शिक्षण झालं, आता पुढे काय? लीझने तिची आदर्श 'मॅडम मेरी क्युरी' यांना पत्र पाठवून 'काही काम आहे का', असं विचारलं. क्युरी मॅडमकडे काही काम मिळालं नाही. पोटापाण्यासाठी काहीतरी करायला

१९०६मध्ये लीझ माइटनर

पाहिजे, वयाची तिशी जवळ आल्यावर तरी वडिलांवर अवलंबून राहायला नको, म्हणून तिने एका शाळेत शिक्षिकेची नोकरी स्वीकारली. शालेय मुलींना भौतिकशास्त्र शिकवायचं होतं.

काही दिवस तिने ही नोकरी केली खरी; पण तिचं मन शिकवण्यात नाही, तर संशोधनाकडे ओढ घेत होतं. तिला आवडेल असं एक छोटं काम मिळालं. झालं असं की, शास्त्रज्ञ लॉर्ड रॅली यांनी प्रकाश परावर्तनासंबंधी यशस्वी प्रयोग केला; पण त्याची सैद्धांतिक मांडणी त्यांना जमेना. लीझने या प्रयोगाचं स्पष्टीकरण देणारं संशोधनात्मक लिखाण करून दिलं. हे लिखाण करत असतानाच तिला स्वतःच्या प्रतिभेची जाणीव झाली. त्यानंतर तिने बोल्ट्झमन यांचे सहकारी स्टिफन मेयर यांच्या मार्गदर्शनाखाली किरणोत्सर्गविषयक अध्ययन आणि संशोधनाचं काम चालू केलं. या काळात तिने अल्फा किरणांवर केलेल्या अभ्यासाचा संशोधन निबंध प्रसिद्ध केला. आता या गरुडाला त्याच्या क्षमतेची जाणीव झाली होती. लीझने भरारी घ्यायचं ठरवलं. वेगाने विकसित होत असलेल्या अणुशास्त्राला समजून घेण्यासाठी आता तिला पुन्हा शिकायला लागणार होतं. तेव्हा जर्मनीमध्ये भौतिकशास्त्रज्ञांची मांदियाळी भरली होती. आइनस्टाइन, नील्स बोहर, मॅक्स प्लँक असे एकाहून एक दिग्गज जर्मनीत असल्याने लीझने ऑस्ट्रिया सोडून जर्मनीला यायचं ठरलं.

१९०७मध्ये जर्मनीमधील बर्लिन विद्यापीठात लीझ आली पण आगीतून फुफाट्यात पडणं या म्हणीचा तिला प्रत्यय आला. जर्मनीतील समाज अजूनही स्त्रियांच्या शिक्षणाबाबत मागासच होता. त्यांच्या उच्च शिक्षणाला बंदी होती, लीझला तर शिकायचं होतं! लीझने मॅक्स प्लँकला भेटून त्याच्या व्याख्यानाला बसू देण्याची विनंती केली. एक डॉक्टरेट झालेली मुलगी सामान्य विद्यार्थ्यांसारखं वर्गात बसायची परवानगी मागते, याचं प्लँकला आश्चर्य आणि कौतुक वाटलं. तिची ज्ञानार्जनाची भूक, तळमळ त्याच्या लक्षात आली आणि त्याने आनंदाने परवानगी दिली. त्यांच्या वर्गात बसून लीझ पुंजसिद्धांताविषयी अधिक माहिती मिळवू लागली. वडील न चुकता पैसे पाठवून तिला प्रोत्साहन देत होतेच. मॅक्स प्लँकशी तिची चांगली गट्टी जमली. त्याने तिला जर्मनीमधील इतर भौतिकशास्त्रज्ञांची ओळख करून दिली. तिथेच पुढची दिशा खुली झाली.

इथे तिची भेट झाली, 'ओट्टो हान'शी. 'रेडिओथोरियम' हे किरणोत्सर्गी द्रव्य शोधणारा हान हा रसायनशास्त्रज्ञ रुदरफोर्ड यांचा शिष्य... त्याला पुढील संशोधनात एका भौतिकशास्त्रज्ञाची जोड हवी होती. म्हणजे, 'हडळीला नव्हता नवरा आणि खविसाला नव्हती बायको'. दोघांना एकमेकांची गरज होती. एक रेडिओ-फिजिसिस्ट आणि एक रेडिओ-केमिस्ट यांनी एकत्र येऊन काम करणं गरजेचं होतं. पाच फुटांची सुबक ठेंगणी लीझ आणि सहा फुटांचा आडमाड वाढलेला पहिलवान गडी ओट्टो हान! दोघांची अद्भुत केमेस्ट्री जुळली, एकदम जिगरी यारी. अर्थात, त्यात एकमेकांबद्दल प्रेम नव्हतं, तर विज्ञानावरील असीम प्रेम हा त्या दोघांच्या दोस्तीतील धागा होता. लीझने तर तरुणपणीच ठरवलं होतं की, आपण कधीही लग्न करायचं नाही, संसारात पडायचं नाही, केवळ आणि केवळ विज्ञानाचीच सेवा करायची.

संशोधन सुरू करायचं होतं, पण एक अडचण होती. हानची स्वतःची प्रयोगशाळा नव्हती. तो एमिल फिशर यांच्या संस्थेत आपलं काम करायचा. जुन्या विचारांच्या फिशरने आपल्या संस्थेत स्त्रीला प्रवेश द्यायला नकार दिला. पण लीझ आणि हान यांनी खूप विनंत्या, आर्जवं केली आणि लीझने प्रयोगशाळेत काम करावं, यासाठी सशर्त परवानगी मिळवली. या शर्ती खूपच गंभीर होत्या, आजची कोणतीही स्त्रीवादी व्यक्ती या शर्ती वाचून पेटून उठेल आणि या एमिल फिशरविरुद्ध आंदोलन करेल.

१) लीझने प्रयोगशाळेत इतर कुठेही पाऊल न टाकता संस्थेच्या एका लाकडी फळ्यांच्या खोलीत काम करायचं.

२) कोणत्या पुरुषाच्या नजरेस पडायचं नाही. त्यांच्या नजरेस आपण पडणार नाही, याची काळजी स्वतः लीझने घ्यायची. उगाच संशोधन करताना बिचाऱ्यांचं चित्त विचलित व्हायला नको ना!

३) हान इमारतीमधील प्रयोगशाळेत काम करत असेल तरी लीझने मात्र खालीच तिला नेमून दिलेल्या त्या अडगळीच्या बंदिस्त खोलीत थांबायचं.

अशा जाचक अटी असूनसुद्धा 'गरजवंताला अक्कल नसते' या म्हणीचा प्रत्यय देत लीझने त्या स्वीकारल्या. तिचा येण्याजाण्याचा मार्गही स्वतंत्र होता. काम करताना गैरसोय झाली तरी ठीक, पण 'राईट टू पी'चं काय? त्या लाकडी खोलीला स्वच्छतागृहाची सोयदेखील नव्हती. निसर्गाची हाक आली तर लीझने रस्त्यापलीकडे असलेल्या हॉटेलमधील स्वच्छतागृहाचा वापर करायचा होता.

हे सर्व नियम सांभाळून लीझला विना मानधन काम करायचं होतं, बरं का! आणि तरीही तिने अतिशय समर्पित भावनेने हे काम सुरू ठेवलं. हान आणि लीझ युतीचं संशोधन विज्ञानविषयक नियतकालिकांमधून प्रसिद्ध होऊ लागलं. लीझचं काम पाहून फिशरने कालांतराने तिला प्रयोगशाळा वापरायची परवानगी दिली. मात्र तेथील संशोधकांनी तिचा भरपूर मानसिक छळ केला. कसा केला असेल, हे सांगायची गरज आहे का? कोळसा उगळावा तेवढा काळाच असणार ना! पाच वर्षांनी लीझ सोडून गेली, तोपर्यंत स्त्री-संशोधकांची संख्या वाढली होती. जास्त स्त्रिया काम करत आहेत म्हणून फिशरने लेडीज स्वच्छतागृहाची सोय करायची ठरवलं, तेव्हाही पुरुष संशोधकांनी विरोध केला होता. याला तुम्ही काय म्हणणार!

लीझचं नाव आता जगभर झालं असलं, तरी प्रयोगशाळेतील ही पुरुषी मानसिकता तिचं कर्तृत्व मानायला अजिबात तयार नव्हती. हान-लीझ एकत्र काम करत असले, तरी केवळ हानला अभिवादन करून ही ज्युनियर मंडळी पुढे जात असत, जणू काही लीझ तिथे उपस्थितच नाहीये. तिचे लेख 'एल माइटनर' या नावाने प्रसिद्ध व्हायचे. एका संपादकाला हे लेख छापायचे होते, मात्र जेव्हा त्याला कळलं की, एल म्हणजे लीझ नावाची स्त्री आहे, त्या वेळेस त्याने संशोधक ही स्त्री असल्यामुळे लेख छापण्याचा विचार सोडून दिला.

सगळ्या बाजूंनी अशी अपमानास्पद वागणूक असूनही विचलित न होता प्राप्त परिस्थितीत लीझने हानबरोबर मन लावून काम केलं. हानची आणि तिची भागीदारी छान फुलली. किरणोत्सर्गविषयक नऊ रिसर्च पेपर प्रकाशित केले. हानबरोबर तिने किरणोत्सर्ग तपासणीसाठी 'रेडिओॲक्टिव रिकॉइल' पद्धत शोधली. हा शोध खूप

महत्त्वाचा होता. याने तिला भरपूर प्रसिद्धी मिळवून दिली. मात्र अजूनही आर्थिक बाबतीत वडील हाच मुख्य स्रोत होता. अनुवादाचं काम करून तिला थोडेफार पैसे मिळायचे, पण ते पुरेसे नसायचे.

१९१२मध्ये जर्मनीमध्ये कैसर *विल्यम* इन्स्टिटट्यूट सुरू होत होती. हानला तिथे चांगला पगार मिळणार होता.

१९१२मध्ये लिझ माइटनर आणि ओटो हान

लीझलादेखील तिथे बोलावण्यात आलं. परंतु 'स्त्री' होती म्हणून लीझला तिथे 'बिनपगारी फुल अधिकारी' म्हणून काम करायचं होतं. एक वर्ष तिथे काम केल्यावर तिला हानच्या समदर्जाचं पद मिळालं. पण वेतन? हानला मिळायचं त्याच्या फक्त एक पंचमांश !! का तर एका स्त्रीला पुरुषाएवढं वेतन कसं देणार? याचवेळी पहिल्या महायुद्धाचं रणशिंग फुंकलं गेलं होतं. जर्मन सैन्याला मदत करायला हान आणि इतर शास्त्रज्ञ मैदानात उतरले. लीझदेखील क्ष-किरण तंत्रज्ञ परिचारिका म्हणून ऑस्ट्रियन सैन्यात रुजू झाली. गंमत म्हणजे लीझची आदर्श असलेली मेरी क्युरीदेखील विरोधी आघाडीकडून दोस्त राष्ट्रांसाठी काम करत होती. अर्थात, पहिल्या महायुद्धात लीझने जर्मनीची किती सेवा केली असली, तरी भविष्यात नाझी लोकांनी तिला ज्यू ठरवलंच. दुसऱ्या महायुद्धात लीझला तिचा आवडता जर्मनी देश सोडावा लागला.

युद्धाला लीझचा नेहमीच विरोध होता. जखमी सैन्याच्या मदतीसाठी तिने हे काम पत्करलं होतं. सरकारी हस्तक्षेपामुळे कैसर विल्यम संस्था केवळ युद्धोपयोगी संशोधनाचं काम करत असल्याचं लक्षात आल्यावर तिने ती सोडायचा निर्णय घेतला. तिला भरघोस गगारबाळ बगैरे आमिषं दाखवण्यात आली, मात्र तत्त्वापुढे कशाचीच फिकीर तिला नव्हती. तिने पुन्हा फिशरकडे येणं पसंत केलं. फिशरनेदेखील या वेळी तिचं सन्मानाने स्वागत केलं. प्रयोगशाळेचे दोन भाग केले आणि लीझला स्वतंत्र भौतिकशास्त्र विभाग सुरू करून दिला. १९१७मध्ये हानबरोबर लीझने 'प्रॉक्टानियम' हे समस्थनिक शोधून काढलं. त्याचादेखील खूप गाजावाजा झाला. तिला बर्लिन अकादमीकडून *लाईबनिझ मेडल* मिळालं. त्यानंतर कैसर विल्यम संस्थेत 'संचालक' पदावर नोकरीसुद्धा! काही

काळ प्राध्यापकीही केली. जर्मनीमधील भौतिकशास्त्राची पहिली प्राध्यापिका लीझच होती. जर्मनीमधील सर्वांत आघाडीची संशोधक म्हणून लीझ ओळखली जाऊ लागली. आइनस्टाइन तर तिला कौतुकाने 'आपल्या जर्मनीची मेरी क्युरी' असं संबोधायचा.

१९३२मध्ये जेम्स चॅडविकने न्यूट्रॉनचा शोध लावला आणि जगभरातील संशोधकांमध्ये अणूचं विभाजन करण्याची चुरस निर्माण झाली. एकाच वेळी इंग्लंडमध्ये रुदरफोर्ड, डेन्मार्कमध्ये नील्स बोहर, फ्रान्समध्ये मेरीची मुलगी आयरीन क्युरी आणि तिचा नवरा, रशियामध्ये फ्रेंकेल, इटलीमध्ये फर्मी आणि जर्मनीत लीझ-हान जोडी ही सर्वच मंडळी जोरात संशोधन करत होती. अणुबॉम्ब तयार करण्याचा उद्देश महत्त्वाचा नसेल, उत्सुकता होती अल्केमीची. वेगवेगळ्या धातूंपासून सोने मिळवण्याच्या वेडामध्ये अल्केमी अर्थात रसायनशास्त्र तयार झालं होतं. मूलद्रव्य बदलता येईल, या शक्यतेवर शेकडो वर्षं हजारो लोक मेहनत घेत होते. त्यातून वेगवेगळे मिश्र धातू आपल्याला मिळाले, रसायनशास्त्र प्रगत होत गेलं. या सर्व प्रगतीत मूळ हेतू बाजूला पडला होता. आता मात्र मूलद्रव्य बदलता येण्याची शक्यता निर्माण झाली होती.

१९३३मध्ये जर्मनीत अॅडॉल्फ हिटलरची हुकूमशाही सुरू झाली. नाझी गुंडांचा धिंगाणा सुरू झाला. ज्यू संशोधकांना बडतर्फ केलं किंवा राजीनामा देण्यास भाग पाडलं गेलं. आइनस्टाइनसारख्या अनेक शास्त्रज्ञांना देश सोडायला भाग पाडलं गेलं. लीझला वाटलं, आपण तर ज्यू धर्म सोडून कधीच ख्रिस्ती धर्मातील लुथेरियन पंथाची दीक्षा घेतली आहे. आपण पहिल्या महायुद्धात जर्मनीची सेवा केली आहे. शिवाय आपण ऑस्ट्रियन नागरिक... आपल्यावर ही वेळ नाही यायची. बाकीचे तिचे नातलग, इतर संशोधक देश सोडून गेले, तरी ती संशोधनात मग्न राहिली. पण नाझी गुंडांचा उन्माद वाढला होता. ते म्हणतील तो न्याय होता. जर्मनीने ऑस्ट्रिया गिळंकृत केल्यावर साहजिकच लीझदेखील जर्मन नागरिक ठरली होती. जर्मन ज्यूंसाठी जे नियम, तेच लीझलाही लागू होणार होते. आता लीझच्या जिवावर कधीही बेतलं जाणार होतं.

गोची अशी होती की, आता नवीन कायद्यानुसार संशोधकांना देश सोडून जाता येत नव्हतं. लीझला नोकरीचा राजीनामा द्यायला लावला, तिचं बँक खातं सील केलं गेलं आणि तिला बाहेरच्या देशात जायलाही बंदी घालण्यात आली. पुस्तकं, कागद असो अथवा नोंदवह्या, घरातील कोणतीही वस्तू हलवायलाही तिला बंदी घालण्यात आली. देश सोडण्याबाबत आपण केलेल्या दिरंगाईबद्दल तिला पश्चात्ताप झाला. आता अधिक उशीर करून चालणार नव्हतं. हानच्या मदतीने अगदी चित्रपटात शोभेल अशा गुप्त पद्धतीने तिने जर्मनी सोडली. कुणाला संशय येऊ नये म्हणून दिवसभर प्रयोगशाळेत

काम केलं, रात्री हातात केवळ दोन बॅगा घेऊन बाहेर पडली. आपली कर्मभूमी सोडून जाताना लीझचा पाय निघत नव्हता. पण नाइलाज होता. बँक खातं गोठवल्यामुळे लीझकडे अगदी मोजके पैसे होते. पळून जाताना कुणाला तरी लाच द्यावी लागेल, म्हणून स्वतःच्या आईची अंगठी हानने लीझला दिली होती. हॉलंडमध्ये शास्त्रज्ञ मित्र तिची वाट पाहत होते. तिला स्वीडनला पाठवायची सर्व तयारी झाली होती.

खरं तर इंग्लंड, अमेरिका सगळीकडे तिचं स्वागत झालं असतं, मात्र तिचं इंग्लिश कच्चं होतं. म्हणून साठ वर्षांची ही संशोधिका हॉलंडमार्गे स्टॉकहोम, स्वीडनला पोहोचली. तिथे 'सीगबान' या नोबेल विजेत्या शास्त्रज्ञाच्या प्रयोगशाळेत काम स्वीकारलं. सीगबान हा स्त्रियांच्या बाबतीत अतिशय पूर्वग्रहदूषित होता. तिथेही तिला कामाची संधी दिली जात नव्हती, दिली तेव्हा अगदी कमी पगारात काम करावं लागलं. रोजच प्रत्यक्ष-अप्रत्यक्ष अपमान केला जायचा. मात्र इथेच नील्स बोहरबरोबर काम करण्याची संधी लीझला मिळाली, ही त्यातल्या त्यात चांगली बाब होती. कारण नील्स बोहर ही अणुभौतिकी क्षेत्रातील दिग्गज व्यक्ती होती. तोही जीव वाचवून कोपेनहेगनहून सहकुटुंब पळून आला होता. पुढे त्याने तर नोबेल मिळवलंच, पण त्याचा मुलगा आजे बोहर यानेही नोबेल पारितोषिक मिळवलं आहे.

आता संशोधनात लीझला नवीन जोडीदार मिळाला होता. तिचा भाचा ओट्टो फ्रिश्च. ओट्टो फ्रिश्च जर्मनीमधून पळून इंग्लंडमध्ये गेला होता, आता त्याच्या मावशीच्या मदतीला स्वीडनमध्ये आला होता. इकडे हानची अवस्था बिकट झाली होती. लीझच्या पलायनात आपला हात आहे, याची कुणकुण लागली तरी आपली अवस्था गंभीर होईल, याची त्याला धास्ती होती. शिवाय, त्याच्या एकुलत्या एका मुलाला जबरदस्तीने हिटलरच्या युवा दलात सहभागी करून घेतलं होतं. पुढे तो युद्धात गंभीर जखमी झाला. मॅक्स प्लँकसारख्या देशातील सर्वोच्च शास्त्रज्ञाच्या मुलाला जाहीररीत्या मारण्यात आलं होतं. आपली अवस्था प्लँकसारखी व्हायला नको म्हणून तो लीझशी कोणताही संपर्क उघडपणे करू शकत नव्हता. त्याला स्ट्रासमन नावाचा नवा जोडीदार मिळाला होता, मात्र लीझची कमतरता तो भरून काढू शकत नव्हता. त्यामुळे गुप्तपणे लीझशी पत्रव्यवहार करणं क्रमप्राप्त होतं. अर्थात, लीझकडून मार्गदर्शन मिळत असलं, तरी शोधनिबंध प्रसिद्ध होताना त्यात सुरक्षिततेसाठी तिचं नाव नसायचं. असल्या नावलौकिकापेक्षा लीझ खूप पुढे निघून गेली होती.

स्वीडनमध्ये आल्यानंतर जीव वाचला असला, तरी लीझला यथायोग्य सन्मान मिळत नव्हता. सीगबानने तिला शक्य तेवढा त्रास दिला. तिच्या हाताखाली काम

करणारे साहाय्यक काढून घेतले जायचे. पुढे लीझचं नोबेलसाठी नामांकन झालं, तेव्हाही सीगबानने खोडा घातला. दरम्यान लीझला केंब्रिज विद्यापीठातील प्रसिद्ध कॅव्हेंडिश प्रयोगशाळेत संशोधन करण्याची संधी चालून आली. नेहमीप्रमाणेच तिने निर्णय घ्यायला उशीर केला. राजीनामा देऊन स्वीडनमधल्या लोकांचा निरोप घेत असतानाच दुसऱ्या महायुद्धाला तोंड फुटलं आणि तिला ब्रिटनमध्ये जाता आलं नाही. इकडे स्वीडिश सहकाऱ्यांचा निरोप घेतल्यामुळे आता परकेपणाची भावना येणार होती. तिला एकटेपणाचं जिणं जगायला लागलं. या एकटेपणावर मात करण्याचीही तिला पुन्हा संधी मिळाली होती. ब्रिटिश शास्त्रज्ञांचं पथक अमेरिकेला निघालं होतं. मात्र लीझला अण्वस्त्रांवर काम करायचं नव्हतं. तिने अणुप्रकल्पात सहभागी व्हायला स्पष्ट नकार दिला.

जर्मनीमध्ये युरेनियमवर न्यूट्रॉनचा मारा करून बेरियम हे मूलद्रव्य हानला सापडलं होतं, पण त्यामागचं गणित त्याला सुटत नव्हतं. युरेनियमच्या अणूवर न्यूट्रॉन कणांचा मारा केला असता बेरियम आणि क्रिप्टॉन ही मूलद्रव्यं तयार होतात, पण या प्रक्रियेत अधिक न्यूट्रॉन कसे बाहेर पडतात आणि वेगळीच दोन मूलद्रव्यं कुठून तयार होतात, हे हानला समजेना. आता त्याला भौतिकशास्त्राची जोड लागणार होती. त्याने आपली विश्वासू सहकारी लीझकडेच हे निष्कर्ष पाठवले आणि हे कोडं सोडवण्याची विनंती केली. हानचं पत्र मिळालं तेव्हा लीझ नाताळची सुट्टी साजरी करायला, आइस स्केटिंग करायला डोंगराळ भागात गेली होती. ते पत्र तिकडे पाठवण्यात आलं आणि पत्र वाचून लीझ अतिशय उत्साहित झाली. हानने पाठवलेल्या निष्कर्षांवर लीझ आणि फ्रिश्चने काम सुरू केलं. आणि त्यांना त्यामागचं कोडं सुटलं आणि अणुशक्तीचा शोध लागला.

लीझ आणि हानने काय केलं, हे तर आपण पाहूच; तत्पूर्वी आपल्याला अणुशास्त्रातील काही मूलभूत संकल्पना माहीत असणं गरजेचं आहे. अणुशास्त्र विकसित होण्याच्या आधी असा समज होता की, मूलद्रव्याचा सगळ्यात लहान कण अणू असेल आणि तो अविभाज्य असेल. १८०३मध्ये जॉन डाल्टन यांनी अणू अविभाज्य असल्याचा सिद्धान्त मांडला होता. त्यावर शंभर वर्षांनी १९०६मध्ये जे. जे. थॉमसन यांनी अणू हा सगळ्यात लहान आणि अविभाज्य घटक नाही, तर अणूच्या पोटात इलेक्ट्रॉन असल्याचं शोधलं. थॉमसन यांनी अणूरचनाविषयक 'प्लम पुडिंग' थियरी मांडली. 'प्लम केकमध्ये ज्याप्रमाणे बेदाणे सर्वत्र विखुरलेले असतात, त्याप्रमाणे अणुकेंद्रात ऋण भारित इलेक्ट्रॉन धनभारित केंद्रकाभोवती विखुरलेले असतात', अशी त्यांची मांडणी होती. तेव्हा प्रोटॉन, न्यूट्रॉनचा शोध लागला नव्हता बरं का! ही प्लम पुडिंग मांडणी चुकीची असून अणुकेंद्रात इलेक्ट्रॉन फिरत असतात, त्यांच्यात ऊर्जा

असते, ती कमी जास्त होत असून त्यामुळे अणू स्थिर असतो, अशी मांडणी नील्स बोहर आणि रुदरफोर्ड यांनी केली.

पुढे रुदरफोर्डने प्रोटॉनचा शोध लावला, जेम्स चॅडविकने न्यूट्रॉनचा शोध लावला. त्यामुळे समस्थानिकंही समजायला मदत होऊ लागली. मूलद्रव्याच्या अणूमध्ये असलेल्या प्रोटॉनच्या संख्येनुसार मूलद्रव्याचा अणुक्रमांक निश्चित होत असतो. धनभार असलेले प्रोटॉन्स आणि ऋणभार असलेले इलेक्ट्रॉन्स यांची अणुकेंद्रात समान संख्या असते. याशिवाय अणुकेंद्रात न्यूट्रॉन हे शून्य भार असलेले निष्क्रिय कणदेखील असतात. कोणत्याही मूलद्रव्याच्या अणुकेंद्रामधील प्रोटॉन आणि न्यूट्रॉन यांच्या संख्येची बेरीज म्हणजे अणुभारांक होय. एकाच मूलद्रव्याची वेगवेगळी समस्थानिकं असतील तर त्यांच्या अणूमधील प्रोटॉन्सची संख्या सारखीच असते, मात्र न्यूट्रॉनची संख्या भिन्न असते. कार्बन १२ मध्ये ६ प्रोटॉन आणि ६ न्यूट्रॉन असतील तर कार्बन १४ मध्ये ६ प्रोटॉन आणि ८ न्यूट्रॉन असतील. कोणत्याही अणूचं वस्तुमान म्हणजे त्यातील प्रोटॉन आणि न्यूट्रॉन यांची संख्या होय. इलेक्ट्रॉन अतिशय हलके असल्याने त्यांचं वजन नगण्य असतं.

इलेक्ट्रॉन आणि प्रोटॉन हे भारित असल्यामुळे, त्यांना एकमेकांचं आकर्षण असल्यामुळे दुसऱ्या मूलद्रव्याच्या संपर्कात येऊन ते नवा संसार थाटतात, ज्याला आपण रासायनिक अभिक्रिया म्हणतो. मात्र न्यूट्रॉन हा उदासीन भाराचा असला, तरी संन्यस्त वृत्तीचा अजिबात नाही बरं! तो या इलेक्ट्रॉन आणि प्रोटॉनच्या नादी न लागता थेट अणुकेंद्रावर हल्ला करतो आणि आण्विक अभिक्रिया घडून येते. म्हणूनच न्यूट्रॉनचा शोध हे अणूशास्त्रातील सर्वात महत्त्वाचं संशोधन मानलं जातं.

आता आइनस्टाइनचं $E=MC^2$ हे समीकरण प्रत्यक्षात उपयोगात येणार होतं. अणूतून प्रचंड ऊर्जा मिळवायचं स्वप्न लवकरच साकार होणार होतं. लिथियमच्या अणूवर या कणांचा मारा केला असता, त्याचं रूपांतर हेलियमच्या अणूमध्ये झालं, हे समजल्यानंतर शास्त्रज्ञांना अधिक बळ मिळालं. आणि वेगवेगळ्या मूलद्रव्यांवर या चाचण्या सुरू झाल्या.

अशाच चाचण्या हानने युरेनियमवर केल्या. त्याला त्यातून अद्भुत निष्कर्ष मिळाले. युरेनियमवर न्यूट्रॉन कणांचा मारा केल्यावर त्याच्या अणूचं केंद्र विभाजित होतं. त्यातून बेरियम आणि क्रिप्टॉन ही दोन मूलद्रव्यं तयार होतात. मात्र या सर्वात युरेनियमच्या अणुकेंद्रातून तीन न्यूट्रॉन आणि मोठ्या प्रमाणात ऊर्जा बाहेर पडते. अणूकेंद्रातून निघालेले न्यूट्रॉन पुन्हा तीन नव्या अणुकेंद्रांचं विभाजन करतात, पुन्हा

ऊर्जा मुक्त होते आणि नवे नऊ न्यूट्रॉन बाहेर पडतात. युरेनियमच्या शेवटच्या अणूचं जोपर्यंत विभाजन होत नाही, तोपर्यंत ही साखळी सुरूच राहते. या प्रक्रियेतून प्रचंड प्रमाणात ऊर्जा निर्माण होते. रासायनिक दृष्ट्या काय घडलं ते हानला समजत होतं. मात्र हे कसं घडलं, याचं गणित भौतिकशास्त्रातून मांडायला लागणार होतं आणि त्यासाठी लीझची मदत लागणार होती.

युरेनियम U-२३५ हे नेहमीचं मूलद्रव्य, ज्यामध्ये ९२ प्रोटॉन्स आणि १४३ न्यूट्रॉन्स असतात. यावर न्यूट्रॉनचा मारा केला तर युरेनियम U-२३५ चं रूपांतर U-२३६ या समस्थानिकामध्ये होतं. ज्यामध्ये ९२ प्रोटॉन्स आणि १४४ न्यूट्रॉन्स असतील. मात्र हे समस्थानिक अतिशय अस्थिर असून निसर्गात ते फार काळ राहू शकत नाही. त्याच्या केंद्राचं विघटन होतं. ३६ प्रोटॉन्स एकीकडे तर ५६ प्रोटॉन्स एकीकडे विभागले जाऊन त्यातून दोन नवी मूलद्रव्यं तयार होतात. या नव्याने तयार झालेल्या क्रिप्टॉनमध्ये ३६ प्रोटॉन्स आणि ५६ न्यूट्रॉन्स असतात, तर बेरियममध्ये ५६ प्रोटॉन्स आणि ८५ न्यूट्रॉन्स असतात. दोन्हीमधल्या न्यूट्रॉन्सची संख्या मिळवली तर लक्षात येईल की ही बेरीज १४१ होते. मग तीन न्यूट्रॉन्स कुठे गेले? हे तीन न्यूट्रॉन्स युरेनियम U-२३५ च्या तीन अणूंच्या केंद्रात घुसलेले असतात. अशाच प्रकारे पुढे नऊ न्यूट्रॉन्स मोकळे होतील, पुढे २७, ८१, २४३, ७२९... अशी साखळी अविरत सुरू राहील. जोपर्यंत युरेनियम U-२३५ चा शेवटचा अणू शिल्लक आहे, तोपर्यंत ही प्रक्रिया होत राहील. तीही अगदी क्षणार्धात! क्षणार्धात प्रचंड मोठी ऊर्जा मुक्त होते.

लीझ आणि फ्रिश्चला प्रोटॉन आणि न्यूट्रॉनचा हिशोब लागला... ऊर्जा किती तयार होते, याचंदेखील समीकरण जुळलं. लीझने ही बाब हान याला सांगितली, तर फ्रिश्चने नील्स बोहर याला कळवलं. मात्र याबाबतचा रिसर्च पेपर प्रसिद्ध होण्याआधी ही बातमी बाहेर फुटली... हानने त्याचा रिसर्च पेपर प्रसिद्ध केला, तेव्हा त्यात लीझ आणि फ्रिश्चचं नाव नव्हतं. कदाचित लीझला पळून जाण्यात मदत केल्याचा आपल्यावर आरोप होईल, ही भीती हानला असावी. हानने नंतरही लीझचं योगदान कधीच मान्य केलं नाही. इतर शास्त्रज्ञ मंडळींना या सगळ्यामागे लीझ आहे हे ठाऊक असल्याने त्यांनी आवाज उठवला आणि त्यामुळे लीझचं योगदान जगाला समजलं. लीझला अमेरिकेत मॅनहॅटन प्रकल्पात काम करायला बोलावण्यात आलं. मात्र आपण बॉम्ब तयार करायला येणार नाही, हे तिने निक्षून सांगितलं. ती पुढील संशोधनात व्यग्र राहिली.

हिरोशिमा, नागासाकीवर अणुबॉम्ब पडला आणि लीझचं नाव 'बॉम्बची जननी' म्हणून जगापुढे आलं. अमेरिकेत ती सेलिब्रिटी झाली. त्यात तिचा ज्यू धर्मदेखील

पुन्हापुन्हा अधोरेखित करण्यात येऊ लागला, मात्र तिला ना ज्यू धर्माशी घेणं होतं, ना बॉंबशी. रेडिओवर तिची मुलाखत घेण्यात आली, तेव्हा तिने आवर्जून सांगितलं, 'आण्विक शक्तीचा वापर विचारपूर्वक आणि शांततामय कामासाठीच झाला पाहिजे.'

तिच्यावर अतिरंजित फिल्म बनवण्यासाठी उत्सुक असलेल्या हॉलिवूडच्या टीमला तर तिने कोर्टात खेचायची धमकी दिली, त्यांनी केवळ दंतकथा वापरून या चित्रपटाची पटकथा लिहिली होती. असल्या खोट्या सिनेमाची गरज नाही, हे लीझने आवर्जून सांगितलं. हॉलिवूडवाल्यांनी ऐकलं नसतं, तर संघर्षाचीदेखील भूमिका तिने घेतली होती.

१९४४मध्ये आण्विक विभाजन विषयात आमूलाग्र संशोधन केलं, म्हणून नोबेल पारितोषिकासाठी हानचं नाव सुचवण्यात आलं. अनेक शास्त्रज्ञांनी लीझही तेवढीच हक्कदार आहे, यासाठी आवाज उठवला. मात्र त्या वेळी नोबेल समितीवर लीझबद्दल पूर्वग्रहदूषित मत असलेले सीगबान होते. त्यांनी तिचं नाव पद्धतशीरपणे डावललं. मात्र म्हातारीने कोंबडं झाकलं म्हणून सूर्य उगवायचा राहत नाही. संशोधनात महत्त्वाचं योगदान कुणाचं आहे, हे साऱ्या जगाला ठाऊक होतं. हानने नोबेल पारितोषिकाच्या भाषणात लीझचा उल्लेख केला, तसेच पारितोषिकाच्या रकमेतील निम्मा वाटा लीझला देऊ केला. लीझने आधी कोणतीही रक्कम स्वीकारायला नकार दिला. मात्र या रकमेवर आपला खरा हक्क आहे, या भावनेतून तिने रक्कम स्वीकारली आणि तत्काळ दानही करून टाकली.

या प्रकाराचं लीझला वाईट वाटलं असलं तरी हान आणि लीझमध्ये कटुता आली नाही. हानने जोखीम घेऊन लीझसाठी बरंच काही केलं होतं, त्याची जाणीव तिने ठेवली. लीझला तसेही पैसा, प्रसिद्धी यामध्ये रस नव्हताच, केवळ संशोधनात रस होता. खरी कर्मयोगी होती ती! संशोधनात अडथळा नको म्हणून प्रेम, लग्न, पोरं सगळं टाळलं होतं तिने! मनाने श्रीमंत असणारी लीझ आठ वर्षं कोणत्याही समारंभाला एकच ड्रेस घालून जात होती. तिचं जीवनविषयक तत्त्वज्ञान अगदी साधं होतं. ती म्हणायची,

'आयुष्य हे खडतर असणारच. ते सुलभ सोपं नाही म्हणून शोक करू नका. मात्र आपलं आयुष्य नाहक वाया जात नाही ना, याची काळजी घ्या. आपल्या हातून या मानवतेच्या कल्याणासाठी काहीतरी महत्त्वाचं नक्कीच घडलं पाहिजे. नुसतेच जन्माला आलो आणि नंतर कधी तरी मेलो, याला आयुष्य कसं म्हणणार?'

तिला 'अणुबॉम्बची जननी' हे संबोधन अजिबात आवडत नसे. आपला बॉंबशी काही संबंध नाही, हे स्पष्ट करताना ती म्हणते, 'विज्ञान हे लोकांना निःस्वार्थीपणा,

वस्तुनिष्ठपणा आणि सत्याचं आचरण करायला शिकवतं. युद्धात झालेल्या हानीचा दोष तुम्ही विज्ञान आणि वैज्ञानिकांना नाही देऊ शकत. वैज्ञानिक केवळ शोध लावतात, मात्र युद्धखोर तंत्रज्ञ त्याचा वापर घातक शस्त्रं बनवण्यासाठी करतात.'

इथे एक गोष्ट आवर्जून सांगितली पाहिजे की, जी चूक मेरी क्युरी आणि तिच्या मुलीने केली होती, ती लीझने केली नाही. किरणोत्सारी मूलद्रव्यांना हाताळणं धोक्याचं असतं, याची जाणीव तिला होती. रुदरफोर्डने हानसाठी पाठवलेलं किरणोत्सारी पदार्थांचं पार्सल घेऊन येणाऱ्या पोस्टमनलादेखील तिने काळजी घ्यायला शिकवलं होतं. त्याबाबत जागरूक होती ती!

तिची जीवनशैली आणि दिनक्रम अतिशय साधा होता. संगीत आणि मोकळ्या रस्त्यावर चालणं, या तिच्या आवडीच्या बाबी! भौतिकशास्त्र आणि संगीताचं काही विशेष नातं असावं, कारण अनेक भौतिकशास्त्रज्ञ संगीताची जाण असलेले आपल्याला पाहायला मिळतात. त्या काळात भौतिकशास्त्रज्ञांची म्युझिकल पार्टीदेखील होत असेल. लीझ, आइनस्टाइन, मॅक्स प्लँक, रिचर्ड फाईनमन, सत्येंद्रनाथ बोस हे सर्व समकालीन भौतिकशास्त्रज्ञ संगीताचे जाणकार होते आणि यापैकी प्रत्येकजण किमान एक वाद्य चांगल्या प्रकारे वाजवू शकत असे. संगीताची आवड जोपासण्याशिवाय लीझ रोज सात-आठ किलोमीटर चालायची. त्यामुळेच वयाच्या ८२ व्या वर्षापर्यंत ती काम करत राहिली आणि ८९ वर्षांचं सुखी, समाधानी आयुष्य जगली.

बाख या संगीतकाराची रचना ऑर्गनवर वाजवून या सदाफुलीला निरोप देण्यात आला. तिच्या मृत्यूनंतर तिच्या थडग्यावर जी कबरशिला लावली आहे.

त्यावर लिहिलं आहे - *Lise Meitner : A physicist, who never lost her humanity*

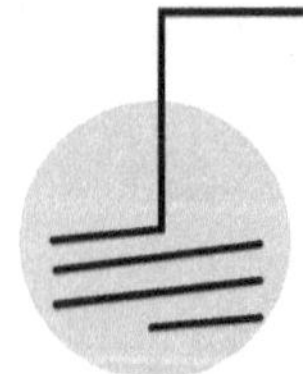

तिला 'अणुबॉम्बची जननी' हे संबोधन अजिबात आवडत नसे. आपला बॉम्बशी काही संबंध नाही, हे स्पष्ट करताना ती म्हणते, 'विज्ञान हे लोकांना निःस्वार्थीपणा, वस्तुनिष्ठपणा आणि सत्याचं आचरण करायला शिकवतं. युद्धात झालेल्या हानीचा दोष तुम्ही विज्ञान आणि वैज्ञानिकांना नाही देऊ शकत. वैज्ञानिक केवळ शोध लावतात, मात्र युद्धखोर तंत्रज्ञ त्याचा वापर घातक शस्त्रं बनवण्यासाठी करतात.'

तिचा भाचा आणि सहकारी फ्रिश्चने निवडलेली ही कबरशिला अगदी यथायोग्य आहे. शेवटपर्यंत आपली माणुसकी, नाती जपणारी लीझ माइटनर म्हणजे मानवतेचा, प्रेमाचा निर्मळ झरा... द्वेषाचा, अहंकाराचा दर्प ना बाळगला, ना आपल्यावर झालेल्या अन्यायाच्या जखमा तिने भळभळत ठेवल्या, ना कधी सूडाचा विचार केला. केवळ प्रेमाचा वर्षाव करणारी, स्वतः फुलून दुसऱ्याचं आयुष्य फुलवणारी ती सदाफुली होती. मानवता हेच मूल्य तिने सर्वोच्च मानलं. ती म्हणते, 'दुसऱ्या महायुद्धातील अमानुष नरसंहाराला राजकारणी लोकांची क्रूरता जेवढी कारणीभूत आहे, तेवढीच वैज्ञानिक लोकांची निष्क्रियता आणि त्यांचं शांत बसणंही कारणीभूत आहे.'

हानला तिने अनेकदा जर्मनीमधील अत्याचारावर मूग गिळून बसण्यासाठी खडसावलं होतं. तिचं जर्मनीवरील प्रेम आयुष्यभर कायम राहिलं. जर्मनीनेही त्यांच्या देशातील सर्वोच्च पुरस्कार देऊन या सदाफुलीचा गौरव केला आहे. १९६६मध्ये लीझ, हान आणि स्ट्रासमन यांना अमेरिकेने मानाच्या फर्मी पुरस्काराने गौरवलं. त्या वेळी पहिल्यांदाच हा पुरस्कार जगाने अमेरिकन नसलेल्या व्यक्तीला देण्यात आला आणि हा पुरस्कार मिळवणारी लीझ ही पहिली स्त्री ठरली. याशिवाय, तिला शेकडो महत्त्वाचे पुरस्कार मिळाले. मात्र १९ वेळा रसायनशास्त्र आणि २९ वेळा भौतिकशास्त्रासाठी नामांकन मिळूनदेखील नोबेल पुरस्काराने मात्र तिला हूल दिली. आजवर अनेक गांधीवाद्यांना नोबेल मिळालं, पण प्रत्यक्ष गांधींना नाही. तसंच रोझलिंड फ्रँकलिन आणि लीझ माइटनर यांच्याबाबत म्हणावं लागेल. त्यांच्याबरोबर काम करणारे आणि त्यांचे शिष्य यांना नोबेल मिळालं. १९८२मध्ये पीटर आर्मब्रुस्टर या जर्मन शास्त्रज्ञाने एका नव्या मूलद्रव्याचा शोध लावला. लीझ माइटनरच्या सन्मानार्थ या १०९ व्या मूलद्रव्याचं नाव 'माइटनरीयम' असं ठेवण्यात आलं. पीटर म्हणतो, 'लीझ माइटनरचा सन्मान देशातील सर्वात महत्त्वाची शास्त्रज्ञ म्हणून केला पाहिजे.'

लीझवरील लेखाची सांगता करत असताना एक बाब लक्षात घेऊ. २०२३पर्यंत १००० व्यक्ती आणि संस्थांना नोबेल मिळाले आहे. मात्र आवर्तसारणीमध्ये केवळ ११८ मूलद्रव्ये आहेत. त्यात लीझला मिळालेला मान अगदी मोठमोठ्या नोबेल विजेत्यांना मिळाला नाही. लीझ ही तिथं ध्रुव ताऱ्यासारखी अढळ झाली आहे. अमर झाली. नोबेल पारितोषिक मिळालं नसलेली लीझ खरं नोबेल आयुष्य जगली. जीवनाचा खरा अर्थ सापडलेल्या या सदाफुलीने पुढील स्त्री-शास्त्रज्ञांच्या पिढ्यांसाठी आदर्श उभा केला. आज विज्ञानाच्या क्षेत्रात स्त्रियांची वाढती संख्या दिसते आहे, त्यात लीझचाही

वाटा आहे. तिने तेव्हा हार मानली असती, तर कदाचित समतेची, स्वातंत्र्याची दारं स्त्रियांसाठी लवकर उघडली नसती... या सदाफुलीला खूप खूप प्रेम!!

दृष्टिक्षेप

- आईवडिलांचं सारं ऐकावं, मात्र बरेवाईट याचा विचार स्वतःच करावा, असं सांगणारी आई लाभली हे माझं भाग्य, असं लीझ म्हणत असे.
- संशोधन करण्याची संधी मिळावी म्हणून अतिशय जाचक अटींदेखील निमूटपणे मान्य करणारी लीझ. तिची विज्ञाननिष्ठा अद्वितीय अशी म्हणावी लागेल.
- सन्मान नाही, वेतन नाही तरीदेखील केवळ संशोधन करायला मिळते यातच लीझ आनंद मानत होती.
- तिच्या या संघर्षामधूनच अनेक महिलांना संशोधनांमध्ये प्रेरणा मिळाली आणि त्यांच्या रस्त्यामधील अडथळेदेखील कमी झाले. लिंगभेद आणि वंशभेदाची स्वतः बळी असताना मनात कधीच कोणतीही कटुता ना बाळगणारी सदाफुली म्हणजे लीझ माइटनर.
- 'मानवतेवरचा विश्वास अखंड अबाधित असलेली भौतिकशास्त्रज्ञ' हे तिच्या कबरशिलेवर असलेलं वाक्य तिची खरी ओळख सांगतं.

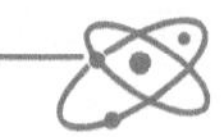

एमी नोदर
आधुनिक बीजगणिताची संशोधक!

'शिक्षिका होणं' हा एकच पर्याय मुलींकडे होता, त्या काळात एमीने नवी वाट जोखाळली आणि बुद्धीच्या क्षेत्रात महिला तितक्याच सक्षम असतात हे जगाला दाखवून दिलं.

पायथॅगोरसचं प्रमेय किंवा आइनस्टाइनचा सापेक्षतावाद जेवढा महत्त्वाचा असेल, नोटर प्रमेय तेवढंच महत्त्वाचं आहे. 'विद्यापीठात महिला शिकवू लागल्या तर कसं होणार, आपल्या सैनिकांनी युद्धातून परत आल्यावर यांच्या पायाशी बसून शिक्षण घ्यायचं का.' अशी पुरुषी मानसिकता असलेल्या समाजात स्वतःच्या बुद्धीचं तेज मान्य करायला लावणारी एमी नोटर. 'महिला शिकायला लागल्यापासूनची सर्वांत लक्षणीय जीनियस महिला' असं तिचं यथार्थ वर्णन आइनस्टाइन करतो.

फलाकारांना जेवढी प्रसिद्धी मिळते, त्याच्या एक शतांशदेखील शास्त्रज्ञांना मिळत नाही आणि शास्त्रज्ञांना जेवढी प्रसिद्धी मिळते, त्याच्या एक दशांशदेखील गणितज्ञांना मिळत नाही. मात्र, शास्त्रज्ञांनी मांडलेले सिद्धान्त गणितीय पातळीवरही सिद्ध करावे लागतात. जसं मायकल फॅरेडेचे विद्युत चुंबकीय सिद्धान्त सिद्ध करण्यासाठी गणित मांडायला जेम्स मॅक्सवेल हवा असतो किंवा ओट्टो हानच्या किरणोत्सार शोधाला सिद्ध करण्यासाठी लीझ माइटनरचं गणित गरजेचं असतं. अगदी तसंच आइनस्टाइनचा सापेक्षता सिद्धान्त

गणितीय पातळीवर सिद्ध करण्याचं काम एमी नोदर या गणितज्ञेने केलं. आजच्या भौतिकशास्त्रात तिच्या सिद्धान्ताचा रोजच वापर होतो. मात्र, प्रसिद्धीपासून दूर राहून आपलं संपूर्ण आयुष्य गणिताला वाहून घेणाऱ्या या स्त्रीची जगाला पुरेशी माहिती झालीच नाही.

गणित हा विषय बहुतेक सगळ्यांचा नावडता. ज्यांना तो आवडतो, ते या विषयाच्या प्रेमातच असतात. रात्रीची झोप उडवणारा हा प्रेमी, (पोरांनो, गणिताला प्रेमिका समजा) त्याच्या हातात हात दिला तर आकडेमोडीच्या दाट जंगलात घेऊन जाणारा... जिथं त्याच्या आणि आपल्याशिवाय दुसरं कोणी नसेल... ज्याच्या सहवासात जगाचा विसर पडणार, असा हा सखा! सुमारे शंभर वर्षांहून अधिक काळ लोटला असेल, या गणिताच्या प्रेमात एक मुलगी पडली. घरच्या विरोधाला डावलून निस्सीम प्रेमी जसं एकमेकांची साथ सोडत नाहीत, तशीच ती गणितप्रेमाशी एकनिष्ठ राहिली, आपल्या या प्रेमात वाटेकरी नको म्हणून लग्न, संसार आणि संतती या सर्व बाबी दूर ठेवल्या आणि या प्रेमातूनच तिला ऊर्जा अक्षय्यता नक्की कशी काम करते, याचं उत्तर गवसलं. एमी नोदरचं हे योगदान भौतिकशास्त्राचा समतोल तर स्थापित करतेच; परंतु आधुनिक बीजगणित जन्माला घालते. 'स्त्रिया शिकायला लागल्यापासूनची सर्वांत जीनियस स्त्री', असं जिचं वर्णन आइनस्टाइन करतो, ती ही एमी नोदर.

एमी नोदरचा (Emmy Noether) जन्म २३ मार्च १८८२ रोजी जर्मनीतील एरलांगेन या छोट्याशा शहरात झाला. तिचे गणितज्ञ वडील मॅक्स नोदर हे एरलांगेन विद्यापीठात प्राध्यापक होते. लहानपणी झालेल्या पोलिओमुळे त्यांच्या चालण्यावर जरी मर्यादा आल्या असल्या, तरी त्यांची बुद्धी मात्र तुफान वेगात धावायची. त्यांचं नाव एकोणिसाव्या शतकातील प्रतिभावान गणितज्ञांमध्ये घेतलं जातं. वडील मॅक्स नोदर आणि आई अमालिया कौफमन हे दोघंही श्रीमंत ज्यू व्यापाऱ्यांच्या घरात जन्माला आलेले होते. त्यामुळे घरात परंपरागत संपन्नता होती. त्यात एमी तीन छोट्या भावांची एकुलती एक मोठी बहीण. त्यामुळे अर्थातच सगळ्यांची लाडकी. तिचं संपूर्ण नाव 'एमली एमी नोदर' होतं, आई आणि आजी (आईची सासू) दोघींच्या नावातही एमली होतं, मग मी कशाला हे नाव वागवू, असा विचार करून कळायला लागल्यावर तिने एमली नाव काढून टाकलं. एमी नोदर या नावाने ती ओळखली जाऊ लागली. आणि तसंही एमी नोदर असं लहान (सुटसुटीत) नाव असेल तर सही करायला कमी वेळ लागणार ना... शेवटी गणितावर प्रेम असेल तरच व्यक्ती असा संक्षेप करू शकते.

सात वर्षांची असताना तिला जवळच्या कन्याशाळेत घालण्यात आलं. या शाळेमध्ये श्रीमंत वकील, प्राध्यापक, डॉक्टर आणि उद्योजक मंडळींच्या मुली होत्या. तेव्हा यापैकी एखादी मुलगी करिअर वगैरे करेल, असं स्वप्नातदेखील कुणाला दिसलं नसेल. कारण भविष्यातील आदर्श पत्नी (संसारी स्त्री) होण्यासाठीच या मुलींना शाळेत प्रशिक्षित केलं जात असे. त्यांच्या अभ्यासक्रमाचा गृहकृत्य

एमी नोदर तिच्या भावांसोबत आल्फ्रेड, फ्रिट्झ आणि रॉबर्ट, १९१८

हाच मुख्य भाग होता. त्यांची शाळा म्हणजे फ्रेंच, जर्मन आणि इंग्रजी या भाषा लिहिता-वाचता येणारी, पाककला, शिवणकला यात पारंगत असलेली सुसंस्कृत आदर्श मुलगी घडवण्याचा कारखाना होता. या मुलींचे भाऊ त्याच वेळी शहरातील प्राथमिक आणि माध्यमिक शाळेत आधुनिक शिक्षण घेत असत. तो काळच असा होता की, मुलगा आणि मुलगी यांच्या संगोपनात आपण भेदभाव करत आहोत, हे पालकांच्या गावीदेखील नव्हतं. शाळेत धार्मिक शिक्षणही असायचं. रोमन कॅथलिक, प्रॉटेस्टंट किंवा ज्यू या तीनपैकी एक पर्याय पालकांनी निवडायचा. एमीच्या वर्गात काही वर्षांतच ती एकमेव ज्यू विद्यार्थिनी उरली होती. त्या काळात जर्मनीमध्ये ज्यू विरोध उदयाला आला नव्हता.

लहानपणी छानपैकी गुटगुटीत असलेल्या एमीला दूरचं दिसायचं नाही, ती केवळ जवळचं पाहू शकत असे. त्यामुळे तिला खेळांमध्ये जास्त गती नव्हती. त्यात ती बोबडीही होती. तिला ट उ ड ढ स श ज झ सारखी अक्षरे उच्चारता येत नसत. त्यामुळे आलेल्या न्यूनगंडामुळे ती कधी मैत्रिणींशी भांडत नसे. साहजिकच, ती मैत्रिणींची लाडकी होत गेली. शाळेतील मधल्या सुट्टीत जर मैत्रिणींची भांडणं झाली, तर ती सोडवण्यात एमी आघाडीवर असायची. तर्क वापरून कोडी सोडवण्यामध्ये सर्वांत पटाईत असल्यामुळे एमी आपल्या गटात असावी, असं सर्व मैत्रिणींना वाटायचं. मात्र,

'शाळेतील सर्वात हुशार मुलगी' असं काही तिच्याबाबतीत नव्हतं. एक साधारण मुलगी अशीच तिची लहानपणीची ओळख. दिसायला सामान्य, त्यात आपण छान नटलं पाहिजे, चांगले कपडे घातले पाहिजेत, असं लहानग्या एमीला कधी वाटायचं नाही.

कुठे काही कार्यक्रम असला, तरी ही पोर घरातील मळक्या कपड्यांत जायला निघायची. तिची आई मात्र हा स्वभाव ओळखून तिच्या पेहरावावर लक्ष द्यायची. तिच्याच गल्लीत चार घरं पुढे राहणाऱ्या ॲनाच्या वाढदिवशी दोन दिवस वापरलेला ड्रेस घालून अकरा वर्षांची एमी निघाली. मात्र आईने तिला थांबवून चांगला ड्रेस घालायला भाग पाडलं. पार्टीला सगळीच पोरं मस्त आवरून आली होती. ॲनाचे वडील डॉ. हर्डर हे खूप खेळकर स्वभावाचे, मुलांशी मस्त गप्पागोष्टी करणारे, कोडी घालणारे. त्यामुळे सर्व मुलांना तिच्या घरी जायला आवडायचं. (डॉ. हर्डर यांच्याभोवती सर्व मुलांनी गराडा घातला. त्यांनी अतिशय अवघड कोडं सांगितलं. मुलांना वाटलं की, या कोड्याला उत्तरच नसणार. मात्र एमीने शांत डोक्याने ते कोडं सोडवलं.)

काय होतं ते कोडं... श्री. काळे हे संगीतकार, श्री. पांढरे हे मूर्तिकार आणि श्री. तांबडे हे अभिनेते असे तीन कलाकार एका ठिकाणी एकत्र आले. त्या वेळी त्यांच्यापैकी एक जण म्हणाला, 'माझे केस काळे आहेत, तुमच्यापैकी एकाचे केस तांबडे आणि पांढरे आहेत. मात्र गंमत पाहा. आडनाव आणि केसाचा रंग हा आपल्यापैकी कुणाचाच जुळत नाही.' श्री. पांढरे उद्गारले, 'अरे खरंच की, काय हा योगायोग!' तर मुलांनो, सांगा, कोणाचे केस कोणत्या रंगाचे असतील? सर्व मुलांना वाटलं, कोड्यात दिलेली माहिती अपुरी आहे. त्यामुळे कोडं सुटणार नाही. मात्र एमीने बरोबर तर्क लावला आणि उत्तर दिलं, 'ज्या अर्थी आधीच्या वाक्याला श्री. पांढरे दुजोरा देत आहेत याचा अर्थ, त्यांचे केस तांबडे आहेत, श्री. काळे यांचे पांढरे तर श्री. तांबडे यांचे केस काळे आहेत. काका, दुसरे जरा अवघड कोडे द्या ना!' हर्डरकाकांनी त्या दिवशी दिलेली तिन्ही कोडी केवळ एमी सोडवू शकली होती.

तिचा लहान भाऊ अनेक वर्षं चालायला, बोलायला शिकला नव्हता. अनेक वेळा दिवसभर तो काहीही न करता केवळ शून्यामध्ये नजर लावून बसायचा. त्यामुळे तिच्या आईचा पूर्ण दिवस दिवाणखाना आणि स्वयंपाकघरात काम करता करता या मुलाकडे लक्ष ठेवण्यातच जायचा. दुमजली घराच्या दुसऱ्या मजल्यावर हे कुटुंब राहत असे. घरात मदतनीस म्हणून एक मुलगी नोकरीला होती, तरी एमी घरातील एकुलती एक मुलगी असल्याने आईच्या सगळ्या अपेक्षा तिच्याकडूनच असायच्या. तिच्या आईने तिला आदर्श गृहिणी म्हणून घडवण्यासाठी झाडूफरशी, स्वयंपाक वगैरे सर्व बाबींमध्ये

तरबेज केलं. त्या काळातील उच्चभ्रू घरांत देण्यात यायचं, तसं पियानोचं शिक्षणदेखील तिला देण्यात आलं. मात्र त्यात तिचं मन रमलं नाही. नृत्यकलाही तिला फारशी जमली नाही. भावांशी खेळणं आणि मैत्रिणींशी गप्पा मारणं हेच तिचे किशोरवयातील सर्वांत आवडते छंद होते... त्या वेळी तिच्या मनात गणिताबद्दल विशेष प्रेम निर्माण झालं नव्हतं.

आई आणि छोटा भाऊ हे दुगारी जेवणासाठी एगी आणि तिच्या इतर दोन भावांची वाट पाहत असायचे. ही तिघं शाळेतून आली आणि दप्तर बाजूला ठेवलं की, सर्वजण जेवणाच्या टेबलपाशी जमायचे. जेवणाच्या वेळी आणखी एक व्यक्ती यायची

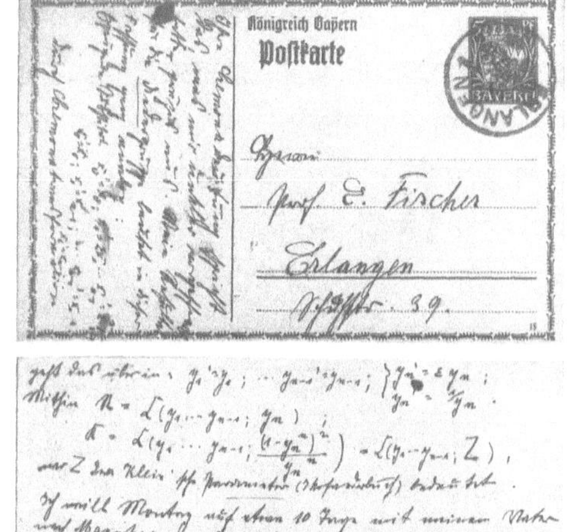

नोदर कधीकधी सहकारी अन्स्ट फिशरसोबत अमूर्त बीजगणितावर चर्चा करण्यासाठी पोस्टकार्ड वापरत असे. हे कार्ड १० एप्रिल १९१५ रोजी पोस्टमार्क केलेले आहे.

असायची. खालच्या जिन्यातून जेव्हा चालण्याचा आवाज येई, तेव्हा वडील येत असल्याची ती पूर्वसूचना असे. ते अपंग असल्याने त्यांच्या चालण्याचा आवाज यायचा. पप्पा टेबल-खुर्चीवर येऊन बसले की, कुणी कुणी आज शाळेत काय काय शिकलं याच्या गप्पा व्हायच्या. कुणी शाळेत शिकवलेली कविता म्हटली, गोष्ट सांगितली की, पप्पा तिचे लेखक कोण, हे विचारायचे आणि त्या साहित्यिकाची सविस्तर माहिती सांगायचे. त्याच आपण अजून काय काय वाचलं पाहिजे, याचीही माहिती द्यायचे. त्यांच्या गप्पांमध्ये आईने दिलेला गरम ब्रेड गार होऊन जायचा. एलिझाबेथ आत्या ही सर्व भावंडांची आवडती. ही आत्या कधी राहायला यायची तेव्हा खूप धमाल असायची. आत्याने येतानाच मुलांसाठी वेगवेगळी कोडी आणलेली असायची, शिवाय ती मुलांबरोबर मस्ती करायला पुढे असायची. एमीचा बालपणीचा काळ तिच्यामुळे सुखाचा गेला.

एमी मोठी होत होती. शहरात होणाऱ्या कार्यक्रमांमध्ये ती भाग घेऊ लागली. इतर तरुणतरुणींना नाचताना पाहून तिला खूप छान वाटायचं. त्यामुळे तीदेखील नाचामध्ये सहभाग घ्यायची. मात्र, ती अतिशय विचित्र नृत्य करायची, त्यामुळे अनेक वेळा तिला कोणी आपली जोडीदार म्हणून निवडत नसे. एखाद्या मुलाने तिची नृत्यासाठी जोडीदार म्हणून निवड केली, तर नंतर त्याला घरच्यांची बोलणी बसायची. एमीला काही फरक पडत नसे.

वयात येत असतानाच तिचं बोलण्यातील व्यंग नाहीसं झालं. तिच्या शाळेतील जर्मन भाषेच्या शिक्षकांनी तिला यासाठी मदत केली. शाळेत भाषांबरोबर इतिहास, भूगोल, अंकगणित आणि विज्ञान या विषयांची तोंडओळख करून दिलेली असायची. मात्र, त्यात पुढे शिकायचा मार्ग नव्हता.

त्या काळातील मुलींना शिक्षण पूर्ण करून पुढं करिअर करण्याचा केवळ एकच राजरस्ता होता, तो म्हणजे शिक्षकी पेशा स्वीकारणं. इतर क्षेत्रांमध्ये करिअर करण्यास त्यांना घोषित आणि अघोषित दोन्ही स्वरूपाची बंदी होती. अर्थातच, एमीपुढेही हाच एकमेव पर्याय होता. १८ वर्षांच्या एमीने इंग्रजी आणि फ्रेंच शिकवण्यासाठी आवश्यक पात्रता मिळवली. त्या पात्रता परीक्षेत ती सर्वोच्च श्रेणीत पास झाली. मात्र एखाद्या कन्याशाळेत शिक्षिका म्हणून रुजू होण्याऐवजी तिने पुढे गणित शिकण्याचा निर्णय घेतला. घरातील सर्वांनाच या निर्णयाचा धक्का बसला, मात्र ती आपल्या निर्णयावर ठाम होती. त्यातल्या त्यात एक बरं होतं, तिला एरलांगेन विद्यापीठात तिच्या वडिलांकडेच

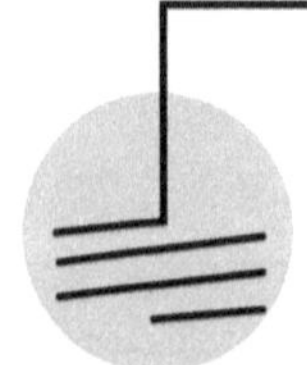

आइनस्टाइनचा सापेक्षतावाद पूर्ण करणारं आणि भौतिकशास्त्राला सममिती प्रदान करणारं प्रमेय तिने मांडलं. तिच्या वतीने *रॉयल सोसायटी ऑफ सायन्स*मधील तिचे सहकारी क्लेन यांनी हा प्रबंध सादर केला. कारण रॉयल सोसायटीची ती सभासद नसल्यामुळे तिला या वेळी उपस्थित राहता आलं नाही. हा प्रबंध सादर झाला आणि विज्ञान जगतात खळबळ माजली. पायथॅगोरसचं प्रमेयप्रेम जेवढं महत्त्वाचं असेल, आइनस्टाइनचा सापेक्षतावाद जेवढा महत्त्वाचा असेल, तेवढंच हे प्रमेयही महत्त्वाचं आहे, असं म्हटलं जाऊ लागलं. एमीच्या संशोधनातून ऑबस्ट्रॅक्ट अलजेब्राचा जन्म झाला होता.

गणित शिकायचं होतं. या विद्यापीठात शिकत असलेल्या ९८६ विद्यार्थ्यांमध्ये केवळ दोनच मुली होत्या, त्यातील ही एक.

मुलींना विद्यापीठांमध्ये शिकायचं असेल तर सशर्त परवानगी होती. या अटी अशा होत्या : त्यांनी प्राध्यापकांच्या परवानगीनेच वर्गात प्रवेश करायचा, सर्वांत मागे बसायचं आणि कोणताही प्रश्न विचारायचा नाही. घरी वडील होतेच, त्यामुळे प्रश्न विचारण्याचं एमीला टेन्शन नव्हतं. या अटी पूर्ण करत असतानाच अनेक अडथळ्यांना पार करून तिने १९०३मध्ये डिग्री घेतली. पुढील शिक्षणासाठी ती गॉटिंगन विद्यापीठात गेली आणि मास्टर्स डिग्री मिळवली. त्यानंतर पीएच.डी. करण्यासाठी ती एरलंगेन विद्यापीठामध्ये पुन्हा आली. तिथे पॉल गॉर्डन यांच्या मार्गदर्शनाखाली अचलांवर (स्थिर राशी) संशोधन करत असताना तिच्यातली अफाट बुद्धिमत्ता हिलबर्ट या गणितज्ञाने ओळखली. तीनशेहून अधिक अचलांचा अभ्यास करून तिने प्रबंध सादर केला आणि पीएच.डी. मिळवली. (आपला हा पीएच.डीचा प्रबंध खूप बाळबोध होता, असं ती नंतर म्हणायची.)

आता वेळ आली होती, आपलं ज्ञान इतर विद्यार्थ्यांना देण्याची! पण त्या वेळी जर्मनीत 'प्राध्यापिका' ही संकल्पना रुजलेली नव्हती. समाजालाही ती मान्य नव्हती. त्यामुळे १९०८ ते १९१५ या सात वर्षांत एमीने तिच्या वडिलांच्याच वर्गात शिकवलं. अर्थातच बिनपगारी... मात्र आजारी वडिलांना तेवढाच आराम मिळायचा. तिने पुढे संशोधन सुरूच ठेवलं होतं आणि गॉर्डन गुरुजींकडे शिकलेला आपला सहकारी अर्नेस्ट फिशर याच्याशी पत्रव्यवहाराच्या माध्यमातून शंकानिरसन करून घ्यायची. आता निवृत्त झालेल्या गॉर्डन यांच्या जागी फिशर रुजू झाले होते. या काळात एमीचे अनेक रिसर्च पेपर्स प्रसिद्ध झाले आणि तिचं नाव गाजू लागलं.

१९१५मध्ये हिलबर्ट यांनी तिला गॉटिंगन विद्यापीठात बोलावलं. मात्र, तिला प्राध्यापकी देऊ करण्यास तेथील प्राध्यापक वर्गाने प्रचंड विरोध केला. या वेळी झालेल्या बैठकीत एका प्राध्यापकाने मत मांडलं की,

'विद्यापीठात स्त्रिया शिकवू लागल्या तर कसं होणार? आपल्या सैनिकांनी युद्ध करून परत आल्यावर यांच्या पायाशी बसून शिक्षण घ्यायचं का?'

यावर हिलबर्ट यांनी त्वरित उत्तर दिलं होतं की,

'आपण विद्यापीठाविषयी बोलत आहोत, स्नानगृहाविषयी नाही.'

तेथील डीनने आपली शिफारस देताना मल्लिनाथी केली की,

'गणित सोडवण्यासाठी स्त्रियांचा मेंदू हा उपयुक्त नसतो, असं माझं मत आहे. मात्र, एमी नोदर ही एक अपवाद आहे.'

डीन किंवा हिलबर्ट यांची शिष्टाई पूर्णपणे कामी आली नाही. गॉटिंगनमध्ये तिला प्राध्यापकी करायची संधी मिळाली, पण तिला इथेदेखील बिनपगारी काम करावं लागणार होतं. म्हणजे प्राध्यापिका होऊनही ती आर्थिक बाबतीत घरच्यांवरच अवलंबून होती. वेळापत्रकामध्ये ऑफिशियली हिलबर्ट यांचा तास असायचा, मात्र तो घ्यायची एमी. हिलबर्ट यांनी तिला गॉटिंगनमध्ये बोलवण्याचं एक महत्त्वाचं कारण होतं. त्यांना आइनस्टाइनचा सापेक्षतावाद विस्तारित करायचा होता आणि त्यासाठी त्यांना तिची मदत लागणार होती. एमीसाठी १९१५ हे वर्ष खूप धावपळीचं होतं. आई आजारी पडलेली. तिची शस्त्रक्रिया झाली पण त्यानंतर लगेच तिचं निधन झालं. वडील निवृत्त झाले होते आणि तेही आजारी असत. त्यामुळे ती काही आठवड्यांसाठी परत आपल्या शहरात आली. एमीने तिचं वैयक्तिक आयुष्य इतरांपासून अत्यंत खासगी ठेवलं. त्यामुळे तिच्या आयुष्यात प्रेम हा घटक कधी आला की नाही, हे कोणीच खात्रीशीर सांगू शकत नाही. ती विद्यार्थ्यांशी अतिशय ममतेने वागायची आणि तिने प्रेम तर केवळ गणितावर केलं असंच आपण म्हणू शकतो.

गॉटिंगनमध्ये परतल्यावर तिने गणितीय चमक दाखवणं सुरू ठेवलं. आणि त्यातून जन्म झाला नोदर प्रमेयाचा. आइनस्टाईनचा सापेक्षतावाद पूर्ण करणारं आणि भौतिकशास्त्राला सममिती प्रदान करणारं प्रमेय तिने मांडलं. तिच्या वतीने 'रॉयल सोसायटी ऑफ सायन्स'मधील तिचे सहकारी क्लेन यांनी हा प्रबंध सादर केला. कारण रॉयल सोसायटीची ती सभासद नसल्यामुळे तिला या वेळी उपस्थित राहता आलं नाही. हा प्रबंध सादर झाला आणि विज्ञान जगतात खळबळ माजली. पायथॅगोरसचं प्रमेयप्रेम जेवढं महत्त्वाचं असेल, आइनस्टाइनचा सापेक्षतावाद जेवढा महत्त्वाचा असेल, तेवढंच हे प्रमेयही महत्त्वाचं आहे, असं म्हटलं जाऊ लागलं. एमीच्या संशोधनातून ॲबस्ट्रॅक्ट अलजेब्राचा जन्म झाला होता.

१९१९ हे वर्ष सुरू झालं. पहिलं महायुद्ध संपलं होतं आणि जर्मनी पुन्हा मोकळा श्वास घेऊ लागली होती. राष्ट्राच्या पुनर्निर्माणाचं काम जोमात सुरू होतं. महिलांना अधिक अधिकार देण्यात आले होते, गॉटिंगन विद्यापीठात शिकवण्याची एमीला परवानगी मिळाली होती. तिने एक तोंडी परीक्षा पास केली आणि तिची प्राध्यापिका म्हणून नेमणूक झाली. तरीही पगार लगेच सुरू केला नाही. त्यासाठी तिला अजून चार वर्षं वाट पाहावी लागली. १९२३मध्ये तिला पगार सुरू झाला. मात्र त्यानंतर दहाच

वर्षात, १९३३मध्ये तिला नोकरी आणि देश सर्वच सोडावं लागलं. १९२३मध्येही तिला प्राध्यापिकेचा पूर्ण दर्जा नाही मिळाला. हर्मन वेल हे तेव्हा गणिताचे प्राध्यापक होते. ते स्वतः कबूल करतात की, 'माझ्यापेक्षा प्रचंड हुशार असलेली प्रतिभावान व्यक्ती तिच्या हक्कापासून वंचित राहते, याची मला लाज वाटायची, पण माझा नाइलाज होता.'

नोदर प्रमेय तसं खूप अवघड आहे. मात्र सोप्या शब्दांत त्याचा गाभा सांगायचा तर $x=y$ आणि $x=-y$ ही दोन्ही समीकरणे साहजिकच एकसारखी नसतात. मात्र $x^2 = y^2$ आणि $x^2 = (-y)^2$ ही समीकरणे एकाच मूल्याची ठरतात. इथे सममिती जन्माला येते. $० = ०$ हे $० = १ + (-१)$ या पद्धतीने मांडलं जातं. जेव्हा आपण ऊर्जा कालसापेक्ष असते असं म्हणतो, तेव्हा कुठे तरी धन आणि कुठे तरी ऋण कालसापेक्ष बाजू असली पाहिजे. हे प्रमेय आल्यावर खऱ्या अर्थाने आइनस्टाइनचा सापेक्षतावाद सिद्ध झाला. अंतराळात त्याच्याभोवती ग्रह फिरतात आणि आकाशगंगेत तारे फिरत असतात, त्या वेळी त्यांच्या कक्षा बदलत असतात, मात्र त्याची सममिती कायम राहते.

समजा, उंचावरून चेंडू सोडला तर त्याच्या स्थितिज ऊर्जेचं रूपांतर गतिज ऊर्जेमध्ये होतं. मात्र गतिज ऊर्जा आणि स्थितिज ऊर्जा या दोन्ही समान नसतात. त्यामध्ये जो फरक असतो, तो काढण्यासाठी नोदर प्रमेयाचा वापर केला जातो. तसेच चक्राकार गतीमधील बदल, एकरेषीय संवेग, कृष्णविवरातील बदलतं तापमान इत्यादी बाबींचं गणन करण्यासाठीदेखील या प्रमेयाचा वापर होतो. सायकल ठरावीक गतीहून कमी गतीने चालवली तर तोल जातो किंवा पाय टेकवावा लागतो, त्यामागेही सममिती हेच सूत्र असतं. विजेच्या तारेवर बसलेला पक्षी शॉक लागून मरत नाही, कारण विद्युत प्रवाहाची सममिती पूर्ण होत नाही. यांत्रिक, विद्युत, खगोल किंवा भौतिकशास्त्राची इतर कोणतीही शाखा असू दे, आज नोदर प्रमेय वापरल्याशिवाय भौतिकशास्त्र पूर्णच होऊ शकत नाही.

एमीची एक समस्या होती. तिची विचारशक्ती प्रचंड वेगाने चालत असल्याने त्याचा परिणाम तिच्या बोलण्यावर व्हायचा आणि ती खूप भरभर बोलायची. त्यामुळे तिने शिकवलेलं विद्यार्थ्यांच्या डोक्यावरून जायचं. ज्यांना तिचं बोलणं समजायचं, ते तिच्या शिकवण्याने प्रभावित व्हायचे, मात्र ज्यांना समजत नसे ते वर्गामधून उठून निघून जायचे. थोडक्यात, तिच्या वर्गात दोन गट पडले. वास्तविक पाहता तिचं व्यक्तिमत्त्व खूपच मायाळू, हसतमुख होतं. विद्यार्थ्यांनी त्यांच्या नव्या कल्पना समोर आणाव्यात यासाठी ती कायम प्रयत्न करायची. तिच्या विद्यार्थ्यांच्या प्रबंधांवर तिने केलेल्या सूचना पाहिल्या की लक्षात येतं, हे विद्यार्थी घडवण्यात तिचा किती मोठा हात आहे!

तिच्याकडे शिकलेल्या अनेक विद्यार्थ्यांनी पुढे चांगलं नाव कमावलं आणि ते त्यांच्या यशात असलेलं एमीचं योगदान मान्य करतात.

संसार किंवा मूलबाळ नसलेली एमी आपल्या विद्यार्थ्यांना जीव लावत असे. त्यांना घरी नेऊन खाऊ पिऊ घालत असे. नोदर पुडिंग नावाचा एक खास पदार्थ ती बनवायची. सरकारी सुटीमुळे विद्यापीठ बंद असेल तर एमी वर्गांच्या पायऱ्यांवर किंवा कॉफी शॉपमध्ये व्याख्यान सुरू करायची. कधी मुलांना घेऊन जंगलात, डोंगरावर फिरायला जायची आणि तिथे खुल्या निसर्गात गणितावर चर्चा व्हायची. गुरु-शिष्यांचं हे प्रेम विद्यापीठात चर्चेचा विषय व्हायचा आणि तिच्या विद्यार्थ्यांना 'नोदर बॉईज' म्हणून ओळखलं जायचं.

अर्थात हा वर्गातील एक गट झाला, दुसरा गट मात्र तिच्या विरोधात बोलायचा.. हिला शिकवता येत नाही वगैरे. जर्मनीत तेव्हा राष्ट्रवादाचं भरतं आलं होतं आणि या नव्या राष्ट्रात ज्यू लोकांना दुय्यम स्थान होतं. एमीला त्यांनी लक्ष्य करणं स्वाभाविक होतं. एमीने तिच्या प्राध्यापकी कारकिर्दीतलं एक वर्ष रशियामध्ये शिकवलं होतं, या बाबीचा त्यांनी फायदा उचलला. ती साम्यवादी असल्याचा प्रचार हा गट करू लागला. काही मुलं जर्मन एसएस दलाचा गणवेश घालून वर्गात बसू लागली. मात्र एमीने घाबरून न जाता त्यांची यथेच्छ टिंगल केली. अर्थात १९३३मध्ये तिला पदावरून काढून टाकण्यात आलं. काही दिवस तिने घरीच शिकवणं सुरू ठेवलं. नंतर मात्र तिने अमेरिका गाठली. खरं तर तेव्हा तिला रशियामधूनही ऑफर होती.

त्याचं असं झालं, आधी १९२९मध्ये तिला रशियाला बोलावण्यात आलं होतं. तिथे तिने आपल्या ज्ञानाने विद्यार्थ्यांना खूपच प्रभावित केलं होतं. त्यामुळे जर्मनीमध्ये हिटलरचे अत्याचार वाढू लागल्यावर तिला मॉस्को स्टेट विद्यापीठाने ऑफर दिली. एमीला केवळ गणितात रस असला, तरी चालू राजकीय घडामोडींवर ती व्यक्त होत असे. रशियन क्रांतीबाबत तसंच गणित आणि विज्ञान क्षेत्रातील रशियन घोडदौडीबाबत तिने उघडपणे समाधान व्यक्त केलं होतं. मात्र १९३३मध्ये तिने रशियाऐवजी अमेरिकेला जाणं पसंत केलं. तिचा भाऊ रशियामध्येच होता. तो सैबेरियामध्ये प्राध्यापकी करत राहिला आणि १९४१मध्ये मारला गेला. आइनस्टाइनच्या मध्यस्थीने तिला अमेरिकेत ब्रेन मॉर महाविद्यालयात नोकरी मिळाली. आता तिच्या वर्गात मुलांऐवजी मुली असणार होत्या. इथे शिकवतानाही एमी एवढी तल्लीन व्हायची की, अमेरिकन मुलांपुढे आपण मध्येच जर्मन भाषा वापरत आहोत, हेदेखील तिच्या लक्षात यायचं नाही. तल्लीनता हा तिचा नेहमीचा गुण. तिचे केस कधी विंचरलेले नसायचे. अतिशय गबाळा अवतार...

डोक्यात कायम आकडे नाचत असायचे. त्यामुळे स्वतःच्या राहणीमानाचा विचारच तिच्या डोक्यात यायचा नाही. लवकरच तिथल्या विद्यार्थिनींमध्ये तसंच विभागप्रमुख आणि इतर प्राध्यापकांमध्ये ती लोकप्रिय झाली.

मात्र ही लोकप्रियता नियतीला मंजूर नसावी. अमेरिकेत गेल्यानंतर दीड वर्षातच तिला गर्भनलिकेचा आजार झाला. त्याची शस्त्रक्रिया केली असताना तीन दिवसांनी इन्फेक्शन होऊन तिला ताप आला. ताप वाढत जाऊन त्यातच तिचा मृत्यू झाला. महाविद्यालयातील वाचनालयाजवळ तिच्या पार्थिवाचं दफन करण्यात आलं. १४ एप्रिल १९३५ रोजी वयाच्या ५३ व्या वर्षी तिच्या आयुष्याचं गणित पूर्ण झालं. ३५ आणि ५३ इथे पण सममिती साधली गेली... काय हा योगायोग! तिच्या नश्वर देहानंतर आज चिरंतन उरली आहेत, गणित राहील तोपर्यंत ही प्रमेयं वापरली जातील.. भले तिचं नाव विस्मरणात जाईल. तिची कीर्ती कदाचित उरणार नाही.. 'मरावे परी प्रमेयरूपी उरावे' अशी नवी म्हण तिला लागू होईल.

'स्त्रिया शिकायला लागल्यापासूनची सर्वांत लक्षणीय जीनियस महिला' असं आइनस्टाइनने केलेलं वर्णन खरं तर अपूर्णच... कारण असं म्हणणं म्हणजे बोर्डात पहिल्या आलेल्या मुलीला केवळ मुलींमध्ये पहिली आली, असं म्हणणं होईल. स्त्री-पुरुष दोन्हींमधील जीनियस व्यक्ती असंच वर्णन तिच्या गणितातील योगदानाला न्याय देईल. गणितावर प्रेम करणारे असे वेडे लोक दुर्मीळच! काही लोकांचा समज असतो की, आमच्या क्षेत्रात गणिताची गरज नाही, पण असं कोणतंच क्षेत्र नसतं बरं का! ज्यांच्या नावाने जगभर नर्सिंग डे साजरा केला जातो, त्या फ्लोरेंस नाइटिंगेल यांच्याबद्दल असं म्हटलं जातं की, त्यांनी नर्सिंग कौशल्याच्या साहाय्याने जेवढे जीव वाचवले आहेत, त्यापेक्षा जास्त जीव गणितामुळे वाचवले आहेत. आलेखांच्या साहाय्याने माहितीचं अचूक विश्लेषण

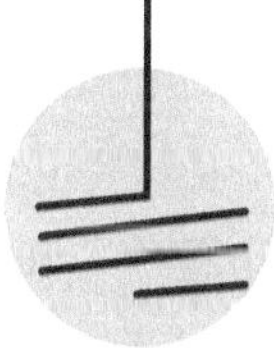

समजा, उंचावरून चेंडू सोडला तर त्याच्या स्थितिज ऊर्जेचं रूपांतर गतिज ऊर्जेमध्ये होतं. मात्र गतिज ऊर्जा आणि स्थितिज ऊर्जा या दोन्ही समान नसतात. त्यामध्ये जो फरक असतो, तो काढण्यासाठी नोदर प्रमेयाचा वापर केला जातो. तसेच चक्राकार गतीमधील बदल, एकरेषीय संवेग, कृष्णविवरातील बदलतं तापमान इत्यादी बाबींचं गणन करण्यासाठीदेखील या प्रमेयाचा वापर होतो.

केल्यामुळे त्यांच्या लक्षात आलं की, साथीचे आजार आपल्या जेवढ्या सैनिकांचे बळी घेत आहेत, तेवढे तर प्रत्यक्ष युद्धातही जात नाहीत. गणितीय कौशल्याचा योग्य वापर वेळीच केल्यामुळे हजारो सैनिकांचे प्राण वाचले होते.

गणित विषयाबाबत अनास्था खूप चिंतेत टाकणारी आहे. यावर भविष्यात काय चित्र असेल, याचं वर्णन करणारी ही विज्ञानकथा लेखक आयझॅक

१९३०मध्ये एमी नोदर

असिमोव्ह यांची द *फिलींग ऑफ पॉवर* यांची कथा इथे थोडक्यात देण्याने विषयांतर होणार नाही. हजारो वर्षं संगणकाच्या वापरामुळे त्या काळात मानव गणित सोडवणं विसरला आहे. मात्र कथेच्या मायरन ऑब या नायकाला चक्क गुणाकार येत असतो. त्याच्याकडील ही विलक्षण क्षमता पाहून सेनापती त्याला बढती देतात. तेव्हा पृथ्वी आणि डेनेब या ग्रहांमधील सुरू असलेल्या युद्धात त्याच्या या कौशल्याचा वापर करून घ्यायचं ठरतं. दोन्ही बाजूंनी संगणकाने नियंत्रित होत असलेलं हे युद्ध अनेक वर्षं अनिर्णित अवस्थेमध्ये असतं. त्यात मानवीय गणिताचा वापर करून विजय मिळवायचा बेत आखला जातो. मात्र, आपल्या क्षमतेचा गैरवापर होतोय, हे पाहून ऑब आत्महत्या करतो.

ही कथा शोकांतिका असली, तरी ती सकारात्मक विचार करायला लावते. तो हा की, आपण संगणकाच्या आहारी जाऊन आपलं गणितीय कौशल्य लुप्त होऊ देता कामा नये. साध्या साध्या गोष्टीसाठी कॅल्क्युलेटरचा वापर टाळावा. आधीच आपल्या देशात संशोधनाची कमतरता आणि गणिताची दहशत. गणितावर प्रेम केलं पाहिजे. हे खरं की, गणित ही प्रिया काहीशी लाजरी आहे, जरा जास्त प्रियाराधन करावं लागतं, मात्र जेव्हा तिचं प्रेम मिळतं आणि ती आपल्याला जीव लावते, तेव्हा खूप भरभरून प्रेम देते. सुरुवातीला प्रियकर असलेला गणित आता प्रियतमा कशी झाली... मलाच समजले नाही. कदाचित सममिती, समतोल लिहिता लिहिता समता समोर आली असेल.

दृष्टिक्षेप

- 'शिक्षिका होणं' हा एकच पर्याय मुलींकडे होता, त्या काळात एमीने नवी वाट चोखाळली आणि बुद्धीच्या क्षेत्रात महिला तितक्याच सक्षम असतात हे जगाला दाखवून दिलं.

- पायथॅगोरसचं प्रमेय किंवा आइनस्टाइनचा सापेक्षतावाद जेवढा महत्त्वाचा असेल, नोदर प्रमेय तेवढंच महत्त्वाचं आहे.

- 'विद्यापीठात महिला शिकवू लागल्या तर कसं होणार, आपल्या सैनिकांनी युद्धातून परत आल्यावर यांच्या पायाशी बसून शिक्षण घ्यायचं का,' अशी पुरुषी मानसिकता असलेल्या समाजात स्वतःच्या बुद्धीचं तेज मान्य करायला लावणारी एमी नोदर.

- 'महिला शिकायला लागल्यापासूनची सर्वात लक्षणीय जीनियस महिला' असं तिचं यथार्थ वर्णन आइनस्टाइन करतो.

- आइनस्टाइनचा सापेक्षता सिद्धान्त गणितीय पातळीवर सिद्ध करण्याचं काम एमी नोदर या गणितज्ञेने केलं. आजच्या भौतिकशास्त्रात तिच्या सिद्धान्ताचा रोजच वापर होतो.

- यांत्रिक, विद्युत, खगोल किंवा भौतिकशास्त्राची इतर कोणतीही शाखा असू दे, आज नोदर प्रमेय वापरल्याशिवाय भौतिकशास्त्र पूर्णच होऊ शकत नाही.

जानकी अम्मल
विज्ञानाची गोडी देणारी माउली

जानकी अम्मल... एक बंडखोर स्त्री, जात आणि लिंग यांचं बंधन नाकारत, त्यामुळे येणारे अडथळे पार करत आपली कारकीर्द घडवते. संशोधन करताना अपार कष्ट उपसणारी, आपल्या तत्त्वासाठी म्हातारपणात पर्यावरणरक्षण मोहीम हाती घेऊन सरकारशी चार हात करणारी रणरागिणी म्हणजे जानकी अम्मल. गांधीवाद केवळ समजावून न घेता जीवनामध्ये त्याचा प्रत्यक्ष अंगीकार करणाऱ्या जानकी अम्मल. अम्मल म्हणजे आई, जे विशेषण कधीकाळी त्यांना लावलं गेलं आणि आज त्यांच्या नावाचा भाग झालं आहे. लग्न न केलेल्या अम्मल आज संपूर्ण देशाची आई झाल्या आहेत. आयुष्याची इतिकर्तव्यता वेगळी काय असते?

विज्ञानक्षेत्रात पहिली डॉक्टरेट मिळवणाऱ्या कमला सोहोनी यांची माहिती आपण घेणार आहोतच, मात्र त्यांच्याआधी एका भारतीय स्त्रीला अमेरिकन विद्यापीठाने विज्ञान क्षेत्रात मानद डॉक्टरेट बहाल केली होती. अमेरिकन विद्यापीठास या व्यक्तीचा सन्मान करावा वाटला, अशी ही कोण महिला होती? लंडनमधील जॉन इनिस संस्थेला वाटलं की, या व्यक्तीच्या नावे शिष्यवृत्ती द्यावी. सी. व्ही. रामन यांना वाटलं की, त्यांनी स्थापन केलेल्या संस्थेत या व्यक्तीने फेलो म्हणून यावं. पंडित नेहरूंना वाटत होतं की,

या व्यक्तीने नव्याने स्वतंत्र झालेल्या भारतात यावं. ही व्यक्ती म्हणजे *इंडियन ॲकॅडमी ऑफ सायन्समधील* पहिली स्त्री संशोधिका म्हणजे, 'जानकी अम्मल'.

वनस्पतिशास्त्रातील आपल्या कामातून जगभर दबदबा निर्माण करणाऱ्या तरीही आयुष्यभर अगदी जमिनीवर राहून साधं जीवन जगणाऱ्या जानकी... उसाची गोडी वाढवणारी एक शास्त्रज्ञ म्हणून ती भारतात प्रसिद्ध असली, तरी जानकी होती एक बंडखोर स्त्री. जात आणि लिंग यांचं बंधन नाकारत, त्यामुळे येणारे अडथळे पार करत आपली कारकीर्द घडवणारी, संशोधन करताना अपार कष्ट उपसणारी, आपल्या तत्त्वासाठी म्हातारपणात पर्यावरणरक्षण मोहीम हाती घेऊन सरकारशी चार हात करणारी रणरागिणी. जानकी एडावलेठ कक्कट म्हणजेच डॉ. जानकी अम्मल.

जानकीचा जन्म ४ नोव्हेंबर १८९७ रोजी केरळमधील थलासरी शहरातील एका खूप मोठ्या घरात झाला. मोठं घर दोन्ही अर्थांनि, तिचे वडील दिवाणबहादूर एडावलेठ कक्कट कृष्णन, हे ब्रिटिश आमदनीतील मद्रास प्रेसिडेन्सीचे उपन्यायाधीश होते. त्या काळात दिवाणबहादूर, राववबहादूर मंडळी खूप रुबाबात राहायची. तिला एकूण किती भावंडं असतील, विचार करा. आजवरचे ऐकलेले सगळे आकडे कमी पडतील. ती १९ भावंडं होती. आपण आजवर मोठ्या कुटुंबाला क्रिकेट टीम म्हणून चिडवलं असेल. इथे दिवाणबहादूर, त्यांच्या दोन बायका आणि १९ मुलं. २२ झाले. म्हणजे मॅच खेळायची असेल तर दोन टीम घरातच. बाहेरचं कोणी बोलवायची गरजच नाही. गमतीचा भाग सोडू या... कारण कुटुंब नियोजनाचा प्रसार त्या काळात न झाल्याने बहुतांश भारतीय घरात अशीच परिस्थिती असायची.

वनस्पतिशास्त्राचा अभ्यास करण्याचा वारसा जानकी यांना त्यांच्या आजोबा आणि वडिलांकडून मिळाला. इथे त्यांची पार्श्वभूमी देतो जरा. (केरळमधील तत्कालीन कुटुंबव्यवस्था जरा मुक्त स्वरूपाची वाटली म्हणून मुद्दाम तपशील देत आहे.) जॉन चाईल्ड हॅनिंगटन हे ब्रिटिश आमदनीत एकामागे एक बढती मिळवत रेसिडेंट पदावर पोहोचलेले अधिकारी. एलिझाबेथ ऑस्लोशी लग्न करून पाच मुलांचा संसार वाढवण्याआधी त्यांचे भारतातील कुन्ही कुरुबी कुरुवयी नावाच्या स्त्रीशी संबंध होते, त्यातून मार्था आणि देवी कुरुवयी दोन मुली जन्माला आल्या. कुन्हीला एकूण चार मुलं झाली होती, हॅनिंगटनकडून झालेल्या मुली यांपैकीच दोन. कुन्हीचं नायर नावाच्या गृहस्थाशी लग्न झालेलं, त्यातून त्यांना कल्याणी कुरुवयी नावाची मुलगी होतीच. कुन्हीचे कर्नल वॉल्टर किंग यांच्याशीही संबंध होते, त्यातून त्यांना गोविंदन किंग कुरुवयी नावाचा मुलगा होता.

कुन्हीचा जन्म थिया या मागासलेल्या जातीत झाला होता. माडी काढून विकणं, हा त्यांचा खानदानी धंदा. मात्र ब्रिटिश काळात सर्व जातींना शिक्षणाची संधी मिळाली आणि अनेक वर्षं मागास समजली गेलेली मंडळी स्वकर्तृत्वावर मोठी झाली. दिवाणबहादूर एडावलेठ कक्कट कृष्णन हे त्यापैकीच एक, त्यांचा जन्मदेखील थिया जातीमध्ये झाला होता. दिवाणसाहेबांचं निसर्गावर, वनस्पतिशास्त्रावर खूप प्रेम होतं. निसर्गात फिरताना त्यांचं निरीक्षण करत ते शब्दांकित करत असत. उत्तर मलबार प्रदेशात आढळणाऱ्या पक्ष्यांवर त्यांची दोन पुस्तकंही प्रसिद्ध झाली आहेत.

जॉन चाईल्ड हॉनिंगटन यांनाही वनस्पतिशास्त्राचा अभ्यास आणि प्रयोग करण्याचा नाद. त्यानिमित्ताने या दोघांची गट्टी जमली. आणि हॉनिंगटन साहेबांनी त्यांना आपला जावई करून घेतलं. दिवाणसाहेब हे तेव्हा विधुरावस्थेत जगत होते. त्यांची पहिली पत्नी शारदा पदरात सहा मुलं टाकून निर्वतली होती. त्यामुळे त्यांच्याकडून नकार येण्याचा प्रश्न नव्हताच. लवकरच लग्न झालं, देवी कुरुवयी घरात आली आणि घराचं शब्दशः गोकुळ झालं. त्यांना तब्बल तेरा अपत्यं झाली, विशेष म्हणजे सर्व दीर्घायुषी ठरली. या तेरापैकी जानकीचा नंबर दहावा. तिच्या पाठीवर अजून एक भाऊ झाला. नंतर मुलगा आणि मुलगी हे जुळं झालं.

दिवाणसाहेबांची लायब्ररी भरपूर मोठी होती, तसंच त्यांचे प्रयोगही सुरू असायचे. त्यामुळे लहानपणीच झाडं, फुलं, प्राणी, पक्षी अशा जीवसृष्टीतील सर्वच घटकांबद्दल जानकीच्या मनात कुतूहल निर्माण झालं. तेव्हा मुलींचं शिक्षण सर्रास सुरू झालं नसलं तरी कक्कट यांचे विचार सुधारलेले होते. त्यामुळे बाकीच्या समवयीन मुलींप्रमाणे घरकाम, बागकाम, शिवणकाम, भरतकाम इत्यादी कला शिकण्याबरोबरच शाळेत जाऊन विद्या प्राप्त करायची संधी या कक्कट भगिनींना दिलेली होती. थलासरीमधील सॅक्रेड हार्ट कॉन्व्हेन्टमध्ये प्राथमिक शिक्षण पूर्ण करून जानकीने मद्रासमधील *क्वीन्स मेरीज् कॉलेजमधून* वनस्पतिशास्त्रात पदवी मिळवली. नंतर तिथल्याच प्रेसिडेन्सी कॉलेजमध्ये तिने ऑनर्स पदवी मिळवली. वर्ष होतं, १९२१.

आता जानकी चोवीस वर्षांची झाली होती. विचार कितीही पुढारलेले असले, तरी घरच्यांना वाटत होतं, तिने आता लग्न करावं. तिच्यापेक्षा सर्व मोठ्या बहिणींची लग्ने झाली होती. त्यांच्या महत्त्वाकांक्षाही मर्यादित होत्या. मात्र जानकीला अजून खूप शिकायचं होतं, संशोधन करायचं होतं. तिने *ख्रिश्चन वुमन कॉलेजमध्ये* नोकरी स्वीकारली. तिथे शिकवत असतानाच संशोधनाची संधी ती शोधत होती. वय वाढत होतं. जानकी सत्तावीसची झाली. त्यात तिला मामेभावाचं स्थळ सांगून आलं. घरचे

लग्न कर, म्हणून मागेच लागले. आता सगळीकडून तिच्यावर दबाव यायला लागला. कदाचित लग्न होऊन जानकीचं रूपांतर सर्वसामान्य गृहिणीमध्ये झालं असतं आणि 'रांधा वाढा उष्टी काढा' करत पुढील आयुष्य गेलं असतं.

परंतु बार्बोर शिष्यवृत्ती तिला संधीचं नवं द्वार उघडणारी ठरली. आशियाई स्त्रियांना परदेशात शिक्षण घेण्यासाठी मदत करण्याच्या हेतूने अमेरिकेतील मिशिगन विद्यापीठामार्फत ही स्कॉलरशिप दिली जायची. जानकीने त्यांच्याशी संपर्क केला होता, त्यांचं उत्तर ऐन मोक्याच्या वेळी आलं. लग्नासाठी प्रचंड दबाव असताना तिला नवं दालन खुलं झालं होतं. आता जानकीला घरून कुणी अडवणार नव्हतं. तिच्यापेक्षा एकच लहान बहीण होती.

जानकी म्हणाली, 'तिला लग्न करायचं असेल तर करू द्या, माझ्यासाठी आता कुणी थांबू नये.'

जानकीचं शिक्षण पुन्हा सुरू झालं. पैशांचा प्रश्न नव्हताच. संपूर्णपणे मोफत शिक्षण घेण्याची संधी देणारी ही शिष्यवृत्ती होती. जानकी गिशिगनला पोहोचली. तिथे मन लावून अभ्यास केला. प्लान्ट सायटोलॉजीचा अभ्यास करून मास्टर्स पदवी मिळवली.

प्लान्ट सायटोलॉजीमध्ये वनस्पतीतील पेशींचा अभ्यास केला जातो. प्राण्यांमध्ये संकर घडवून आणताना कोणत्याही प्रजातीच्या मादीचं कोणत्याही प्रजातीच्या नराशी मिलन घडवून नवीन प्रजाती निर्माण करता येत नाही. ते प्राणी किमान एका प्रवर्गातील हवे असतात, तसेच संकर शक्य होईल की नाही, हे गुणसूत्रं ठरवत असतात. त्याचप्रमाणे वनस्पतीमध्ये कलम करणं, संकर घडवून आणणं, यामागेही विज्ञान असतं. शेतीचा शोध लावल्यानंतर मानवाने प्रायोगिक तत्त्वावर संकराचे अनेक प्रयोग केले. नंतर मेंडेलने आनुवांशिकता तत्त्व स्पष्ट केलं आणि संशोधनाची नवी दारं खुली झाली. जॉन इनिस हॉर्टिकल्चर इन्स्टिट्यूशन्ससारख्या संस्थेनेही हा विषय उपयुक्ततेच्या पातळीवर व्यापक होण्यासाठी महत्त्वाचं योगदान दिलं. जानकीने डॉक्टरेट झाल्यावर तिथे काम केलं आणि पुढे तिच्या नावाने या संस्थेमध्ये स्कॉलरशिप सुरू झाली, बरं का! ते पुढे येईलच! अनुवंशशास्त्र दिवसेंदिवस अधिक प्रगत होत चाललं आहे. आता तर संगणकाच्या मदतीने जेनेटिक्स तंत्रज्ञानाने मोठी भरारी घेतली आहे.

पदवी मिळाल्यावर जानकी *ख्रिश्चन वुमन कॉलेज*मध्ये अध्यापनासाठी काही काळ परत आली. मात्र फेलोशिप मिळवून पुढील संशोधन करण्यासाठी पुन्हा मिशिगन विद्यापीठात रुजू झाली. अमेरिकेतील वास्तव्य तसं बिकटंच होतं, कारण परदेशी मुलींची राहण्याची सोय एका कोंदट वसतिगृहात झाली होती. तिथे केवळ अमेरिकन

अन्नच उपलब्ध होतं, तेच रोज खायला लागणार होतं. मात्र अशा क्षुल्लक अडचणी जानकीच्या निश्चयावर मात करू शकत नव्हत्या. तिथे आशियाई देशांतून आलेल्या अनेक मुलींशी तिची मैत्री झाली. तिने त्यांची संघटना बांधली. तिला तिच्या भावाला नियमित पत्रं पाठवायची सवय होती. तिची पत्रलेखनाची शैली अतिशय रंजक होती. ती पत्रामध्ये नेहमी परिकथांचा वापर एखादी घटना सांगण्यासाठी करायची. त्यांचा बहुतांश पत्रव्यवहार नष्ट झाला असला, तरी काही मोजकी पत्रं उपलब्ध आहेत. आपल्या बरोबर असलेल्या आशियाई विद्यार्थिनींबद्दल ती पत्रामध्ये लिहिते, 'इथे दुसऱ्या खंडामध्ये आल्यावर मला कळतंय की आपल्या आशियामधील सगळे देश एका धाग्याने जोडलेले आहेत, चिनी, जपानी विद्यार्थिनींशी गप्पा मारताना समजतं की, आपल्यामध्ये अनेक गोष्टी सारख्याच आहेत. सांस्कृतिक दृष्ट्या आशियाई देश एकमेकांशी जोडलेले आहेत. मी या सर्वांची एक संघटना तयार केली आहे, भविष्यात भारतीय मुलींना चीन आणि जपानमध्ये पाठवण्याचं आणि तेथील मुलींना आपल्या देशात शिकण्यासाठी बोलवण्याचं माझं स्वप्न आहे.'

तिथे शिकत असताना वेगवेगळ्या जातींच्या वनस्पतींचा संकर आणि एकाच कुळातल्या पण वेगळ्या पोटजातींच्या वनस्पतींचा संकर यावर जानकीने प्रभुत्व मिळवलं. वेगवेगळ्या वाणांचा संकर करून त्यांची रोगप्रतिकारक शक्ती वाढवणं, त्यांची उपज वाढवणं यासाठी तिने संशोधन केलं.

वांग्याच्या वाणात गुणसूत्रीय बदल करून तिने अधिक उत्पादन देणारी जात शोधून काढली, ज्याला 'जानकी ब्रिंजल' असं नाव देण्यात आलं आहे. तिच्या मौलिक संशोधनामुळे तिला मिशिगन विद्यापीठाकडून 'डॉक्टर ऑफ सायन्स' ही पीएच. डी.शी समकक्ष असलेली मानद पदवी बहाल करण्यात आली. विज्ञान क्षेत्रात डॉक्टरेट मिळालेली डॉ. जानकी ही पहिली भारतीय तसेच आशियाई स्त्री ठरेल.

१९३२मध्ये भारतात परत आल्यावर त्यांनी त्रिवेंद्रम येथील *महाराजा कॉलेज ऑफ सायन्स*मध्ये प्राध्यापकी करण्याची संधी मिळाली. वनस्पतिशास्त्रातील त्यांच्या अभ्यासाचा विद्यार्थ्यांना चांगला फायदा होत होता. तीन वर्षं त्यांनी प्राध्यापकी केली खरी, तरी त्यांना पूर्णवेळ संशोधन करायचं होतं, ती संधी त्यांना लवकरच मिळाली.

कोईमतूर इथे *इम्पीरियल शुगरकेन रिसर्च इन्स्टिट्यूट* सुरू झाली होती. सी. ए. बार्बर हे प्रसिद्ध शास्त्रज्ञ तिचं नेतृत्व करत होते. भारतात खासगी साखर कारखाने १९०४मध्ये सुरू झाले होते, मात्र भारतीय वंशाच्या उसामध्ये उतारा कमी मिळायचा. म्हणून ते कारखाने ऊस बाहेरच्या देशांतून आयात करायचे. परदेशातील बियाणं वापरून

इकडे लागवड करायची म्हटलं तर ते वाण भारतीय वातावरणात टिकायचं नाही, रोपं जगायची नाहीत. या समस्येवर मात करण्यासाठी संस्थेमध्ये संशोधन सुरू होतं. थोडक्यात सांगायचं तर भारतीय वातावरणात जगेल अशा उसाची गोडी वाढवण्याचं काम सुरू होतं. शास्त्रज्ञ टी. एस. वेंकटरमण यांनी उसाची गोडी वाढवण्याचे काही प्रयत्न केले होते. जानकी यांनी क्रॉस ब्रीड करताना कोणत्या संकरामध्ये सुक्रोजचं प्रमाण सर्वात जास्त मिळतं, याचं निरीक्षण केलं. मक्याच्या काही प्रजातींचा संकर उसाशी करून पाहिला. शेवटी उसाचा गवताशी केलेला संकर जास्त यशस्वी झाला आणि १९३८मध्ये एस स्पोंटेनियम (S. Spontaneum) हे वाण तयार झालं, ज्यात साखरेचं प्रमाण वाढलं. आता भारताला इतर देशांतून ऊस आयात करायची गरज उरली नव्हती. महाराष्ट्र तसंच उत्तर प्रदेशासारख्या मोठ्या राज्यांमध्ये आज आपण मोठ्या प्रमाणात उसाची लागवड झालेली पाहतो, त्यामागे या माउलीचं संशोधन महत्त्वाचं ठरलं आहे.

साखर हा जगभरातील संस्कृतींचा अविभाज्य भाग. शेतीचे प्रयोग करत असताना गानवाला कधी तरी गोड गवत हाती लागलं आणि त्यावर आणखी प्रयोग करत करत ऊस विकसित झाला. त्यातून तयार झाले- गूळ, साखर आणि दारू. किमान मागील ३००० वर्षांपासून भारतात ऊस असल्याचे संदर्भ मिळतात. अथर्व वेदामध्ये, कौटिलीय अर्थशास्त्रात तसंच पतंजलीच्या ग्रंथांमध्ये साखरेचे उल्लेख आढळतात. ही आपण आता पाहतो तशी पांढरी साखर नाही बरं का! कौटिल्याचा समकालीन अलेक्झांडर (आपण ज्याला सिकंदर म्हणतो.) याच्या आक्रमणाच्या काळात त्याचा सेनापती लिहितो की, 'भारतातील लोकांकडे असा बांबू आहे, ज्यातून मधमाशीशिवाय मध मिळवता येतं, आणि कोणत्याही फळाशिवाय दारू तयार करता येते.' भारताकडे आधीच चमत्कारिक देश म्हणून पाहणाऱ्या परकीय लोकांना उसाने अधिक बुचकळ्यात टाकलं होतं.

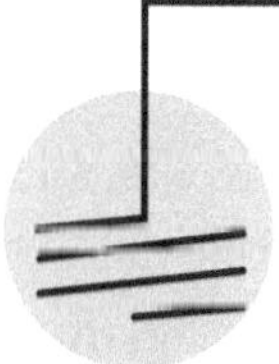

वांग्याच्या वाणात गुणसूत्रीय बदल करून तिने अधिक उत्पादन देणारी जात शोधून काढली, ज्याला 'जानकी ब्रिंजल' असं नाव देण्यात आलं आहे. तिच्या मौलिक संशोधनामुळे तिला मिशिगन विद्यापीठाकडून 'डॉक्टर ऑफ सायन्स' ही पीएच. डी.शी समकक्ष असलेली मानद पदवी बहाल करण्यात आली. विज्ञान क्षेत्रात डॉक्टरेट मिळालेली डॉ. जानकी ही पहिली भारतीय तसेच आशियाई स्त्री ठरेल.

तैवानमधून कधी काळी भारतात पहिल्यांदा आलेला हा ऊस. नंतर त्याचा जगभर प्रवास झाला. जाताना तो आपलं भारतीय नावदेखील सगळीकडे घेऊन गेला. संस्कृत शब्द शर्करा, ज्याचं मराठीत नाव झालं साखर, हिंदीत झालं शक्कर, पुढे अरबीमध्ये झालं सुख्खर आणि इंग्रजीत झालं शुगर. उसाचा रस उकळून कच्ची साखर तयार करण्याचं तंत्र गंगेच्या खोऱ्यातील लोकांकडून चिनी संशोधक प्रवाशांनी त्यांच्या देशात नेलं. मात्र ऊस हा साखरेचा एकमेव स्रोत नाही बरं का! जगातील सुमारे ८० टक्के साखर उसापासून तयार होते, उर्वरित २० टक्क्यांमध्ये बहुतांश वाटा शुगरबीटचा आहे. उत्तर अमेरिकेतील वातावरणात शुगरबीट चांगल्या प्रमाणात उगवतं. त्यातदेखील साखरेचा उतारा ७-१५ टक्के एवढा असतो. विषयांतर झालं... चला, पुन्हा आपल्या विषयाकडे जाऊ.

कोईमतूरमध्ये काम करत असताना डॉ. जानकी यांना विषमतेला सामोरं जावं लागलं. तिथे जानकी ही एकमेव स्त्री. त्यात अविवाहित असल्यामुळे 'उपलब्ध आहे' असा पुरुषी गैरसमज. त्यात त्या थिया या तथाकथित खालच्या जातीच्या... त्यामुळे हाताखालच्या लोकांकडून सहकार्य मिळत नसे. त्यांची वरिष्ठांकडूनही शक्य तेवढ्या प्रकारे अडवणूक आणि पिळवणूक केली जात होती. वरिष्ठ असलेले शास्त्रज्ञ वेंकटरमण यांना जानकीचा उत्कर्ष पाहवत नव्हता. कदाचित लिंग आणि जात या दोन्ही गोष्टी पितृसत्ताक पद्धतीत वाढलेल्या वेंकटरमण यांना आडव्या येत असाव्यात. १९३८मध्ये रग्लस गेट्स नावाचा शास्त्रज्ञ भारतभेटीदरम्यान कोईमतूरमध्ये आला. त्याने जानकी यांचं संशोधन कसं चुकीच्या पद्धतीने सुरू आहे, असं ठासून सांगितलं. झालं... त्याने लावलेली आग विझवायला जानकी यांना पुढे भरपूर मेहनत घ्यावी लागली. वेंकटरमण आणि संस्थेने अशी भूमिका घेतली की, हे संशोधन वादग्रस्त असेल तर भारताबाहेर संशोधन पेपर पाठवला जाऊ नये. जानकी यांना 'नेचर'मध्ये आपला संशोधन पेपर छापून आणायचा होता, मात्र आता त्याला अटकाव करण्यात आला होता.

सर्व बाजूंनी असहकार असताना या परिस्थितीत डॉ. जानकी यांच्याकडे दुसरा पर्याय नव्हता, असं नव्हतं बरं का! १९३५मध्येच त्यांना *इंडियन अकॅडमी ऑफ सायन्स*मध्ये फेलो म्हणून निवडण्यात आलं होतं. सी. व्ही. रामन यांनी स्थापन केलेल्या या नव्या संस्थेत त्यांना आमंत्रित केलं होतं, मात्र साखरेवरील संशोधन महत्त्वाच्या टप्प्यावर आलेलं असल्याने त्यांनी इथलं संशोधन मध्येच सोडलं नाही. सहकारी लोकांचे, प्रचलित व्यवस्थेचे विचार बुरसटलेले असल्यामुळे मानसिक हल्ले तर होतच राहणार. या हल्ल्यांना घाबरून घरी बसलं की, सगळंच संपलं. आणि समोरच्या

व्यक्तीलादेखील तेच हवं आहे. आपण केलेल्या संशोधनाचा आधार घेऊन त्यांना 'आयत्या बिळावर नागोबा व्हायचं आहे', असा विचार डॉ. जानकी यांनी केला. त्या लगेच हार मानणाऱ्या नव्हत्याच, अगदी कणखर होत्या. त्यांनी या सर्व गोष्टींकडे खेळाचा अपरिहार्य भाग म्हणून पाहिलं आणि त्या त्यांचं काम करत राहिल्या. अखेर वेंकटरमण यांनी नमतं घेतलं. संस्थेने त्यांचा संशोधन पेपर नेचरला पाठवला आणि त्यांच्या संशोधनाला आंतरराष्ट्रीय मान्यता मिळाली. म्हणूनच साखरेला गोडी प्रदान करणारी स्त्री-संशोधक असं त्यांचं नाव आज घेतलं जातं. उसाला ही गोडी कदाचित त्यांच्या व्यक्तिमत्त्वातून मिळाली असावी.

बॉम्बहल्ले पचवून संशोधनावर लक्ष केंद्रित करताना डॉ. जानकी यांनी दाखवलेल्या धैर्याची आपण कल्पनाही करू शकत नाही. एडिनबर्ग इथे ऑगस्ट १९३९मध्ये अनुवंशशास्त्राची सातवी परिषद आयोजित केली होती. या परिषदेला हजर राहण्यासाठी जानकी इंग्लंडला गेल्या होत्या. सप्टेंबरमध्ये दुसऱ्या महायुद्धाला सुरुवात झाली आणि जर्मनीने तुफान बॉम्बहल्ले सुरू केले. सर्व प्रवासी वाहतूक बंद झाली. भारतात परत येणं तर शक्य नव्हतं. त्यामुळे आता काही काळ इंग्लंडमध्येच राहावं लागणार होतं. लंडन येथील *जॉन इनिस हॉर्टिकल्चर इन्स्टिट्यूशन* येथे साहाय्यक पेशीशास्त्रज्ञ म्हणून काम करण्याची त्यांना संधी मिळाली. एक दिवस त्यांच्या घरावर जर्मन विमाने भिरभिरू लागली. बॉम्बचा कानठळ्या बसवणारा आवाज अगदी शेजारून येत होता. या बॉम्बहल्ल्यांनी शेजारच्या इमारती उद्ध्वस्त झाल्या, जानकीच्या घरातील वस्तू इकडे तिकडे पडल्या. खिडक्या, कपाटं, आरशाच्या काचा फुटल्या, तरी त्यांनी विचलित न होता पूर्ण रात्र बेडखाली झोपून काढली. आणि या भयानक रात्रीच्या सर्व काळ्या आठवणी विसरून जणू काहीच झालं नाही, अशा आविर्भावात दुसऱ्या दिवशी त्यांनी संशोधनाच्या कामात स्वतःला पुन्हा वाहून घेतलं. आपल्या देशापासून हजारो मैल दूर असताना त्यांनी दाखवलेलं हे धैर्य आणि विज्ञानावरील निष्ठा खरंच अलौकिक स्वरूपाची होती.

प्रसिद्ध जनुकीयतज्ज्ञ डार्लिंग्टन हे तेव्हा *जॉन इनिस हॉर्टिकल्चर इन्स्टिट्यूशन* या संस्थेचे संचालक होते. डार्लिंग्टन यांच्याशी तिचा परिचय जुनाच होता. भारतात परतून डॉ. जानकी यांनी कोईमतूरची नोकरी स्वीकारण्यापूर्वी या दोघांनी एकत्र काम केलं होतं. दोघांना एकमेकांची कार्यपद्धती माहीत होती आणि स्वतःच्या संशोधनात एकमेकांची मदत होईल, याची त्यांना शाश्वती होती, त्यामुळे तिला या संस्थेत काम करण्याची संधी मिळाली. दोघांनी एकत्रितपणे संशोधन करून *क्रोमोझोम अॅटलास ऑफ कल्टीव्हेटेड*

प्लॅन्ट्स या नावाचं पुस्तक प्रकाशित केलं. आजही हे पुस्तक वनस्पतिशास्त्रात महत्त्वाचं मानलं जातं. एक लाखाहून जास्त औषधी, शोभेच्या वनस्पतींच्या गुणसूत्रांची नोंद या पुस्तकात केलेली आहे. डार्लिंग्टन यांनी त्यांना पुढील आयुष्यातदेखील वेळोवेळी मार्गदर्शन केलं. भारतात परतल्यावरही जानकी आणि डार्लिंग्टन यांच्यामध्ये ते करत असलेल्या नवनव्या प्रयोगाची आणि त्यातील निष्कर्षांची देवाणघेवाण होत असे.

या काळात डॉ. जानकीने मॅग्नोलिया फुलाच्या प्रजातीवर संशोधन केलं. मोठ्या वृक्षाच्या सावलीमध्ये वाढणारी झुडपं कुपोषित न राहता व्यवस्थित कशी वाढतील, यावर त्यांनी संशोधन केलं. मॅग्नोलियासह अनेक वृक्षाच्छादित वनस्पतींवर कोल्चिसिनच्या द्रावणाचा काय परिणाम होतो, याची चाचणी डॉ. जानकी करत होत्या. रोपाचा कोंब जिथे फुटू पाहत असेल, तिथे हे पाणीमिश्रित द्रावण लावलं जायचं. या प्रयोगात कोवळ्या रोपांची पाने पूर्णपणे विस्तारली. गुणसूत्रांची संख्या दुप्पट होऊन पेशींच्या नेहमीच्या संख्येत दुप्पट वाढ झाली. झुडपं दाट झाली आणि त्यांना फुलंदेखील भरपूर लागली. या प्रकारे अनेक रोपांवर डॉ. जानकी अम्मल यांनी प्रयोग केले आणि त्यांची विस्ले येथील बॅटलस्टन हिलवर लागवड केली. आज त्यातील मॅग्नोलियाच्या एका प्रजातीला अम्मल यांचं नाव देण्यात आलं आहे.

१९४६ ते १९५१ या काळात डॉ. जानकी यांनी विस्ले येथील *रॉयल हॉर्टिकल्चरल सोसायटी* या संस्थेत काम केलं. याबाबत थोडक्यात सांगायचं तर जर्मन बॉम्बहल्ल्याने बेचिराख झालेल्या इंग्लंडला पुन्हा सुंदर करण्याचं काम डॉ. जानकी यांनी केलं. शिवाय फळभाज्या तसंच काळी तुतीसारख्या अनेक फळे, फुलझाडांच्या गुणसूत्रांचा अभ्यास केला. वांग्याच्या प्रजातीवर त्यांनी केलेलं संशोधनदेखील खूप महत्त्वाचं आहे. त्यांच्याबरोबर त्यांनी गुप्तरीत्या नेलेली कपोक नावाची खारूताई होती बरं का! मायदेशाची आठवण करून देणारी तीच एकमेव सोबती होती. या काळातच आपला देश स्वतंत्र झाला. विज्ञानाची आवड असलेले पंडित नेहरू देशाला पंतप्रधान म्हणून लाभले. डॉ. जानकी यांचं नाव तेव्हा आंतरराष्ट्रीय पातळीवरील वरिष्ठ संशोधक म्हणून सर्वत्र गाजत होतं. त्यांनी भारतात परत येऊन देशाच्या उभारणीसाठी मदत करावी, असं पंडित नेहरू यांनी त्यांना कळवलं आणि त्यानुसार त्या मायदेशात परतदेखील आल्या. विशेष कामगिरीवरील अधिकारी म्हणून त्यांची नेमणूक झाली.

राजकीय नेतृत्व चांगलं असेल, आश्वासक वातावरण असेल, तर तज्ज्ञ लोक देशात परततात, मात्र तज्ज्ञांची कदर नसलेलं राजकीय नेतृत्व असेल, तर ते देश सोडून जातात. हिटलरच्या काळात अनेक शास्त्रज्ञ जर्मनी सोडून गेले होते. जगभरात हाच

अनुभव आहे. सुदैवाने आपले पहिले पंतप्रधान वैज्ञानिक दृष्टिकोन बाळगून होते, त्यांना विज्ञान आणि वैज्ञानिक यांच्याविषयी आदर होता. पंडित नेहरूंनी बोटॅनिकल सर्व्हे ऑफ इंडिया या संस्थेची जबाबदारी मायदेशी परत आलेल्या डॉ. जानकी यांना दिली. भारतात आढळणाऱ्या वनस्पतींच्या प्रजाती ओळखून त्यांची नोंद करण्याचं काम या संस्थेचं होतं. या संस्थेसाठी संशोधन करताना डॉ. जानकी यांनी प्रचंड पायपीट केली. संस्थेचं ऑफिस कोलकातामध्ये होतं. कामाच्या वेळेआधी डॉ. जानकी झाडू घेऊन ऑफिसबाहेरील चौरंगी लेन झाडत असल्याची आठवण अनेक

जानकी अम्मल

सहकारी सांगतात. एवढ्या मोठ्या पदावरील व्यक्तीचं हे असं जमिनीवर राहणं अनेकांना प्रेरणा देत होतं. त्या रोजच्या जीवनात गांधीवाद जगत होत्या.

अर्थात डॉ. जानकी या रोज कार्यालयात बसून काम करणाऱ्या अधिकारी नव्हत्या. त्यांनी संपूर्ण भारत आणि त्याच्या पर्वतरांगा, दऱ्याखोऱ्या पालथ्या घातल्या. हिमालयाचा पूर्ण भाग त्यांनी पिंजून काढला. वायव्य हिमालयापेक्षा ईशान्य हिमालयीन भागात अधिक जैवविविधता आढळते, हे त्यांच्या लक्षात आलं आणि त्यांनी त्याचं सखोल निरीक्षण केलं. या वनस्पतीत झालेले चिनी तसेच मलेशिया या देशातील वाणांचे संकर त्यांच्या लक्षात आले. या वातावरणात औषधी वनस्पती कशा वाढत वाढवता येतील, याचा त्यांनी विचार केला. हे करत असताना त्यांचा संपर्क आदिवासी जनतेशी आला. आणि त्यांच्या लक्षात एक गोष्ट आली, अन्नधान्य जास्त उगवण्याचा प्रयत्न करताना, कृषिक्षेत्र वाढवताना वारेमाप जंगलतोड झाली आणि त्यात सर्वांत जास्त नुकसान आदिवासी लोकांचं झालं आहे, मात्र त्यांच्याकडे कुणाचं लक्षच नाही. आदिवासी विभागांत फिरून त्यांनी त्यांचं औषधी वनस्पतींबाबतचं पारंपरिक ज्ञान एकत्रित करण्याचा प्रयत्न केला.

त्यांच्याच पुढाकाराने अलाहाबाद येथील *भारतीय वनस्पती सर्वेक्षण विभागाच्या* मध्यवर्ती वनस्पती प्रयोगशाळेत १९६०मध्ये लोकवनस्पती विषयाचा स्वतंत्र कक्ष निर्माण केला झाला. डॉ. जानकी अम्मल या *लोकवनस्पतिविज्ञान विषयाच्या जननी* समजल्या जातात. या लोकवनस्पतिविज्ञान विषयामध्ये आदिवासींचं राहणीमान, वनस्पतींवर

असलेली त्यांची उपजीविका यांचा समावेश असतो. आदिवासींचं संपूर्ण जीवन निसर्गाशी निगडित असतं. त्यांची उपजीविका, त्यांचं आजारपण या सर्व गोष्टींसाठी ते वनस्पतींवर, जंगलावर अवलंबून असतात. त्यांच्याकडे जंगलातील वनस्पतींबाबत पिढ्यानपिढ्या संक्रमित झालेलं भरपूर ज्ञान असतं. औषधी वनस्पतींची मोठ्या प्रमाणात लागवड करता येणं शक्य आहे, मात्र त्यासाठी गरज होती ती आदिवासी आणि शास्त्रज्ञ यांच्यामध्ये संवाद होण्याची. ते काम लोकवनस्पतिविज्ञान विषयाच्या विभागाने केलं.

अलाहाबाद इथे नव्याने स्थापन झालेल्या *सेंट्रल बोटॅनिकल लॅबोरेटरी*च्या पहिल्या संचालक म्हणून त्यांनी जबाबदारी पार पाडली. नंतर त्यांनी अनेक ठिकाणी आपली सेवा दिली. जम्मूमधील *रिजनल रिसर्च लॅबोरेटरी* असो किंवा *भाभा अणुसंशोधन केंद्र-* आपल्या विद्वत्तेचा, शिस्तप्रियतेचा ठसा त्या जाईल तिथे उमटवत असत. त्यांनी जम्मू-काश्मीरमध्ये वेगवेगळ्या पदांवर तब्बल अकरा वर्ष काम केलं. भाभा अणुशक्ती केंद्रात त्यांनी काही काळ मानद प्राध्यापक म्हणून काम केलं. तिथे त्यांनी अन्नतंत्रज्ञान विभागात अन्न प्रक्रिया आणि धान्य टिकवण्यासाठी प्रयोग केले. वय हा त्यांच्यासाठी मुद्दा नव्हताच, शास्त्रज्ञ कधीच निवृत्त होत नसतो, यावर त्यांचा विश्वास होता. म्हणून तर वयाच्या ७३व्या वर्षी १९७०मध्ये मद्रास विद्यापीठातील *सेंटर फॉर अॅडव्हान्स्ड् स्टडीज् इन बॉटनी* या केंद्रामध्ये 'एमेरेट्स सायंटिस्ट' म्हणून जबाबदारी स्वीकारली.

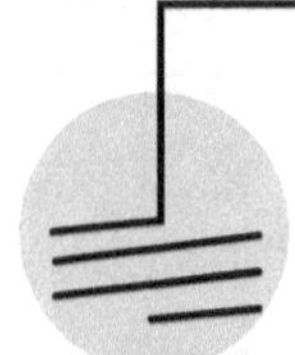

डॉ. जानकीने मॅग्नोलिया फुलाच्या प्रजातीवर संशोधन केलं. मोठ्या वृक्षाच्या सावलीमध्ये वाढणारी झुडपं कुपोषित न राहता व्यवस्थित कशी वाढतील, यावर त्यांनी संशोधन केलं. मॅग्नोलियासह अनेक वृक्षाच्छादित वनस्पतींवर कोल्चिसिनच्या द्रावणाचा काय परिणाम होतो, याची चाचणी डॉ. जानकी करत होत्या. रोपाचा कोंब जिथे फुटू पाहत असेल, तिथे हे पाणीमिश्रित द्रावण लावलं जायचं. या प्रयोगात कोवळ्या रोपांची पाने पूर्णपणे विस्तारली. गुणसूत्रांची संख्या दुप्पट होऊन पेशींच्या नेहमीच्या संख्येत दुप्पट वाढ झाली. झुडुपं दाट झाली आणि त्यांना फुलंदेखील भरपूर लागली. अनेक रोपांवर डॉ. जानकी अम्मल यांनी प्रयोग केले आणि त्यांची विस्ले येथील बॉटलींस्टन हिलवर लागवड केली. आज त्यातील मॅग्नोलियाच्या एका प्रजातीला अम्मल यांचं नाव देण्यात आलं आहे.

चेन्नईपासून १५ किमीवर असलेल्या मदुरावोयल या ठिकाणी त्यांनी संशोधन सुरू ठेवलं आणि अनेक शोधनिबंधही प्रकाशित केले. इथे अनेक संशोधकांना मार्गदर्शन करत असताना त्यांनी स्वतःचं संशोधनदेखील सुरू ठेवलं. रोज भल्या पहाटे त्यांचा दिवस सुरू व्हायचा. मृत्यूपूर्वी चौदा दिवस आधी त्यांना हॉस्पिटलमध्ये दाखल करेपर्यंत त्या मदुरावोयलमध्ये काम करत राहिल्या. मधल्या काळात त्यांना पुन्हा एका संघर्षाला सामोरं जावं लागलं. वयाच्या सत्तरीत शासनाशी संघर्ष करायला ही अम्मा पदर खोचून उभी राहिली.

केरळमध्ये *सायलेंट व्हॅली* नावाचं सदाहरित जंगल आहे, तिथे सरकारने जलविद्युत प्रकल्प सुरू करण्याचा घाट घातला. त्यामुळे स्थानिकांना रोजगार मिळेल, विकास होईल, अशी गाजरं दाखवण्यात आली. मात्र या प्रकल्पामुळे तेथील जैवविविधता नष्ट होणार होती. शेकडो दुर्मीळ जातीच्या वनस्पती आणि पशुपक्षी यांच्या मोबदल्यात विकास ही कल्पना डॉ. जानकी यांना सहन झाली नाही. तिथे सुरू असलेल्या आंदोलनात त्यांनी भाग घेतला. त्यांच्यामुळे आंदोलनाला मोठं बळ मिळालं, त्याची व्याप्ती वाढली आणि आंदोलनाला यश आलं, प्रकल्प रद्द करण्यात आला आणि जैवविविधता टिकून राहिली. आज सायलेंट व्हॅलीला राष्ट्रीय उद्यानाचा दर्जा देण्यात आला आहे. वयाच्या सत्तरीमध्ये चांगलं स्थिरस्थावर आयुष्य सुरू असताना असा संघर्ष करायला ऊर्जा कुठून मिळवता, असं कुणी विचारलं तर अम्मल म्हणायच्या, 'कळत्या वयात गांधी नावाच्या जादुगारामुळे निर्भयतेची देणगी मिळाली, जी आयुष्यभर पुरली.'

जानकी यांनी गांधीवाद केवळ समजावून घेतला नाही, तर अंगीकारलादेखील होता. तरुणपणी त्या आपल्या भावाला पत्रामध्ये लिहितात,

'मला तुला सांगायला आनंद वाटतो की, मला एक दिवस गांधींचं व्याख्यान ऐकायला मिळालं. तू कधी त्यांना पाहिलंस तर चकित होशील. अगदी साधा माणूस आहे हा. पक्का भारतीय.'

जानकी यांचं राहणीमान अगदी साधं असायचं. मूलभूत गरजा अगदीच कमी. साधीशी साडी (बहुतेक वेळा पिवळ्या रंगाची) आणि लोंबसडक केसांच्या वेण्या. थंड वातावरण असेल तर पिवळं जाकीट किंवा स्वेटर. खाण्यापिण्याच्या सवयीदेखील अगदी साध्या होत्या. आपण कुणी खूप मोठी शास्त्रज्ञ आहोत, असं त्यांनी आसपासच्या लोकांना कधी जाणवू दिलं नाही. त्यामुळे त्या कुणालाही आपल्या घरातील आजीसारख्या प्रेमळ व्यक्ती वाटायच्या. कुणावर मोठ्या आवाजात बोलायचं नाही, स्वतःबद्दल जास्त काही बोलायचं नाही, असं त्यांचं व्यक्तिमत्त्व होतं.

त्यांना मांजरांची खूप आवड होती. त्यांच्या अंतःकरणात साठलेली ममता घरात डझनवारी संख्येने असलेल्या मांजरांना त्या देत असाव्यात. त्यांच्याकडे मांजराचा खूप मोठा परिवार होता. अर्थात, त्या मांजरांवरदेखील त्यांनी संकराचे अनेक प्रयोग केले, त्यांच्या नोंदी ठेवल्या. संशोधन हा त्यांच्या जीवनाचा अविभाज्य भागच होता. त्यांचा पहिला शोधनिबंध १९३१मध्ये तर शेवटचा शोधनिबंध १९८४मध्ये प्रसिद्ध झाला होता. म्हणजे तब्बल ५३ वर्षांची संशोधन कारकीर्द. अगदी शेवटचा शोधनिबंध त्यांनी मृत्यूपूर्वी काही दिवस आधी लिहिला होता. ४ फेब्रुवारी १९८४रोजी त्यांना अगदी शांतपणे मरण आलं आणि संशोधन थांबलं. तोपर्यंत त्यांना कोणताही गंभीर आजार जडला नव्हता.

मोजका आहार आणि योग्य जीवनशैली यामुळे त्यांना छान स्वास्थ्य लाभलं होतं, शारीरिक आणि मानसिकदेखील. त्यांनी कधीच कोणत्या सवलती मागितल्या नाहीत, अगदी रोज मैलोन्मैल पायपीट करतानादेखील त्या कचरल्या नाहीत. पुरस्काराची हाव धरली नाही, त्यामुळे मानसिक स्वास्थ्य चांगलं राहणार होतंच!! त्यांच्यापेक्षा अतिशय नवख्या असलेल्या शास्त्रज्ञांना पद्म पुरस्कार मिळाला, तरी जानकी अम्मल यांना तो मिळाला नव्हता. जानकी अम्मल यांचा भीडस्त स्वभाव, स्वतःची स्तुती न करणं, प्रसिद्धीलोलुप नसणं ही त्याची कारणं असू शकतील. अखेरीस भारत सरकारने त्यांचा १९७७मध्ये 'पद्मश्री' देऊन गौरव केला. त्यांना हयातीत तसंच मृत्यूनंतरदेखील तसे इतर अनेक मानसन्मान मिळाले. सी. व्ही. रामन यांनी स्थापन केलेल्या *इंडियन ऑकॅडमी ऑफ सायन्स*मध्ये त्यांना संस्थापक सदस्य म्हणून मान देण्यात आला होता. १९५७मध्ये *इंडियन नॅशनल सायन्स अकॅडमी*च्या सभासदपदी त्या निवडून आल्या.

१९६०मध्ये नॅशनल सायन्स अकॅडमीला २५ वर्षं पूर्ण झाली, त्यानिमित्त एक मोठा समारंभ आयोजित करण्यात आला होता. आज त्या कार्यक्रमाचा फोटो पाहता आपल्या लक्षात येतं की, सर्व पुरुषांमध्ये जानकी अम्मल या एकट्याच स्त्री-शास्त्रज्ञ तिथे उपस्थित होत्या. १९५५मध्ये प्रिन्सटन इथे झालेल्या 'जागतिक पर्यावरण बदल आणि मानवाची भूमिका' या परिसंवादात त्यांचा सहभाग होता, तेव्हादेखील त्या उपस्थित मंडळीत एकमेव भारतीय स्त्री होत्या. १९५६मध्ये मिशिगन विद्यापीठाने त्यांना मानद *एलएलडी* पदवी प्रदान केली. लंडनमध्ये त्यांनी काम केलं होतं, त्या जॉन इनिस सेंटरमध्ये विकसनशील देशातील संशोधक विद्यार्थ्यांना प्रोत्साहन मिळावं, म्हणून आता जानकी अम्मल यांच्या नावाने शिष्यवृत्ती दिली जाते. त्यांनी सांभाळलेल्या जम्मू येथील बोटानिकल गार्डनला 'जानकी अम्मल' नाव देण्यात आलं आहे, जिथे पंचवीस

हजार वनस्पतींच्या प्रजाती जतन केल्या आहेत. वीरराघवन दांपत्याने जेव्हा पिवळ्या गुलाबाची प्रजाती संकरित केली, तेव्हा त्यांनी या प्रजातीला जानकी अम्मल यांचं नाव देण्याचं ठरवलं. ते म्हणतात, 'आम्ही दोघं जानकी अम्मल यांचं पुस्तक वाचूनच या क्षेत्राकडे वळलो आहोत. त्यामुळे या प्रजातीला दुसरं कोणतंही नाव देणं आम्हाला शक्यच नाही,

मॅग्नोलिया कोबस जानकी अम्मल

या पिवळ्या गुलाबात आम्हाला पिवळी साडी नेसलेल्या जानकी अम्मलच दिसतात.'

जानकी अम्मल यांनी जगभरात जिथे जिथे काम केलं, तिथे तिथे या गुलाबाच्या प्रजाती या दांपत्याने पोहोचवल्या आहेत.

वनस्पतिशास्त्र संशोधनातील उत्कृष्ट कार्यास प्रोत्साहन मिळावं, या उद्देशाने भारत सरकारने ई. के. *जानकी अम्मल राष्ट्रीय पुरस्कार* १९९९पासून सुरू केला आहे. जानकी अम्मल यांच्या 'सायटोटॅक्सोनॉमी' (जिवांच्या वर्गीकरणाचे पद्धतिशास्त्र) या क्षेत्रात केलेल्या कार्याला मानवंदना म्हणून हा पुरस्कार सुरू करण्यात आला. दरवर्षी ई. के. *जानकी अम्मल राष्ट्रीय पुरस्कार* जागतिक पर्यावरणदिनी दिला जातो. देशपातळीवर दिला जाणारा हा पुरस्कार २०१८मध्ये कोल्हापूर विद्यापाठातील डॉ. श्रीरंग यादव यांना मिळाला आहे. हा पुरस्कार मिळवणारे डॉ. यादव हे आजवरचे (म्हणजे हे पुस्तक लिहीत असतानापर्यंतचे) एकमेव महाराष्ट्रीय आहेत. डॉ. श्रीरंग यादव यांनी तीस वर्ष संशोधन करून वनस्पतींच्या सत्तर नव्या प्रजातींचा शोध लावला आहे. शिवाजी विद्यापीठात वनस्पतिशास्त्र विभागप्रमुख म्हणून यादव सर २०१४मध्ये सेवानिवृत्त झाले आहेत.

गोकुळाची परंपरा असलेल्या घरात जन्मलेल्या जानकी अम्मल या स्वतः संसारात पडल्या नाहीत, मात्र आज सारं जग त्यांना जानकी अम्मल या नावाने ओळखतं. अम्मल म्हणजे आई, जे विशेषण कधी काळी त्यांना लावलं गेलं आणि आज त्यांच्या नावाचा भाग झालं आहे. आयुष्याची इतिकर्तव्यता वेगळी काय असते? त्यांची कहाणी सर्वच स्तरावरील स्त्री-पुरुष सर्वांना प्रेरणादायी आहे. जात, लिंग यांचं बंधन त्यांनी झुगारून लावलं. त्या मोडून पडल्या नाहीत, म्हणून यशस्वी झाल्या. केरळसारख्या मातृसत्ताक वातावरणामध्ये जानकी अम्मल यांना लहानाचं मोठं होण्याची संधी मिळाली, म्हणून त्यांना न्यूनगंडाशी लढावं लागलं नाही, मात्र पितृसत्ताक वातावरणामध्ये वाढलेल्या

मुलींच्या मनात अशी क्षितिजाला गवसणी घालण्याची कल्पना तरी येत असेल का! भूतकाळात जे झालं ते आपण बदलू नाही शकत, जे होणार आहे ते तर नक्कीच बदलू शकतो. इथून पुढे आपल्या आसपासची कोणती जानकी मोडून पडणार नाही, याची काळजी घेऊ शकतो!!!

दृष्टिक्षेप

- जानकी अम्मल... एक बंडखोर स्त्री, जात आणि लिंग यांचं बंधन नाकारत, त्यामुळे येणारे अडथळे पार करत आपली कारकीर्द घडवते.

- संशोधन करताना अपार कष्ट उपसणारी, आपल्या तत्त्वासाठी म्हातारपणात पर्यावरणरक्षण मोहीम हाती घेऊन सरकारशी चार हात करणारी रणरागिणी म्हणजे जानकी अम्मल.

- गांधीवाद केवळ समजावून न घेता जीवनामध्ये त्याचा प्रत्यक्ष अंगीकार करणाऱ्या जानकी अम्मल. अम्मल म्हणजे आई, जे विशेषण कधी काळी त्यांना लावलं गेलं आणि आज त्यांच्या नावाचा भाग झालं आहे. लग्न न केलेल्या अम्मल आज संपूर्ण देशाची आई झाल्या. आयुष्याची इतिकर्तव्यता वेगळी काय असते?

- इंडियन अॅकेडमी ऑफ सायन्समधील पहिली स्त्री-संशोधिका म्हणजे, 'जानकी अम्मल'.

- जम्मू येथील बोटॅनिकल गार्डनला 'जानकी अम्मल' नाव देण्यात आलं आहे, जिथे पंचवीस हजार वनस्पतींच्या प्रजाती जतन केल्या आहेत.

बार्बरा मॅकक्लिंटॉक

द डायनॅमिक एक्सएक्स

तब्बल सत्तर वर्षे एकाच विषयात संशोधन करणारी ही तपस्विनी. शिक्षण पूर्ण केल्यानांतर 'स्त्री' असल्यामुळे तिला प्राध्यापकी अनेक वर्षे डावलण्यात आली. मात्र आपल्या संशोधनामध्ये आनंद घेत, हजारो शास्त्रज्ञ घडवत बार्बरा आयुष्यभर त्यामध्ये आपली मोलाची भर टाकत राहिली. मानवाच्या भुकेचं कोडं सोडवण्यासाठी गुणसूत्रशास्त्र राबवण्याचे तिचे प्रयत्न अतिशय महत्त्वाचे आहेत. तिचं संशोधन हे काळाच्या पुढे दोन दशकं होतं, त्यामुळे तिला नेहमीच उपेक्षा सहन करावी लागली, मात्र तिचा आपल्या संशोधनावर ठाम विश्वास होता. आज तिचा जंपिंग जीन्सचा शोध गुणसूत्रशास्त्रामध्ये मैलाचा दगड मानला जातो.

ज्ञानाच्या क्षेत्रात भारतातच नाही, तर जगभरात स्त्रियांना दुय्यम समजण्यात आलं आहे. २०२३ पर्यंतच्या एक हजार नोबेल विजेत्यांपैकी केवळ ६४ महिला आहेत (६.४%). विसाव्या शतकात तर नोबेलने सन्मानित झालेल्या ७४४ व्यक्तींमध्ये केवळ ३० स्त्रिया आहेत (४ टक्के). आपल्या भारतात प्राचीन काळातील विदुषी महिलांची यादी गार्गी, मैत्रेयी यापुढे सरकत नाही, तसंच चित्र जगभरात पाहायला मिळतं. असं का? स्त्रियांकडे बुद्धिमत्ता नसते का? त्या संशोधन करण्यास समर्थ नसतात का?

डावीकडून : मिग्नन, माल्कम रायडर 'टॉम', बार्बरा आणि मार्जोरी

याचं उत्तर मी द्यायची गरज नाही. आपल्या सर्वांना माहीत आहे की, निसर्गनि असा कोणता भेद नाही केला. भेद केला आहे, समाजव्यवस्थेने.

एक्सएक्स गुणसूत्रं घेऊन जन्म घेतला की, व्यक्ती केवळ चूल आणि मूल यांतच बंदिस्त! कुटुंब, समाज आणि संपूर्ण व्यवस्था ही तिला कुंपणात डांबून ठेवण्यात अग्रेसर असते. ही शोषण करणारी समाजव्यवस्था भेदण्याचं धाडस काही एक्सएक्स गुणसूत्रधारी करतात आणि इतिहास घडवतात. बार्बरा मॅकक्लिंटॉक हे नाव अशांपैकीच एक. अतिशय प्रतिकूल परिस्थितीत स्वतःचा मार्ग निवडत विज्ञानपथावर तिने नेटाने वाटचाल केली. तब्बल सत्तर वर्षं मक्याच्या गुणसूत्रांवर संशोधन करणारी ही गुणी शास्त्रज्ञ, जिने 'जंपिंग जीन्स'चा शोध लावून नोबेल पारितोषिक पटकावलं आहे.

बार्बरा मॅकक्लिंटॉक. १६ जून १९०२ रोजी बार्बचा जन्म अमेरिकेतील कनेक्टिकट राज्याची राजधानी हार्टफोर्ड येथे झाला. बार्बचे वडील थॉमस मॅकक्लिंटॉक यांचा डॉक्टरी व्यवसाय रडतखडतच चाललेला होता. एका पिढीआधी मॅकक्लिंटॉक कुटुंब निर्वासित म्हणून अमेरिकेत आलं होतं. प्रतिकूल परिस्थितीत थॉमसने होमिओपॅथिक वैद्यकीय शिक्षण पूर्ण केलं होतं, मात्र नंतर व्यवसायात जम काही बसेना. प्रेमाचा सूर त्याला गवसला आणि सारा रायडर या अमेरिकन मुलीशी तो विवाहबद्ध झाला. साराचे पूर्वज ३०० वर्षांपूर्वी अमेरिकेत येऊन स्थायिक झाले होते. त्या वेळी सुप्रसिद्ध मे फ्लॉवर जहाजातून काही लोक अमेरिकेत शेती आणि व्यापार करायला आले होते. (खरं सांगायचं तर मिसिसिपी नदीमध्ये असलेलं सोने ते लुटायला आले होते. जसे भारतात सोन्याचा धूर निघायचा अशी अफवा होती, तशीच मिसिसिपी नदीतून सोने वाहतं, अशी अफवा युरोपभर पसरली होती.)

बार्बला मार्जोरी आणि मिग्नन या दोन मोठ्या बहिणी होत्या. आता तरी मुलगा व्हावा असं आईला वाटत असताना बार्ब जन्माला आलेली, त्यामुळे आईकडून तिला नकोशीची वागणूक मिळाली. नंतर हिच्या पाठीवर भाऊ टॉम जन्माला आला. गरिबीने गांजलेले वडील थॉमस घरात विशेष लक्ष देत नव्हते. ते घरात आले की, आर्थिक बार्बींवरून कटकट सुरू व्हायची, त्यामुळे ते बहुतेक वेळ रुग्ण नसलेल्या आपल्या

दवाखान्यात बसून काढायचे. बार्बीची आई, सारा मॅकक्लिंटॉक ही तशी रसिक, कलेचा आनंद घेणारी होती. सारा सुंदर सुंदर कविता करायची, मस्तपैकी चित्रं काढायची आणि पियानो छान वाजवायची. मात्र तरीही लहानग्या बार्बीसाठी तिला पान्हा फुटला नाही. बार्बीचे सूर आईशी कधी जुळलेच नाहीत. आईच्या मायेच्या वर्षावात तिला कधीच भिजायला मिळालं नाही.

बार्बीचं लहानपणी नाव वेगळं होतं, 'एलेनार'. असं नाजूकसाजूक नाव सोडून घरच्यांना नंतर तिचं नामांतर बार्बरा असं का ठेवावं वाटलं, काय माहीत! आपण बार्बीच म्हणू तिला. बार्बी चांगली गुटगुटीत होती. एलेनार हे नाजूकसाजूक नाव आपल्या आडदांड मुलीला शोभत नाही, असा विचार करून आई-वडिलांनी तिचं नाव बदललं असावं. बार्बी वयाच्या तिसऱ्या वर्षी आई-वडिलांना सोडून काकू-काकांकडे राहायला आली. वडिलांची प्रॅक्टिस नीट चालत नव्हती, कुटुंब गरिबीत जगत होतं, त्यात छोट्या बार्बीकडे आईचं अजिबात लक्ष नव्हतं. उगाच पोरीची आबाळ व्हायला नको, म्हणून काकाने तिला आपल्याकडे सांभाळायला आणलं. काका मॅसेच्युरोट्रा राज्यात माशांचा व्यापार करत असे. तिकडे एका खेडेगावात त्याने चांगलं बस्तान बसवलं होतं. सुरुवातीला त्याच्याकडे एक घोडागाडी होती, पण धंदा वाढला तसा त्याने एक ट्रक विकत घेतला. छोटी बार्बी त्याच्याबरोबर हिंडायची. वाटेत कुठे ट्रक बिघडला आणि तो दुरुस्त करताना काकाची धांदल उडाली की, तिला खूप मजा वाटायची. मग हा पाना दे, तो नट खोल, अशी मेकॅनिकगिरी करायला तिला छान वाटायचं. हे गुटगुटीत बाळ काकूचं खूपच लाडकं होतं. ती काकूबरोबर गावभर फिरायची.

बालपणीचा काळ सुखाचा सरला. शाळेत जायचं वय झालं आणि बार्बीला पुन्हा आई-वडिलांकडे जावं लागलं. आता सहा वर्षांची बार्बी खूप आत्मनिर्भर झाली होती. शक्यतो तिला कोणत्या कामात मोठ्या कुणाची गरज लागत नसे. १९०८मध्ये मॅकक्लिंटॉक कुटुंब न्यूयॉर्कमधील ब्रूकलिनमध्ये स्थायिक झालं. इथे बार्बीच्या वडिलांचा वैद्यकीय व्यवसाय बऱ्यापैकी चालू लागला. एरस्मस हॉल हायस्कूलमध्ये

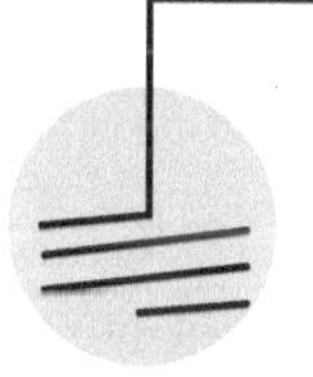

अतिशय प्रतिकूल परिस्थितीत स्वतःचा मार्ग निवडत विज्ञानपथावर तिने नेटाने वाटचाल केली. तब्बल सत्तर वर्षं मक्याच्या गुणसूत्रांवर संशोधन करणारी ही गुणी शास्त्रज्ञ, जिने 'जम्पिंग जीन्स'चा शोध लावून नोबेल पारितोषिक पटकावलं आहे.

बार्बी शिकू लागली. बार्बीचे पालक मुलांच्या शिक्षणाबाबत जास्त टेंशन नाही घ्यायचे. त्यांचं म्हणणं असं की, शिक्षणाच्या बरोबरीने दुनियादारीचे अनुभवसुद्धा मुलांना आले पाहिजेत. बार्बीला आइस स्केटिंगची आवड होती. शाळेत तिला सराव करायला मिळायचाच; परंतु घरीदेखील तिच्यासाठी सर्व साहित्य आणून ठेवलं होतं. वातावरण छान असेल तेव्हा शाळेला चक्क दांडी मारून बार्बीने स्केटिंग करावं, यासाठी घरचेच आग्रह करायचे. कसलं भारी ना!

आईशी जास्त गट्टी नसली, तरी बार्बी वडिलांची लाडकी होती. ती अतिशय संवेदनशील होती. वर्गात कुणी कुणाला दुखावलं, त्रास दिला, तर तिला त्रास होत असे. याच कारणामुळे शाळेत शिक्षकांशी तिचं बिनसलं. तिने घरी येऊन वडिलांना सांगितलं. वडिलांनी तिला शाळा सोडायला सांगितली आणि घरीच खासगी शिकवणी सुरू केली. लहानपणी बार्बीला मैत्रिणींपेक्षा मित्रच जास्त. तिला खेळायला आवडायचं. त्याबद्दल तिच्या घरच्यांना काही वाटत नव्हतं तरी तिच्या शेजारच्या काकूबाईंचा जळफळाट व्हायचा. बार्बीच्या शेजारी राहणाऱ्या काकूंनी शिकवायचा प्रयत्न केला की, 'बाळा, पोरात पोरगी लांडोरी. असं मुलांशी रस्त्यावर खेळणं मुलीच्या जातीला शोभत नाही. तू आपली मुलींमध्ये खेळत जा.' बार्बीच्या आईला हे समजल्यावर तिने फोन करून त्या काकूबाईंवर (काकूबाईंची एवढी खरडपट्टी काढली की, पुन्हा बार्बीला बोलण्याची त्यांची काय बिशाद!) एवढा जाळ काढला की, कानातून धूरच निघाला असेल.

मात्र हीच आई १९१८मध्ये बार्बी जेव्हा शालेय शिक्षण पूर्ण करून बाहेर पडली, तेव्हा बार्बीच्या पुढील शिक्षणाला नाही म्हणू लागली. मुख्य भीती ही होती की, मुलगी जास्त शिकली तर तिच्याशी लग्न कोण करणार? ऐकायला नवल वाटेल; पण शंभर वर्षांपूर्वी अमेरिकेत भारतासारखीच स्थिती होती. १९२३पर्यंत अमेरिकेत विज्ञानशाखेतील पदवीधर स्त्रिया केवळ तेवीस होत्या. पुढील दहा वर्षांत ही संख्या हजार पटीने वाढली. (आज तर पुरुषांपेक्षा महिलांची संख्या जास्त असते.) तेव्हा अशा शिकल्या सवरलेल्या मुलींचं लग्न जुळणं अवघड होतं. याप्रसंगी बार्बीचे वडील तिच्या मागे खंबीर उभे राहिले, त्यांनी आईची समजूत काढली. मधल्या काळात बार्बीने नोकरी करत पैसे जमा केले, सत्र सुरू व्हायच्या दिवशी ट्रेन पकडून बार्बी इथाका शहरात गेली. ती पुढची आठ वर्ष तिकडेच होती.

बार्बीने १९१९मध्ये कॉर्नेल विद्यापीठात जीवशास्त्र हा मुख्य विषय घेऊन विज्ञानशाखेत प्रवेश घेतला. इथे तिच्या आयुष्यात मका आला. विद्यापीठाच्या नावातच कॉर्न म्हणजे मका होता म्हणा ना! ह्या ह्या ह्या... नंतर पुढची तब्बल ७० वर्ष तिने मक्यावर

संशोधन केलं. सत्तर वर्षं एकच विषयावर संशोधन, हादेखील एक जागतिक विक्रम असेल. तिने गुणसूत्रविषयक अभ्यासक्रमात रस आणि प्रगती दाखवून शिक्षकांना खूपच प्रभावित केलं. विभागप्रमुख हचीसन यांनी कॉर्नेल विद्यापीठात पदवीधर विद्यार्थ्यांसाठी अभ्यासक्रम सुरू केला होता. बार्बीचं पदवीचं शिक्षण अद्याप सुरूच असलं तरी त्यांनी तिला या अभ्यासक्रमासाठी स्वतः टेलिफोन कॉल केला. बार्बी म्हणायची, 'त्या एका कॉलने माझं आयुष्य बदलून गेलं, पुढे मी संपूर्ण आयुष्य गुणसूत्रं या विषयाला वाहिलं.'

बार्बी कॉर्नेल विद्यापीठात खूप रमली. सर्व नवीन मुलींची प्रमुख म्हणून तिची नेमणूक झाली. जेमतेम पाच फूट उंच असलेली ही धडधाकट मुलगी खेळात पुढे तर होतीच, पण संगीतात तिला जबरदस्त गती होती. जाझ बँडमध्ये ती बँजो वाजवत असे. ताल लयींचा हा नाद जेव्हा अभ्यासावर अतिक्रमण करू लागला, त्या वेळेस सावध होऊन ती त्यापासून बाजूला झाली. अनेक मित्र या काळात काजव्याप्रमाणे तिच्या आयुष्यात चमकून गेले; पण कुणाशी आयुष्यभर संबंध जोडावे, असं बार्बीला वाटलं नाही. उलट या निमित्ताने होणाऱ्या गॉसिपिंगला बार्बी खूप वैतागली. दुसऱ्याच्या आयुष्यात डोकावणाऱ्या आणि त्यांच्याबद्दलचे खरे-खोटे किस्से चघळत बसणाऱ्या मुली बार्बीच्या डोक्यात जात असत. परिणामी, तिने भविष्यात केवळ स्वतःलाच वेळ द्यायचं ठरवलं.

बार्बीने १९२३मध्ये पदवी मिळवली. अर्थातच, पदवी मिळाल्यावर पुढे काय शिकायचं, हे ठरलेलं होतं. पण इथे पुन्हा तिचं स्त्री होणं आड आलं. विद्यापीठात गुणसूत्रांविषयक खूप चांगला अभ्यास गट तयार झाला होता, मात्र त्यात स्त्री उमेदवारांना प्रवेश नव्हता. म्हणून नाइलाजाने बार्बीने वनस्पतिशास्त्र विभागात पदव्युत्तर शिक्षणासाठी सायटोलॉजी हा मुख्य विषय आणि गुणसूत्रशास्त्र हा उपविषय म्हणून निवडला. तिने १९२५मध्ये मास्टर्स, तर १९२७मध्ये पीएच.डीदेखील प्राप्त केली. पदव्युत्तर शिक्षण पूर्ण झाल्यावर वनस्पतिशास्त्र विभागात निदेशक म्हणून काम करत असताना बार्बराने पुढाकार घेऊन कॉलेजमध्ये एक अभ्यास गट तयार केला होता. त्यात अनेक विद्यार्थी एकत्र येऊन मका आणि त्याची गुणसूत्रं याविषयी चर्चा करीत असत. विशेष म्हणजे, यातील अनेक विद्यार्थ्यांनी पुढे महत्त्वाचं संशोधन करून नोबेल मिळवलं आहे.

पीएच.डी.नंतर लॉवेल रँडॉल्फ या शास्त्रज्ञांची पगारी साहाय्यक म्हणून बार्बराने काम सुरू केलं. त्यांना अमेरिकन कृषी मंत्रालयाने गुणसूत्रीय संशोधन करून मक्याची उत्पादकता वाढवण्यासाठी नेमलं होतं. त्यांच्याबरोबर जरी तिने अधिक काळ काम

केलं नाही, तरी पुढील आयुष्यात तिने केलेल्या संशोधनामध्ये या कामाचा खूप फायदा झाला.

बार्बराने मक्याची गुणसूत्रं सूक्ष्मदर्शकाखाली पाहण्याआधी झाडाची मुळे रंगात बुडवून घेतली. त्यामुळे पेशी विभाजन होत असताना गुणसूत्रांचा आंतरछेद ती पाहू शकली. असं पाहणारी ती पहिली व्यक्ती होती, वर्ष होतं, १९३०. पदार्पणातच संशोधनात आपली चुणूक बार्बराने दाखवून दिली. तिने संशोधन आणि शोधनिबंध यांचा धडाका

मॅकक्लिंटॉकचे सूक्ष्मदर्शक आणि कॉर्न

लावला. पुढच्या वर्षी तिने मक्याच्या गुणसूत्रावरील तीन जनुकं दाखवणारं मानचित्र प्रसिद्ध केलं. लेविस स्टॅडलर या शास्त्रज्ञाबरोबर काम करण्याची संधी तिला १९३१ आणि १९३२ मधील उन्हाळ्यात मिळाली. त्याच्याबरोबर काम करताना एक्सरेचा गुणसूत्रांवर होणारा परिणाम तिने अभ्यासला. आणि तिच्या लक्षात आलं की, पेशीच्या उत्परिवर्तन प्रक्रियेत क्ष-किरणं साहाय्यकाची भूमिका बजावतात. क्ष-किरणांचा वापर करून आपण उत्परिवर्तनाची (Mutation) गती वाढवू शकतो.

१९२९ ते १९३६ या कालावधीत कॉर्नेल विद्यापीठात मक्याचं संशोधन खूपच वेगाने पुढे जात होतं. या काळात इथल्या गुणसूत्र शास्त्रज्ञांनी सादर केलेल्या सतरा शोधनिबंधांपैकी दहा हे एकट्या बार्बराचे होते, यावरून तिचं विद्यापीठातील वाढतं महत्त्व लक्षात येईल. गुणसूत्रशास्त्रात बार्बराच्या कामाचा दबदबा वाढत गेला. इथे काळ लक्षात घ्या, अजून रोझलिंड फ्रँकलिनने लावलेला डीएनएचे अंतरंग आणि रचना दाखवणारा शोध वीस वर्षं दूर होता. बार्बरा काळाच्या खूपच पुढे होती; किमान पंचवीस-तीस वर्षं... त्यामुळे तिच्या संशोधनाला सहजासहजी मान्यता मिळत नव्हती. सलग सहा वर्षं ती मक्याच्या गुणसूत्रांवर विविध संशोधन पेपर प्रसिद्ध करत राहिली आणि स्वतःही प्रसिद्ध होऊ लागली. मात्र, प्रसिद्धी मिळाली तरी गरिबी हटत नसते. तिला अजून कायम नोकरी नव्हती. त्यासाठी तिचं स्त्री असणं आड येत होतं. त्या विद्यापीठात विज्ञान विषयात आजवर कधीही स्त्री प्राध्यापिका नेमण्यात आली नव्हती. त्यामुळे तिला प्राध्यापकाची नोकरी मिळत नव्हती. १९३१ ते १९३३ या काळात तिला नॅशनल रीसर्च कॉन्सिलची शिष्यवृत्ती मिळाली होती, त्यावर बार्बरा कशीबशी गुजराण

करत होती. काटकसरीने राहायची तिला सवय होतीच, रात्रंदिवस केवळ संशोधनात वेळ जात असल्याने इतर ठिकाणी पैसा खर्च होण्याची शक्यताच नव्हती.

मात्र तिची आर्थिक विवंचना वाढवणारी आणखी एक घटना घडली. 'आधीच उल्हास त्यात फाल्गुन मास', असं म्हणा किंवा 'दुष्काळात तेरावा महिना', असं म्हणा, तिचा एक निर्णय चुकला आणि ती आगीतून फुफाट्यात पडली. १९३३मध्ये गनिनहम स्कॉलरशिप मिळाली म्हणून ती जर्मनीला गेली होती. दुसऱ्या महायुद्धाचा सुरुवातीचा काळ होता तो! त्यामुळे तिथे ती एक वर्षही काढू शकली नाही. पुन्हा अमेरिकेला परतावं लागलं. इकडची स्कॉलरशिप आधीच गेली होती आणि आता तिकडचीदेखील स्कॉलरशिप गेली. आता तिचं भविष्य पूर्ण अंधारात गेलं होतं. वयाची तिशी ओलांडली होती, आता आर्थिकदृष्ट्या घरच्यांवर अवलंबून राहून चालणार नव्हतं. प्राप्त परिस्थितीत तिने कॉर्निल विद्यापीठात काम सुरू ठेवलं. इमर्सन यांनी मदत करून बार्बराला दोन वर्षांसाठी रॉकफेलर फाउंडेशनची शिष्यवृत्ती मिळवून दिली. आता तिला इमर्सनची साहाय्यक म्हणून काम करायचं होतं. इमर्सन सांगेल ते काग बार्बराने करायचं होतं. यात तिची घुसमट व्हायला लागली. स्वतंत्र प्रज्ञा असलेली व्यक्ती साहाय्यकाचं दुय्यम काम कशी करणार? तिला स्वतंत्र संशोधन करायचं होतं.

स्त्रियांनी स्वतंत्र संशोधन करण्यासाठी तो काळ अजिबात अनुकूल नव्हता. त्या काळात स्त्री संशोधक प्रयोगशाळेत आली, तर पुरुष संशोधन सोडून तिच्याकडे बघत बसतील, ही भीती जाहीरपणे व्यक्त केली जायची. नवरा-बायकोची जोडी बरोबर काम करणार असेल, तरच स्त्रियांना प्रयोगशाळा उपलब्ध व्हायची, अन्यथा नाही. बार्बराच्या कामाचं महत्त्व माहीत असणाऱ्या सहकाऱ्यांनी तिला चांगली नोकरी मिळवून देण्याचे खूप प्रयत्न केले, पण व्यर्थ… दर वेळी एकच कारण, ती स्त्री होती. अखेर १९३६मध्ये ही कोंडी फुटली. लेविस स्टेडलर यांनी तिच्यासाठी शब्द टाकून मिसुरी विद्यापीठात

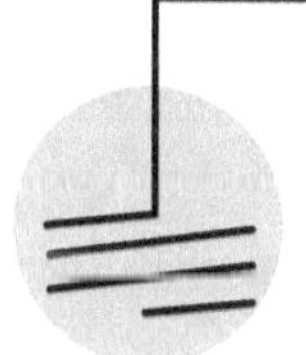

बार्बराने मक्याची गुणसूत्रं सूक्ष्मदर्शकाखाली पाहण्याआधी झाडाची मुळे रंगात बुडवून घेतली. त्यामुळे पेशी विभाजन होत असताना गुणसूत्रांचा आंतरछेद ती पाहू शकली. असं पाहणारी ती पहिली व्यक्ती होती, वर्ष होतं, १९३०. पदार्पणातच आपली चुणूक बार्बराने दाखवून दिली. हितने संशोधन आणि शोधनिबंध यांचा धडाका लावला. पुढच्या वर्षी तिने मक्याच्या गुणसूत्रावरील तीन जनुकं दाखवणारं मानचित्र प्रसिद्ध केलं.

तिला वनस्पतिशास्त्र विभागात साहाय्यक प्राध्यापकाची जागा मिळवून दिली. बार्बरा नोकरी करण्यासाठी कोलंबिया इथे आली आणि काम सुरू केलं. लेविस स्टॅडलरबरोबर काम करणं म्हणजे पुन्हा एकदा एक्सरेचा मारा करून गुणसूत्रात होणाऱ्या बदलांचा अभ्यास करणं ओघाने आलंच...

या वेळी तिच्या लक्षात आलं की, गुणसूत्रं एक्सरेने खराब झालेली स्वतःची जनुकं पुन्हा नीट करून घेत आहे. दोन गुणसूत्रं एकत्र येताना खराब जनुकं वापरत नाहीत. अनेक गोलाकार गुणसूत्रं ही किरणोत्सारी माऱ्यामुळे सरळ रेषाकृती गुणसूत्रात परिवर्तित होतात. पेशी केंद्रकाकडे वाटचाल करत असताना खराब झालेल्या जनुकांचा भाग वगळून इतर भाग जोडला जातो. त्यामुळे नवीन तयार झालेल्या पेशीमध्ये खराब जनुकं येत नाहीत. आजवर झालेल्या उत्क्रांतीमध्येदेखील हेच तत्त्व वापरलं गेलं असावं, असा नवा सिद्धान्त बार्बराने मांडला. तिने याविषयी शोधनिबंध प्रसिद्ध केला. याचा आधार घेऊन एलिझाबेथ ब्लॅकबर्न यांनी गुणसूत्र आणि ऊती याविषयी संशोधन केलं आहे. केवळ ब्लॅकबर्नच नाही, तर हजारो संशोधकांना दिशा दाखवणारं मौलिक संशोधन बार्बराने केलं होतं.

मिसुरीमध्ये तिचं संशोधन पुन्हा बहरात आलं होतं. मात्र तिला तिथे अनेक बाबींत डावललं जाऊ लागलं. एकतर स्टॅडलरच्या आग्रहावरून खास तिच्यासाठी ही विशेष पोस्ट तयार करण्यात आली होती, त्यामुळे पगारही फक्त तीन हजार डॉलर्स एवढा मर्यादित होता. त्यात प्राध्यापकांच्या बैठकीत तिला कोणी बोलावत नव्हतं. संस्थेत आणि इतर जगामध्ये काय चालू आहे, याची बातमी तिला कळू देत नव्हते. अशा वेळी बार्बरा काय करू शकत होती? आपली मिसुरी विद्यापीठातील नोकरी लेविस स्टॅडलरवर अवलंबून असून, जेव्हा तो सोडून जाईल तेव्हा आपल्यालाही नोकरी सोडावी लागेल, याची तिला जाणीव झाली. स्टॅडलरचे तेव्हा कॅलटेकमध्ये नोकरी मिळवण्यासाठी प्रयत्न सुरू होते, म्हणजे हिच्या नोकरीवर टांगती तलवार होतीच. तिने पर्यायी नोकरी शोधण्याचं सुरू केलं. मिसुरी विद्यापीठातून तिने रजा घेतली आणि चांगला पर्याय मिळेल तेव्हा या नोकरीला रामराम करायचं ठरवलं. तिने मिसुरी विद्यापीठ सोडू नये म्हणून तिला बढती देण्याचं आश्वासन देण्यात आलं, मात्र तिचा या संस्थेच्या संचालकांवरचा विश्वास उडाला होता. ती आपल्या निश्चयावर ठाम राहिली.

१९४१ साली तिचा जुना सहकारी मार्कस ऱ्होड्स याने तिला कोलंबिया विद्यापीठात व्हिजिटिंग प्राध्यापकाची नोकरी मिळवून दिली. कोल्ड स्प्रिंग हार्बर इथे त्याचं मुख्यालयावर संशोधन सुरू होतं. प्रयोगशाळा आणि शेती अशी प्रयोगाला सुसज्ज अशी ही संस्था

होती. इथे बार्बराला संशोधनासाठी ऱ्होइसने स्वतःच्या शेतीची जागा उपलब्ध करून दिली. कोल्ड स्प्रिंग हार्बरमध्ये एक प्रयोगशाळा नव्याने तयार होत होती. तिथे डेमेरेक यांच्या मदतीने बार्बराला संशोधनाची संधी मिळाली. डिसेंबर १९४१मध्ये ती या नव्या संस्थेत दाखल झाली. लवकरच डेमेरेक त्या संस्थेचा संचालक झाला आणि बार्बरा तिच्या नोकरीत कायम झाली. इथेच तिने तो जंपिंग जीन्सचा शोध लावला, ज्यासाठी तिला नोबेल मिळालं आहे. आनुवंशिकता शास्त्रामध्ये ज्या आदराने मेंडेलचं नाव घेतलं जाईल, तेवढंच बार्बराचंही नक्कीच घेतलं जाईल.

आपण गुणसूत्रं आणि जनुकं म्हणजे नक्की काय, हे समजावून घेऊ. अनेक वेळा गुणसूत्र आणि जनुकं यांची गल्लत होते. जीन्स हा शब्द गुणसूत्र या अर्थानेच वापरला जातो. मात्र गुणसूत्र म्हणजे क्रोमोझोम्स बरं का! मानवी पेशीमध्ये गुणसूत्रांची साखळी असते. या गुणसूत्रांचे काही छोटे छोटे भाग वेगळे काढता येऊ शकतात. या छोट्या भागांना जीन्स किंवा जनुकं असं म्हणतात. प्रत्येक सजीवाची आनुवंशिक वैशिष्ट्यं, गुणधर्म या जनुकावर अवलंबून असतात. यागध्ये असलेल्या सांकेतिक भाषेत सजीवाचे गुणधर्म दडलेले असतात, जे पुढील पिढीत हस्तांतरित होत असतात. प्रत्येक सजीवातील गुणसूत्रांची संख्या वेगवेगळी असते. माणसात ही संख्या ४६ आहे, तर कुत्र्यामध्ये ७८, चिंपांझीमध्ये ४८ गुणसूत्रं असतात. प्राण्यांमध्ये सर्वात जास्त २५४ गुणसूत्रं हर्मिट जातीच्या खेकड्यामध्ये असतात. सर्वच प्राण्यांमध्ये जन्म घेत असताना अर्धी गुणसूत्रं आईकडून तर अर्धी वडिलांकडून मिळत असतात.

बार्बरा मक्याच्या दाण्यावर संशोधन करत होती. घेतलेल्या नमुन्यातील मक्याचे पन्नास टक्के दाणे पुनर्निर्मितीसाठी अकार्यक्षम असतील, असा तिचा अंदाज होता. प्रत्यक्षात फक्त २५ ते ३० टक्के दाणे अकार्यक्षम निघाले. असं का झालं असावं, याचा तर्कसंगत विचार केला आणि 'एकमेका साहाय्य करू, अवघे धरू सुपंथ' हे जीन्सचं जीवनसूत्र तिच्या लक्षात आलं. गुणसूत्रं स्वतः स्वतःला दुरुस्त करत असताना काही जनुकं गाळली जातात. म्हणजे आई-वडिलांकडून ५०-५० टक्के गुणसूत्रं घेत असताना मिळणाऱ्या गुणसूत्रातील अनुत्पादक भाग हा वगळला जात होता. तो भाग वगळून गुणसूत्रं पुन्हा जोडली जात होती. अनुत्पादक भागावरून जणू काही गुणसूत्रं उडी मारून पुढे जात होती आणि उत्पादक भागाची निवड केली जात होती. परिणामी, उत्पादकता वाढत होती.

मेंडेलच्या काळापासून आनुवंशिकता आणि गुणसूत्र यांचा विचार करण्यात येत होता, तेव्हा असा विचार केला गेला होता की आई आणि वडिलांकडून मिळणाऱ्या

प्रत्येकी ५० टक्के मधले निम्मे म्हणजे प्रत्येकी २५ टक्के असं एकूण ५० टक्के बियाणं उत्पादनक्षम असेल. मात्र जीन्सच्या या उडी मारण्याच्या वृत्तीमुळे अधिक २०-२५ टक्के बियाणंच उत्पादनक्षम ठरत होतं. सोप्या शब्दात सांगायचं, तर जंपिंग जीन्स तंत्रज्ञान म्हणजे गुणसूत्रांनी स्वतःचा खराब भाग तोडणे आणि जोडीदाराच्या गुणसूत्राचा चांगला भाग स्वतःला जोडून घेणं होय. नको असलेला भाग कट किंवा डिलीट करून आवश्यक भाग पेस्ट करणं. जंपिंग जीन्सचा शोध भविष्यात अमर्यादित संधी उपलब्ध करून देणारा ठरला. आज कर्करोगाशी तसेच इतर अनेक आजारांशी लढा देतानादेखील जंपिंग जीन्स तंत्रज्ञान उपयोगी पडू शकतं.

विसाव्या शतकात गुणसूत्रशास्त्र विकसित होऊ लागलं आणि जीवशास्त्रज्ञ युजीनिक्सचं समर्थन करू लागले. चांगल्यात चांगली गुणसूत्रं पुढच्या पिढीत संक्रमित होऊन अधिकाधिक चांगला मानववंश तयार व्हावा, अशी त्यामागची प्रामाणिक भूमिका होती, पण युजीनिक्सच्या नावाखाली नाझी जर्मनीने केलेले भयंकर प्रयोग पाहता जगभरातील संवेदनशील शास्त्रज्ञांनी मानववंशामध्ये गुणसूत्रांबाबत ढवळाढवळ करायचं नाकारलं. बार्बरा ही त्यापैकी एक होती. मात्र मानवाच्या भुकेचं कोडं सोडविण्यासाठी गुणसूत्रशास्त्र मोठ्या प्रमाणात वापरलं जात आहे. आज एखाद्या वाणाच्या जनुकामध्ये दुसऱ्या वाणाचं जनुक टाकून त्या वाणाची उपयुक्तता वाढवणं शक्य झालं आहे. नको असलेलं एखादं जनुक काढूनही टाकता येतं, तसंच त्यात आवश्यक तो बदलही करता येतो. उदाहरणार्थ, भातामधील 'अ' जीवनसत्त्वाचं प्रमाण वाढवण्यासाठी त्याच्या जनुकात बदल करून शास्त्रज्ञांनी 'गोल्डन राइस' ही जात विकसित केली आहे.

अद्याप भारतात खाद्यपदार्थात असे प्रयोग करायला मान्यता नसली, तरी आपल्या देशात बीटी कॉटन या कापसाच्या कीडप्रतिबंधक गुणधर्म असलेल्या जातीचा प्रयोग केला. बॅसिलस थुरिन्जिएन्सिस म्हणजेच बीटी या कीडप्रतिबंधक गुणधर्म असलेल्या जिवाणूंची जनुकं कापसाच्या गुणसूत्रात पेरून इनबिल्ट अँटीव्हायरससारखं कीडनियंत्रण करण्याचा प्रयोग केला. भविष्यात असा प्रयोग करून रोगमुक्त सुपर मानवही तयार केला जाऊ शकतो. बार्बराने केलेल्या संशोधनावर आधारित नवनवीन संशोधनामुळे मानवाचं आयुर्मान वाढवण्यास मदत होणार आहे. अर्थात तो खूपच नंतरचा टप्पा असेल. आता या घडीला तरी आज अस्तित्वात असलेल्या जनतेला पुरेसं अन्न मिळेल आणि त्यांचं पालनपोषण योग्य पद्धतीने कसं होईल, हा खरा प्रश्न आहे.

पालनपोषण हा शब्द आपण जोडूनच वापरतो. मात्र पालन आणि पोषण यामध्ये खूप अंतर आहे. एकीकडे सुबत्ता असताना हौसेखातर बालकांना ठोसून ठोसून खायला

घातलं जातं, मात्र त्या अन्नामध्ये पोषण असेलच असं नाही. पिझ्झा, बर्गर, मॅगी आणि मैदायुक्त पदार्थ खायला घालून घालून बालकांचंदेखील मैद्याचं पोतं करून टाकतात. त्यांचं बाळ गुटगुटीत जरी दिसत असलं, तरी ते कुपोषितच असतं. दुसरीकडे अन्नाचं प्रचंड दुर्भिक्ष्य... मुलं कुपोषित होतात, यात पालकांचा नाइलाज असतो. रात्रंदिवस काबाडकष्ट करून हाताची आणि तोंडाची गाठ पडायची मुश्कील. भात भात करून प्राण सोडलेली ओरिसामधील मुलगी अजून आपल्या विस्मृतीत गेली नसेल. जगातील ७० कोटी लोक आजही उपाशी झोपतात, दोन अब्ज म्हणजे जवळजवळ एक तृतीयांश व्यक्ती कुपोषित आहेत. या भुकेविरुद्ध, कुपोषणाविरुद्ध लढण्याचा आणि जगातील प्रत्येक व्यक्तीच्या ताटात अन्न राहील, यासाठी शास्त्रज्ञांचा प्रयत्न सुरू आहे. या पार्श्वभूमीवर बार्बराचं संशोधन महत्त्वाचं ठरतं.

बार्बरा जो विषय मांडू पाहत होती, तो बहुतेक लोकांच्या डोक्यावरून जात होता आणि ते तिला चूक ठरवत होते. ती या सर्व बाबींकडे सकारात्मक दृष्टीने पाहायची.

ती म्हणायची, 'तुमचा रस्ता योग्य आहे याची तुम्हाला खात्री असेल आणि त्या रस्त्यावरून चालत असताना ध्येय गाठण्यासाठी आवश्यक ज्ञान तुमच्याकडे असेल, तर कुणी कितीही प्रयत्न केला तरी ते तुम्हाला रोखू शकत नाहीत.'

ती बाकीच्या जगाचा विचार करायचा सोडून केवळ तिच्या प्रयोगशाळेत रमू लागली. तिचं तिच्या प्रत्येक रोपावर प्रेम होतं. ती म्हणते, 'बी लावण्यापासून, त्याला कोंब येण्यापासून प्रत्येक रोपाचं मी निरीक्षण करत असते. माझ्या शेतातील प्रत्येक रोपाची वाढ अनुभवलेली असते, नोंदवलेली असते. प्रत्येक रोपाला जवळून ओळखते आणि त्यांना जाणून घेण्यात मला प्रचंड आनंद मिळतो.' असा आनंद घेऊ शकत होती म्हणूनच ती प्रचंड चिकाटी आवश्यक असलेलं संशोधन पूर्ण करू शकली.

अर्थात बार्बराच्या संशोधनाला लगेच मान्यता मिळाली नाही. 'जीनची स्थिती स्थिर आहे आणि उत्परिवर्तन ही एक दुर्मीळ आणि यादृच्छिक (Rare and Random) घटना आहे', असा आजवरचा समज होता. बार्बराच्या निष्कर्षांमध्ये त्याला अगदी उलट करून टांगलं होतं. 'जनुकीय द्रव्यं आपला क्रम बदलतात, शेजारच्या जनुकाला क्रियाशील किंवा निष्क्रिय करू शकतात, ज्याच्यामुळे नवीन पिढीमध्ये आधीच्या पिढीचे गुणधर्म हस्तांतरित होताना बदलतात', असा सिद्धान्त लगेच पचनी पडणं अवघड होतं. सहकारी शास्त्रज्ञ आणि विज्ञान जगतात तिच्या संशोधनाला मिळणारा थंड प्रतिसाद तिच्या पदरात नैराश्य घालत होता. जोशुआ लेडरबर्ग हा शास्त्रज्ञ तिच्या भेटीनंतर म्हणाला होता की, 'ही बाई एकतर वेडी असेल किंवा जीनियस तरी!' अनेक

ठिकाणी उपहास पदरी पडला आणि त्यानंतरच्या काळात तर तिने शोधनिबंध प्रसिद्ध करणं थांबवलं. संशोधन मात्र कधीच थांबवलं नाही. ती म्हणायची, 'संशोधन योग्य प्रकारे केलं असेल, तर तुम्ही इतर कशाची तमा बाळगण्याची गरज नाही. आज ना उद्या तुमचं संशोधन जगाला मान्य करावं लागणार आहेच.'

अर्थात, तिचं संशोधन जगाने मान्य करायला अंमळ उशीरच केला. याला तिचा भीडस्त स्वभाव कारणीभूत होता. एकेकाळी कॉलेजमधली लीडर असलेली बार्बरा आता अनेक वर्ष एकलकोंडी राहिल्यामुळे प्रभावी संवादाची क्षमता गमावून बसली होती. ना तिला प्रभावीपणे बोलता येत होतं, ना स्पष्ट आणि सुलभ लिहिता येत होतं. आधीच ती काम करत असलेला विषय अतिशय जटील. त्यात हिचा स्वभाव असा की, त्यामुळे तो विषय अधिक अगम्य बनायचा. संयम ठेवून वाचणाऱ्याला मात्र तिचे पेपर अतिशय उच्च दर्जाचे वाटायचे. तिचं संशोधन सुरू असताना दोन वेळा मोठे अडथळे आले. वेगळी कामं तिच्या गळ्यात टाकली गेली. मात्र तिने ती निपटून आपल्या विषयावर पुन्हा पुन्हा लक्ष केंद्रित केलं. १९६७मध्ये अधिकृतरीत्या बार्बरा निवृत्त झाली. मात्र पुढील काळात तिने विज्ञानाची साधना सुरूच ठेवली आणि अखेरीस तिच्या संशोधनाची दखल विज्ञानजगताला घ्यावी लागली. सत्तरीच्या दशकात यीस्ट, जीवाणू यांबाबत अधिक संशोधन झालं आणि बार्बरा वीस वर्षांपूर्वी खरं बोलत होती, याची जाणीव विज्ञानजगताला झाली.

प्रसिद्ध मराठी शायर भाऊसाहेब पाटणकर यांचा एक मस्त शेर आहे. त्यात ते म्हणतात, 'कीर्ती ही माझी प्रिया. समोर येतच नाही, खूप लाजते.' बार्बराबाबत हेच झालं, एवढं मौलिक संशोधन केलं; मात्र कीर्ती काही लवकर मिळाली नाही. भाऊसाहेब पुढे म्हणतात, 'उशिरा का होईना, माझी प्रिया.. कीर्ती, एकदाची समोर आली, नुसतीच आली नाही तर गालदेखील पुढे केला.'

बार्बराबाबत हे अगदी तंतोतंत झालं. केवळ विज्ञानावर प्रेम असलेली बार्बरा, तिला आधी प्रसिद्धी मिळाली असती, तरी तिने ती निश्चित टाळली असती. मात्र संशोधन केल्यावर ३५ वर्षांनी तिला या जंपिंग जीन्सवर केलेल्या संशोधनाबद्दल नोबेल पारितोषिक मिळालं. आणि वयाच्या ८१व्या वर्षी ती पुन्हा प्रसिद्धीच्या झोतात आली.

आता तिच्यावर मानद पदव्यांचा ढीग पडला. व्याख्यानांसाठी निमंत्रकांची रांग, स्वाक्षरीवाल्यांची तोबा गर्दी... तिला पुढील आयुष्यात अनेक पुरस्कार मिळाले. त्याविषयी ती गमतीने म्हणते,

'एखादी व्यक्ती वर्षानुवर्षं केवळ निरीक्षणाचा आनंद घेत असेल आणि मक्क्याच्या झाडाला समस्या सांगून त्याची त्याला सोडवायला लावत असेल आणि केवळ त्याचं निरीक्षण करत बसत असेल, तर अशा व्यक्तीला या कामासाठी पारितोषिक देणं चुकीचं ठरणार नाही का?'

कामाचा खराखुरा आनंद मिळवत होती, म्हणूनच बार्बरा कधीच निवृत्त झाली नाही. आयुष्याच्या अखेरीपर्यंत संशोधनात आनंद मिळवत राहिली. शेवटपर्यंत नवीन माहिती वाचत राहिली, नवीन वक्त्यांना ऐकत राहिली. कोल्ड स्प्रिंग हार्बर प्रयोगशाळेजवळ असलेल्या स्त्रियांच्या वसतिगृहात तिने २ सप्टेंबर १९९२ रोजी शेवटचा श्वास घेतला.

तिची प्रयोगशाळेतील केबिनही विविध विषयांच्या पुस्तकांनी गच्च भरलेली असे. टेबलावर विविध संशोधन पेपरचा ढीग... ज्यातील प्रत्येक पेपर बार्बराने बारकाईने वाचून त्यातील आवश्यक तो भाग अधोरेखित केला आहे. पुस्तकं ही तिची एकटेपणातील साथी होती. एकटेपणाची एवढी सवय होती की, तिला कधी लग्न करावं वाटलं नाही.

'लग्न करावं एवढा मला कोणीच आवडला नाही आणि मला त्याची कधी गरज वाटली नाही,' असं ती म्हणायची. संशोधनही तिला एकटीनेच करायला आवडायचं. कदाचित, त्यामुळेच असेल, ती पहिली स्त्री होती, जिला आरोग्यशास्त्र विभागात 'न विभागता' एकटीला नोबेल मिळालं आहे. तसंच ती पहिली अमेरिकन स्त्री, जिला कोणत्याही विषयात 'न विभागता' एकटीला नोबेल मिळालं आहे. आपल्याला नोबेल जाहीर झाल्याची बातमी जेव्हा तिने रेडिओवर ऐकली, तेव्हा केवळ दोनच शब्द तिने उद्‍गारले, 'ओह डियर'.

बार्बराला पहाटे उठण्याची सवय होती. वनस्पतिशास्त्रातील बहुतेक शास्त्रज्ञांना पहाटे उठून निरीक्षणं नोंदवावी लागतात. तेव्हा तिचे सहशास्त्रज्ञ तिला चिडवत असत की, शाळेच्या काळजीने उठणारी ही शाळकरी मुलगी आहे. अर्थात, शाळकरी मुलीची निरागसता तिच्यात आयुष्यभर टिकून होती. तसं हळवं मनदेखील तिला लाभलं होतं. ती म्हणते,

'कोणत्याही सजीवाच्या प्रत्येक अवयवामध्ये सारखाच जीव असतो. त्यामुळे गवतातून चालत असताना मला समजतं की, गवताचं प्रत्येक पातं माझ्याकडे पाहून टाहो फोडत आहे.'

तिच्या या हळवेपणावरून तुमच्या लक्षात येईल की, संशोधन करताना बार्बरा वनस्पतींची हाताळणी किती काळजीपूर्वक करत असेल.

शाळकरी मुलीप्रमाणे बार्बरामध्ये अवखळपणाही टिकून राहिला. खोड्या करायची तिची सवय गेली नाही. एक दिवस कोल्ड स्प्रिंग हार्बर प्रयोगशाळेची मीटिंग होती. अनेक शास्त्रज्ञ त्याला उपस्थित होते. अर्थात, त्यात बार्बरा एकटी स्त्री होती. मीटिंगसाठी स्थळ म्हणून एक जुनं घर निवडलं होतं, तिथे असलेल्या दोन स्वच्छतागृहांपैकी एक पुरुषांसाठी आणि एक स्त्रियांसाठी होतं. जेव्हा चहापानाचा ब्रेक झाला तेव्हा पुरुष स्वच्छतागृहापुढे रांग लागली. गर्दीत एखादा तरी अतिशहाणा असतो. तेव्हा तिथे ब्रूस लेविन नावाच्या शास्त्रज्ञाची बार्बराने चांगलीच फिरकी घेतली होती. कारण ब्रूसने स्त्रियांच्या स्वच्छतागृहामध्ये घुसून आपलं काम केलं. बाहेर येतो आणि पाहतो तर, बार्बरा वाट पाहत उभी. तो खूपच खजील झाला. त्याला बार्बराने सगळ्यांसमोर मोठ्याने दरडावून विचारलं, 'पाणी टाकलं आहे ना?' काय बोलावं हे ब्रूसला सुचेना. काही अवघडलेल्या क्षणांनंतर आधी बार्बरा आणि नंतर बाकीची मंडळी मोठ्याने हसली. ब्रूस पार गोरामोरा झाला.

बार्बरा नेहमी म्हणायची की, ती नव्वद वर्ष जगेल आणि त्याप्रमाणे ती जगलीदेखील. तिच्या नव्वदाव्या वाढदिवशी तिला एक अनोखी भेट मिळाली. तिच्या संशोधनामुळे प्रेरित होऊन लिहिलेले लेख संकलित आणि संपादित करून एक सुंदर पुस्तक प्रसिद्ध केलं होतं. तिची सहकारी नीना फेडेरॉफने या कामात पुढाकार घेतला होता. पुस्तकाला छान नाव दिलं होतं, द *डायनॉमिक जिनोम*. अनेक लेखक त्या वाढदिवसाला उपस्थित होते. एकामागून एक लेखक त्याचा लेख वाचू लागला. भीडस्त बार्बरा या अनपेक्षित कौतुकाने आधी जराशी बुजली. मात्र थोड्याच वेळात तिचा चेहरा अभिमानाने चमकू लागला. एका विदुषीसाठी यापेक्षा सुंदर भेट कोणती असणार! ती म्हणाली, 'हा माझा सर्वांत संस्मरणीय वाढदिवस असेल.' या कार्यक्रमानंतर दोनच महिन्यांत बार्बराने या जगाचा निरोप घेतला. आपल्या जीवनाविषयी तृप्तता व्यक्त करताना ती म्हणते,

'मला झोपेचा तिरस्कार होता आणि मी कधीच माझं काम थांबवण्याचा विचारही केला नाही. मी यापेक्षा अधिक चांगल्या आयुष्याची अपेक्षा केली नव्हती.'

उत्क्रांतिवाद आणि मानवतावाद यांना वेगळं काढता येत नाही. कारण एकदा तुम्हाला उत्क्रांतीचं तत्त्व समजलं की, तुम्हाला कोणत्याही देव आणि धर्म संकल्पनेची गरज लागत नाही. सर्व मानवांचा पूर्वज एकच असल्याने वंश आणि प्रांतवादाच्या भिंतीदेखील गळून पडतात. मानवता हेच जीवनासाठी आवश्यक सुंदर मूल्य समजत असलेली ही व्यक्ती इतर बंधनं नाकारते. अशी बंधनं नाकारणारी बार्बरा आपल्या

कामातून आज अमर झाली आहे. असं म्हणतात की, या जगात अमर व्हायचं असेल तर नवी पिढी जन्माला घाला. त्यांच्यातील जीन्स रूपानं तुम्ही अमर व्हाल किंवा असं काहीतरी या जगाला देऊन जा, ज्याने तुमचं नाव कायम राहील. पहिला पर्याय सोपा असतो आणि दुसरा अवघड. पण पहिल्या पर्यायात आपली नवनवीन पिढी जन्माला येईल की नाही हे आपल्या हातात नसतं, कधी कधी निसर्ग साथ देत नाही. दुसऱ्या पर्यायासाठी मेहनत खूप लागते, पण ती करणं आपल्या हातात असतं. जे लोक मानवतेच्या कल्याणासाठी अशी मेहनत घेतात, ती कीर्तीरूपाने अमर होत असतात. बार्बराने जरी नवी पिढी जन्माला नसली घातली, तरी आज ती कीर्तीरूपाने अमर आहे, कायम अमर राहील. जेव्हा जेव्हा गुणसूत्रांच्या अवखळपणाचं, स्वच्छंदीपणाचं उदाहरण येईल, तेव्हा या स्वच्छंदी बार्बींची आठवण सर्वांना होईलच.

दृष्टिक्षेप

- मुलगा व्हावा असं आईला वाटत असताना बार्बी जन्माला आलेली, त्यामुळे आईकडून तिला नकोशीची वागणूक मिळाली.
- तब्बल सत्तर वर्षे एकाच विषयात संशोधन करणारी ही तपस्विनी. शिक्षण पूर्ण केल्यानंतर 'स्त्री' असल्यामुळे तिला अनेक वर्षे प्राध्यापकी डावलण्यात आली. मात्र आपल्या संशोधनामध्ये आनंद घेत, हजारो शास्त्रज्ञ घडवत बार्बरा आयुष्यभर त्यामध्ये आपली मोलाची भर टाकत राहिली.
- मानवाच्या भुकेचं कोडं सोडवण्यासाठी गुणसूत्रशास्त्र राबवण्याचे तिचे प्रयत्न अतिशय महत्त्वाचे आहेत. तिचं संशोधन हे काळाच्या पुढे दोन दशक होतं, त्यामुळे तिला नेहमीच उपेक्षा सहन करावी लागली, मात्र तिचा आपल्या संशोधनावर ठाम विश्वास होता.
- आज तिचा जंपिंग जीन्सचा शोध गुणसूत्रशास्त्रामध्ये मैलाचा दगड मानला जातो.

डोरोथी हॉजकिन
जीवरसायनशास्त्रातील तपस्विनी

डोरोथीनं रेणूंची जटील संरचना स्पष्ट करतानाच संशोधन क्षेत्रातील पुरुषप्रधान संस्कृतीला आव्हान दिलं. इन्सुलिनची रचना शोधण्यासाठी तब्बल ३५ वर्षे विज्ञानाची तपस्या करणारी ही तपस्विनी. संशोधन क्षेत्रात उल्लेखनीय कामगिरी करतानाच तिने आपल्या मार्गदर्शनाखाली जगभरातील स्त्री शास्त्रज्ञांच्या अनेक पिढ्या घडवल्या. राजकीय तत्त्वप्रणाली, देशाच्या सीमा, वर्ण आणि वंश यांच्या कृत्रिम भिंती डोरोथीच्या अध्यापनाच्या आड कधीच आल्या नाहीत. म्हणूनच वेगवेगळ्या पक्षाच्या समर्थक असल्या तरीदेखील इंग्लंडच्या पंतप्रधान मागरिट थॅचर यांच्या कार्यालयामध्ये डोरोथीचं छायाचित्र लावलेलं असे.

मेरी क्युरी आणि तिची मुलगी आयरीन क्युरी यांच्यानंतर रसायनशास्त्रात तिसरं नोबेल पारितोषिक मिळवलेली एक शास्त्रज्ञ होती. तिला तिच्या साम्यवादी विचारसरणीमुळे अमेरिकेत यायला बंदी घालण्यात आली होती. जी आयुष्यभर मजूर पक्षाची समर्थक होती; तरीदेखील हुजूर पक्षाच्या मागरिट थॅचर पंतप्रधान झाल्यावर त्यांच्या केबिनमध्ये तिचा फोटो होता. साम्यवादी विचारांची प्रचारक नव्हती, तरी तिला लेनिन शांतता पुरस्कार मिळाला. ब्रिटनमधील पहिल्या दहा वैज्ञानिक स्त्रियांमध्ये जिचा समावेश होतो

अशी रॉयल सोसायटीची सभासद आणि सर्वांत महत्त्वाचं म्हणजे इन्सुलिनची रचना शोधण्यासाठी तब्बल ३५ वर्षं विज्ञानाची तपस्या करणारी तपस्विनी म्हणजे डोरोथी हॉजकिन. तिने केवळ जीवरसायनशास्त्रात मोलाचं संशोधन केलं नाही, तर स्त्रियांना संशोधन क्षेत्रात संधी मिळवून देण्यासाठी प्रचंड प्रयत्न केले. रेणूंची जटिल संरचना स्पष्ट करतानाच संशोधन क्षेत्रातील पुरुषप्रधान संस्कृतीला आव्हान दिलं.

डोरोथी मेरी क्रोफुट हॉजकिन असं तिचं भलं मोठं नाव ब्रिटिश अर्काइव्हमध्ये नोंदवलं आहे. तिचं लग्नापूर्वींचं नाव डोरोथी मेरी क्रोफुट होतं, डोरोथी हे तिचं, मेरी हे आईचं नाव, तर क्रोफुट हे वडिलांचं आडनाव. जॉन आणि मेरी या दांपत्याच्या चार मुलींपैकी डोरोथीचा नंबर सर्वांत पहिला. थॉमस हॉजकिन याच्याशी विवाह झाल्यानंतर तब्बल बारा वर्षांनी तिने मेरी वगळून क्रोफुटपुढे हॉजकिन हे नवऱ्याचं आडनाव जोडलं. डोरोथी क्रोफुट हॉजकिन याच नावाने तिला नोबेल मिळालं आहे. मात्र रॉयल सोसायटीने तिला सभासदत्व देताना तिच्या नावाचं डोरोथी हॉजकिन असं सुलभीकरण केलं. तेच नाव पुढे प्रचलित झालं. आता एका लघुग्रहाला 'हॉजकिन' असं नाव देऊन तिचं नाव अजरामर झालं आहे.

डोरोथीचा जन्म १२ मे १९१०रोजी इजिप्तची राजधानी कैरो इथे झाला. तिचे वडील जॉन क्रोफुट हे पुरातत्त्वशास्त्राचे अभ्यासक होते तसंच ब्रिटिश शिक्षणखात्यामध्ये कामाला होते. १९२२मध्ये इजिप्त देश स्वतंत्र झाला, त्याआधी तो ब्रिटिश वसाहतीचा एक भाग होता. नोकरीचा भाग म्हणून जॉन इजिप्तमध्ये शाळानिरीक्षक या पदावर काम करत होते. डोरोथीची आई मेरी ही वनस्पतिशास्त्राची अभ्यासक होती. तिने वनस्पतींच्या अनेक प्रजातींची चित्रं काढली होती. समाजवादी विचारांचा पगडा असलेली मेरी ही खूप अभ्यासू होती.

इजिप्तमधील कडक उन्हाचा त्रास होऊ नये म्हणून मेरी दरवर्षी उन्हाळ्यात इंग्लंडला यायची. १९१४मध्ये जेव्हा डोरोथी चार वर्षांची होती आणि पाठच्या दोन मुली अनुक्रमे दोन वर्षं आणि सात महिन्यांच्या होत्या, तेव्हा पहिलं महायुद्ध सुरू झालं. त्या वर्षी मेरी तीन मुलींना घेऊन इंग्लंडला आली, मात्र इजिप्तला एकटीच परतली. या युद्धात डोरोथीचे चार मामा मारले गेले, त्यामुळे तिची आई कट्टर युद्धविरोधक झाली. त्या काळात बर्ट्रांड रसेलसारख्या ज्यांनी-ज्यांनी युद्धविरोधी भूमिका घेतली, त्यांना देशद्रोही ठरवण्यात आलं होतं. मात्र शासनाला न घाबरता आपल्या तत्त्वांना चिकटून राहायचे बाळकडू डोरोथीला तिच्या आईकडून मिळाले. आईच माझी आदर्श आहे, असं ती नेहमी म्हणायची.

क्रोफुट आजी-आजोबांच्या घरात या तिघी मुली मोठ्या होऊ लागल्या, लवकरच त्यात चौथीही सामील झाली. जॉनची नोकरी बदलीची असल्यामुळे मुलींचं शिक्षण नियमित आणि चांगल्या ठिकाणी व्हावं, अशी त्याची इच्छा होती. डोरोथी अवघी दहा वर्षांची असताना वडिलांचे मित्र डॉ. जोसेफ यांनी डोरोथीला प्रयोग करून पाहायला काही रसायने दिली. आणि तिचं रसायनशास्त्राशी नातं जडलं. त्याच वर्षी जेव्हा डोरोथीला *सर जॉन लेमन ग्रामर स्कूल*मध्ये घालण्यात आलं, तेव्हा तिथे रसायनशास्त्राचा अभ्यास करणाऱ्या अवघ्या दोन मुलींपैकी ही एक होती. सोळाव्या वाढदिवशी डोरोथीला आईकडून एक पुस्तक भेट मिळालं, त्यातून स्फटिकशास्त्राचा अभ्यास करण्याची प्रेरणा तिला मिळाली. सन १९२५मध्ये नोबेल पारितोषिक विजेते सर विल्यम हेन्री ब्रॅग यांनी लहान मुलांसाठी एक पुस्तक लिहिलं होतं- *कन्सर्निंग द नेचर थिंग* या नावाचं पुस्तक वाचून डोरोथीला क्ष-किरणांच्या साहाय्याने स्फटिकांचं विवर्तन हा विषय समजला. तिला हा विषय खूपच भारी वाटला. आणि भविष्यात तिने याच विषयात आयुष्यभर काम केलं. बालसाहित्य शास्त्रज्ञ घडवू शकते, याचं डोरोथी हे आदर्श उदाहरण म्हणता येईल.

आता डोरोथीचं पुढे रसायनशास्त्र शिकायचं नक्की ठरलं होतं आणि त्यासाठी तिला ऑक्सफर्डलाच जायचं होतं. मात्र तिथे प्रवेश मिळवण्यासाठी प्रवेश परीक्षा असायची आणि त्यात पास व्हायचं तर लॅटिनचा अभ्यास असणं गरजेचं असायचं. तिच्या शाळेमध्ये तर लॅटिन हा विषयच नव्हता. तिची तळमळ पाहून शाळेच्या मुख्याध्यापकांनी स्वतः शिकवणी घेऊन तिला लॅटिन भाषेमध्ये तरबेज केलं आणि ती प्रवेश परीक्षा पास झालीसुद्धा! डोरोथी यासाठी मुख्याध्यापकांची आयुष्यभर ऋणी राहिली. ती तेरा वर्षांची असताना वडील नोकरीनिमित्त सुदानमध्ये स्थलांतरित झाले होते. शाळेला सुट्ट्या लागल्या की, डोरोथी तिकडे जायची. १९२८मध्ये ती वडिलांबरोबर आफ्रिकेमध्ये फिरत असताना त्यांनी पाचव्या शतकातील काही चर्च पाहिले. वडिलांनी पुरातत्त्वशास्त्रानुसार तिला मार्गदर्शन केलं. तेथील मोझेक कलाकृती, पॅटर्न यांचं निरीक्षण आणि रेखन करत तिने सुट्टी व्यतीत केली, पुढे आयुष्यभर पेनिसिलिन, इन्सुलीन, बी१२ यांसारख्या बाबींचं चित्रण करण्याची ही जणू नांदीच होती. सुट्टी संपल्यावर ऑक्सफर्डमध्ये दाखल होत असताना ती येथील काही काचेचे तुकडे नमुने म्हणून संशोधनासाठी घेऊन गेली होती.

ऑक्सफर्ड विद्यापीठातील समर्विल्ले कॉलेजमध्ये तिने अभ्यासाचा धडाका लावला. त्या वेळी तिथल्या प्राचार्या मार्जरी फ्रे यांचा पिच्छा पुरवला. त्यांच्याकडून

नवनवीन माहिती शिकून घेतली, नवे अभ्यासक्रम पूर्ण केले. याशिवाय, पुरातत्त्वशास्त्र आणि रसायनशास्त्र यांची सांगड घालून आफ्रिकेतून आणलेल्या काचेच्या नमुन्यांचा अभ्यास केला. याशिवाय विद्यापीठाबाहेरील प्रयोगशाळांना भेटी देऊन तेथील संशोधन पद्धतीचा अभ्यास केला. १९३२मध्ये तिने विशेष योग्यता श्रेणीमध्ये पदवी प्राप्त केली. विशेष योग्यता मिळवणारी त्या संस्थेच्या इतिहासातील ती तिसरी मुलगी होती. समरविले कॉलेजमधून पुढील एक वर्ष केंब्रिज आणि एक वर्ष ऑक्सफर्ड इथे संशोधनासाठी तिला ७५ पाउंडची फेलोशिप मिळाली. याशिवाय तेथील

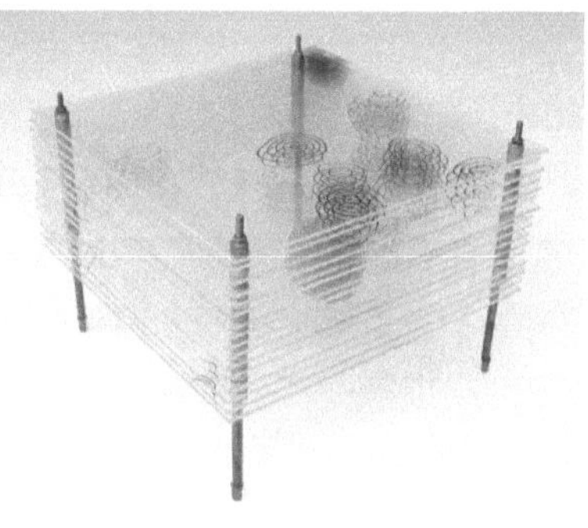

सर्वोच्च घनतेचे बिंदू पेनिसिलिनमधील वैयक्तिक अणूंचे स्थान दर्शवतात. या यंत्राचा वापर हॉजकिनने रचना काढण्यासाठी केला होता.

रहिवासामधील इतर बिलं देण्यासाठी मावशीने आर्थिक मदत देऊ केली, पीएच.डी. करण्यासाठी ती केंब्रिजमध्ये आली. जॉन बर्नाल यांच्या मार्गदर्शनाखाली पेप्सीन या जीवशास्त्रीय घटकाचं विश्लेषण करण्यासाठी संशोधन करू लागली. पेप्सीनचा प्रयोग यशस्वी झाला, मात्र त्याच्या श्रेयाचा मोठा वाटा बर्नलचाच असल्याचं ती नमूद करते. याच काळात तिला स्फटिकीकरण करून क्ष-किरणांच्या साहाय्याने प्रथिनांच्या रचना उलगडण्यात मोठा वाव असल्याचं लक्षात आलं.

मार्गदर्शक जॉन बर्नाल यांचा डोरोथीच्या जीवनावर वैज्ञानिक, राजकीय आणि वैयक्तिकरीत्या खूप प्रभाव पडला. बर्नाल हे दुसऱ्या महायुद्धादरम्यान इंग्लंडचे महत्त्वाचे शास्त्रज्ञ होते, याशिवाय ते साम्यवाद आणि सोविएत रशियाचंदेखील उघडपणे समर्थन करायचे. त्यांची राहणी साधी आणि अनौपचारिक असायची. डोरोथी या संत व्यक्तिमत्त्वाच्या प्रेमातच पडली. अर्थात, त्यांचं असं अनौपचारिकपणे एकत्र येणं समाजाला पचणारं नव्हतं. त्या काळात लिव्ह इनमध्ये राहणं पाश्चात्त्य समाजालाही पचणारं थोडंच होतं! लवकरच डोरोथीच्या आयुष्यात थॉमस हॉजकिन हा तरुण आला आणि हा पेच सुटला. दोघांनी १९३७मध्ये लग्न केलं. तिचा हा जोडीदार अतिशय अभ्यासू, हजरजबाबी आणि मुलखाचा अवखळ होता. त्याला शाकाहारी स्वयंपाक करून मेजवानी द्यायला आवडायचं. त्याचं आणि डोरोथीचं सहजीवन सर्वांगाने बहरलं.

थॉमस हॉजकिन हादेखील साम्यवादी. हॉजकिन घराण्यात इतिहासकारांची परंपरा. थॉमसची आई अगदी गप्पावेल्हाळ व्यक्ती. खूपच आनंदी आणि माणसांची आवड असलेलं हे संपूर्ण कुटुंब. थॉमसचे वडील आणि दोन्ही आजोबादेखील इतिहासकार, स्वतः थॉमस आणि नंतर त्यांना झालेली मुलगी एलिझाबेथ हेही इतिहासकार. तिची नात केट हीसुद्धा इतिहासाची विद्यार्थिनी... म्हणजे इतिहास अभ्यासकांची ती हॉजकिन घरातील पाचवी पिढी! या सर्वच हॉजकिनांचा आफ्रिकी देशांच्या इतिहासाचा अभ्यास होता, हेही विशेष! पॅलेस्टाईन येथील नोकरीला लाथ मारून आलेला आणि आता ऑक्सफर्डमधील बेलिऑल कॉलेजमध्ये प्राध्यापकी करत असलेला थॉमस डोरोथीला मनापासून भावला. त्यांच्या सुखी संसाराला तीन गोंडस फळं लागली. पुढे जाऊन थोरला लूक गणितज्ञ, मधली एलिझाबेथ इतिहासकार तर धाकटा टोबी वनस्पतिशास्त्राचा अभ्यासक झाला. दोघांनी ४५ वर्षं सुखी संसार केला. १९८२मध्ये थॉमस कालवश झाला. मात्र तोपर्यंत डोरोथीला तिच्या संशोधनात कौटुंबिक पातळीवर शक्य तेवढी मदत थॉमसने केली.

आता डोरोथीच्या संशोधनाकडे वळू या. ती जेव्हा १९३४मध्ये ऑक्सफर्डमध्ये परत आली, पुढे निवृत्त होईपर्यंत समरविले येथेच प्राध्यापकी करत होती. तिला मुलग्यांना शिकवायला मनाई होती. तिच्यावर मुलींना रसायनशास्त्र शिकवायची जबाबदारी होती. याशिवाय स्फटिकशास्त्र, खनिजशास्त्र हे विषयसुद्धा ती शिकवायची. मागरिट थॅचर तिचीच विद्यार्थिनी होती. तिचं शिकवणं आणि विद्यार्थ्यांशी वर्तणूक अतिशय उत्तम प्रतीची असेल, कारण त्यामुळे डोरोथी जरी विरुद्ध विचारसरणीची आणि साम्यवादी पक्षाची समर्थक असली, तरी पंतप्रधान झालेल्या मागरिट थॅचर यांनी केबिनमध्ये तिचा फोटो अभिमानाने लावावा, इतपत ती आदर्श होती. भारतासारख्या विकसनशील देशांतील तरुण शास्त्रज्ञांनी प्रगत देशात जाऊन तंत्रज्ञान शिकून घ्यावं, मात्र पुढे आपल्याच देशात ते अधिक विकसित करावं, असं तिचं मत असायचं. जागतिक दर्जाचे स्फटिकशास्त्रज्ञ गोपीनाथ कार्था हे भारत सोडून अमेरिकेत स्थायिक झाले हे समजलं, त्या वेळी तिने आपली नापसंती जाहीर केली होती.

डोरोथी जेव्हा ऑक्सफर्डमध्ये परतली, तेव्हाच सर रॉबर्ट रॉबिनसन यांच्या मदतीने पैसे जमवून एक्सरेचं उपकरण विकत घेतलं आणि इन्सुलिनवर काम चालूही केलं होतं. रॉबिनसन यांनी तिला स्फटिकीकरण केलेल्या इन्सुलिनचा थोडा नमुना दिला, त्या काळात क्ष-किरण क्रिस्टलोग्राफी तंत्रज्ञानाचा अधिक विकास झाला नव्हता. तिने नंतर चालू केलेल्या इतर प्रकल्पांस लवकर यश आलं, मात्र इन्सुलिन

संरचनेचा फोटो काढण्याचा प्रयोग तब्बल ३५ वर्षांनंतर १९६९मध्ये यशस्वी झाला. हा शोध खूप महत्त्वाचा आणि पथदर्शक ठरला, त्यानंतर इन्सुलिनपेक्षा मोठमोठ्या रेणूंची क्रिस्टलोग्राफी करणंही शक्य झालं. या संशोधनात भारतीय संशोधकांचं तिला चांगलं सहकार्य लाभलं होतं.

बी१२ जीवनसत्त्वाचं संशोधन करण्यासाठीदेखील डोरोथीला आठ वर्ष विज्ञानाची उपासना करावी लागली. १९५५मध्ये तिला बी१२ ची स्फटिकरचना शोधून काढण्यात यश आलं. बी१२ जीवनसत्त्वाच्या रेणूत केंद्रस्थानी कोबाल्ट (Co) हे मूलद्रव्य असतं आणि कोबाल्टचा अणू संतृप्त कार्बन अणूला जोडलेला असतो. बी१२ चं रेणुसूत्र $C_{63}H_{88}C_0N_{14}O_{14}P$ असतं, हे तिने क्ष-किरण उपकरणाद्वारे दाखवून दिलं. या शोधासाठीच तिला १९६४मध्ये नोबेल पारितोषिक मिळालं.

कोलेस्टेरील आयोडाईड या संप्रेरकावर ती पीएच.डी. करत असल्यापासून संशोधन करत होती. १९४५मध्ये तिने त्याची रचना शोधून काढली. याच वर्षी बार्बरा लोव्ह या विद्यार्थिनीबरोबर पेनिसिलीनची संरचना शोधून काढली. पेनिसिलीनचा रेणू हा तेव्हा सगळ्यात मोठा समजला जायचा. त्याची रचना शोधून क्रिस्टलोग्राफी क्षेत्रात मोठी क्रांती झाली होती.

डोरोथीची कहाणी बार्बरा लोव्ह या तिच्या आदर्श विद्यार्थिनीची माहिती घेतल्याशिवाय पूर्ण होणार नाही. शास्त्र असो अथवा सामाजिक परिस्थिती, दोघींचा विचार एवढा मिळताजुळता होता की जणू ते दोन देह आणि एक आत्मा आहेत. या दोघी मिळूनच एक मोठी चळवळ होत्या. ऑक्सफर्डमध्ये एका प्राध्यापिकेची नेमणूक झाली, मात्र तिला केवळ मुलींना शिकवायची अट घातली होती. मुलांना शिकवायला मनाई केली होती. त्या प्राध्यापिकेने या अपमानाकडे संधी म्हणून पाहिली आणि तिने

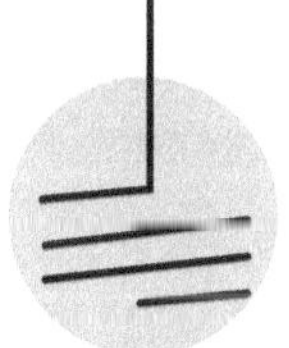

बी१२ जीवनसत्त्वाचं संशोधन करण्यासाठीदेखील डोरोथीला आठ वर्ष विज्ञानाची उपासना करावी लागली. १९५५मध्ये तिला बी१२ ची स्फटिकरचना शोधून काढण्यात यश आलं. बी१२ जीवनसत्त्वाच्या रेणूत केंद्रस्थानी कोबाल्ट (Co) हे मूलद्रव्य असतं आणि कोबाल्टचा अणू संतृप्त कार्बन अणूला जोडलेला असतो. बी१२ चं रेणुसूत्र $C_{63}H_{88}C_0N_{14}O_{14}P$ असतं, हे तिने क्ष-किरण उपकरणाद्वारे दाखवून दिलं. या शोधासाठीच तिला सन १९६४मध्ये नोबेल पारितोषिक मिळालं.

महिला शास्त्रज्ञांची मोठी फळी उभी केली. आपल्या गुरूचा वसा चालवत त्यातील एका शिष्येने हीच चळवळ अमेरिकेत सुरू केली. मूलभूत संशोधनात तर या गुरुशिष्येचं बहुमूल्य योगदान आहेच; पण विज्ञानातील पुरुषसत्ताक यंत्रणेला आव्हान देत स्त्री शास्त्रज्ञांची फळी निर्माण करण्याचंही त्यांना निर्विवाद श्रेय जातं. यातील गुरू होती, डोरोथी हॉजकिन तर शिष्या होती, बार्बरा लोव्ह.

बार्बराचा जन्म इंग्लंडमधील लॅकॅस्टर येथे २३ मार्च १९२० रोजी झाला. मॅथ्यू लोव्ह आणि मेरी जेन व्हार्टन या किराणा मालाचं दुकान चालवणाऱ्या दांपत्याच्या दोन मुलींपैकी बार्बरा ही मोठी. मार्जोरी तिची छोटी बहीण. घरची परिस्थिती तशी बेताचीच, त्यामुळे कोणतीही गोष्ट मागितली की, लगेच मिळायची नाही, संयम ठेवायला लागायचा. हीच बाब तिला संशोधनात उपयोगी पडली. गरिबीची जाणीव असल्यामुळेच तिने पुढे अनेक गरीब विद्यार्थिनींना मदतदेखील केली. प्रसंगी त्यांना स्वतःच्या घरातही ठेवून घेतलं. ऑक्सफर्ड विद्यापीठातील 'स्त्रियांसाठी खास' म्हणून प्रसिद्धीझोतात आलेल्या समर्विल्ले महाविद्यालयात पदवीचं शिक्षण घेण्यासाठी बार्बरा १९३९ साली दाखल झाली. डोरोथी हॉजकिन तिला मार्गदर्शक म्हणून लाभली. डोरोथीचं प्रथिनांवर संशोधन सुरू होतं, ज्याचा अप्रत्यक्ष फायदा सर्व विद्यार्थिनींना होत होता. डोरोथीला मदत करता करता सर्व शिकायला मिळत होतं. यथावकाश बार्बराने १९४३मध्ये पदवी, १९४६मध्ये पदव्युत्तर तर १९४८मध्ये पीएच.डी.देखील याच ठिकाणी पूर्ण केली.

बार्बराची हुशारी आणि चिकाटी डोरोथीच्या खूपच लवकर लक्षात आली होती म्हणूनच पदवीचं शिक्षण पूर्ण व्हायच्या आधीच डोरोथीने तिला स्फटिकशास्त्र विभागात संशोधन साहाय्यक म्हणून ठेवून घेतलं आणि पेनिसिलीन प्रकल्पात काम करायला सांगितलं. पदवीदेखील पूर्ण नाही, अशा अवस्थेत एवढी मोठी जबाबदारी! डोरोथीने सोपवलेल्या जबाबदारीबद्दल बार्बरा म्हणते,

'लोकांना खोल समुद्रामध्ये फेकायला डोरोथीला आवडत असावं, ती तुम्हाला अशा स्फटिकाचं काम करायला सांगते, जे केवळ मायक्रोस्कोपच्या सर्वोच्च क्षमतेवर दिसू शकतात. मला तो क्षण कायम लक्षात राहील, जेव्हा तिने मला काचेच्या एका छोट्या तुकड्यावर असलेल्या रेझिनच्या एका छोट्या स्फटिकावर काम करायला सांगितलं.'

पेनिसिलीनचा शोध जरी १९२८मध्ये लागला असला, तरी त्याचा मनुष्यावर वापर होण्यास नुकतीच सुरुवात झाली होती. आलेल्या निष्कर्षांनी अतिशय आशादायी चित्र उभं केलं होतं, पेनिसिलीन ही संजीवनी ठरणार होती. पूर्वी साध्या जखमांनी प्रसंगी

लोकांचे जीव जात होते, त्यावर ही प्रतिजैविकं उपाय म्हणून आली होती. दुसऱ्या महायुद्धाचं लोण तेव्हा संपूर्ण युरोपमध्ये पसरलं होतं. त्या पार्श्वभूमीवर पेनिसिलिनची प्रचंड गरज होती. पेनिसिलिन शुद्ध स्वरूपात मिळवणं अन् त्यासाठी त्यावर तातडीने अधिक संशोधन होणं गरजेचं होतं. संशोधन म्हणजे केवळ नवीन पदार्थ शोधणं किंवा नवीन तथ्य शोधणं असं नव्हे; उपलब्ध झालेल्या तथ्याकडे जाण्याचे विविध मार्ग शोधणं, हेही संशोधन असू शकतं. या उपलब्ध झालेल्या तथ्यांचा अधिकाधिक चांगला वापर कसा करता येईल, या तथ्यांचं उपयोजन कसं करता येईल, हासुद्धा संशोधन प्रक्रियेचा मोठा आणि महत्त्वाचा भाग असतो. इथे डोरोथीला पेनिसिलिनचं मोठ्या प्रमाणात उत्पादन कसं करता येईल, याचा शोध लावायचा होता. त्यासाठी पेनिसिलिनचं अंतरंग समजून घ्यायचं होतं.

स्फटिकीकरणाचं काम तसं खूपच किचकट. छोट्या नलिकेमध्ये वापरण्याजोगे स्फटिक तयार करण्यासाठी तासन्तास निष्फळ वाया घालवावे लागतात. आणि पेनिसिलीनचा रेणू हा त्या काळात माहीत असलेला सर्वांत मोठा रेणू होता. स्फटिकीकरण प्रक्रियेमध्ये तो साथही देत नव्हता. थोडक्यात, कामही अवघड आणि त्यात ते लवकर पूर्ण व्हावं, अशी सगळ्यांची अपेक्षा. चांगल्या खेळाडूची कामगिरी दबावाच्या प्रसंगी अधिक सुधारते, अगदी तसंच डोरोथी आणि बार्बराबाबत झालं. स्फटिकाला एक्सरे बीममध्ये ठेवून त्याचे विविध अंगाने पुन्हा पुन्हा फोटो काढणे आणि त्याची निरीक्षणं गणितीय सूत्रांमध्ये टाकून पुन्हा पुन्हा तेच विश्लेषण सिद्ध होत आहे का, हे तपासणं, असं हे वेळखाऊ काम होतं. कामाची गती वाढवण्यासाठी संगणकाचा वापर करण्यात आला. तेव्हा संगणक खूप प्राथमिक अवस्थेत होते. पंच कार्डचा वापर त्यांना माहिती पुरवण्यासाठी केला जायचा आणि संगणक दिवसा उपलब्ध नसायचा. दिवसा त्याचा वापर सागरी वाहतुकीच्या नियोजनासाठी केला जायचा. त्यामुळे संगणकाकडून पेनिसिलीन रेणूमधील अणूंची स्थिती समजून घेताना बार्बराला रात्रपाळी करायला लागायची, तिच्यासाठी आवश्यक साहित्याची तयारी डोरोथी करून ठेवत असे.

रात्रंदिवस केलेल्या त्यांच्या प्रयत्नाला यश आलं. 'एक जबरदस्त खबर', बार्बरा डोरोथीला म्हणाली, 'पेनिसिलीन आणि त्याची सर्व दुय्यम उत्पादने यांच्यामध्ये गंधक सापडलं, मोठं गुपित उघड झालं.' १९४५मध्ये डोरोथी, बार्बरा आणि सहकाऱ्यांना पेनिसिलिनची रेण्वीय रचना उलगडण्यात यश आलं. मात्र युद्धकाळातील गुप्तताविषयक नियम तसंच युद्धानंतरच्या काळातील त्यातील व्यावसायिक बाबी यामुळे हे संशोधन तब्बल चार वर्षे उशिरा म्हणजे १९४९मध्ये प्रसिद्ध झालं. त्यानंतर

पेनिसिलिनचं मोठ्या प्रमाणात उत्पादन करता येणं शक्य झालं आणि गंधकाचा वापर इतर प्रतिजैविकांमध्येदेखील केला गेला. युद्ध संपण्याआधी जर हे संशोधन प्रसिद्ध झालं असतं तर नक्कीच मोठ्या आमूलाग्र संशोधनांत याचं नाव नोंदवलं गेलं असतं. आणि बी१२ साठी डोरोथीला मिळालेलं नोबेल कदाचित या शोधासाठीच मिळालं असतं आणि बार्बराबरोबर मिळालं असतं. त्यावेळेस कदाचित अमेरिकेने या दोघींचं पायघड्या घालून स्वागत केलं असतं. त्याआधी साम्यवादी असल्याच्या संशयावरून अमेरिकेने अनेक वेळा दोघींचा व्हिसा नाकारला होता.

बार्बरादेखील तिच्या गुरूप्रमाणे मानवतावादी होती, जगात कुठेच युद्ध व्हायला नको, असं उघडपणे बोलायची. महायुद्ध संपल्यानंतर बार्बराने पोलिश भाषा शिकून घेऊन युद्धात उद्ध्वस्त झालेल्या पोलंडमध्ये मदतकार्य केलं होतं. त्यामुळेच तिच्यावर डाव्या विचारांची समर्थक, असा शिक्का बसला. बार्बरा साम्यवादी आहे, असा ग्रह करून तिच्याशी तिची सहाध्यायी मागरिट रॉबर्ट्स कडकडून भांडली होती. हीच मागरिट रॉबर्ट्स म्हणजेच मागरिट थॅचर नंतर इंग्लंडची पंतप्रधान झाली. पीएच.डी. करून अमेरिकेमध्ये आलेल्या बार्बराने कॅलटेकमध्ये पाऊलिंग यांच्या मार्गदर्शनाखाली पोस्टडॉक्टरल काम सुरू केलं. १९५० ते १९५६ या काळात तिने हार्वर्ड विद्यापीठात जीवभौतिकी रसायनशास्त्राची साहाय्यक प्राध्यापक म्हणून काम केलं. १९५६मध्ये तिला सहयोगी प्राध्यापक म्हणून कोलंबिया विद्यापीठात संधी मिळाली. १९६६ या वर्षी तिला प्राध्यापकपदावर बढती मिळाली. १९९०ला निवृत्त होईपर्यंत ती या पदावर होती, तसेच २०१३ सालापर्यंत, वयाच्या ९३ व्या वर्षीसुद्धा बार्बरा विशेष व्याख्याता म्हणून या विद्यापीठात आपलं योगदान देत होती.

या प्रदीर्घ कालावधीमध्ये तिने प्रोटिन्स, इन्सुलीन, अल्बुमिन याव्यतिरिक्त न्युरोटॉक्सीन विषयावर अतिशय मौलिक संशोधन केलं. प्रोटिन्समध्ये असलेले हेलिक्स तिनेच शोधून काढले. तिचे मार्गदर्शक पाऊलिंग यांच्याशी याबाबत तिचे मतभेद झाले. हेलिक्स ही अल्फा हेलिक्सप्रमाणे काही प्रोटिन्समध्ये आढळणारी संरचना आहे. अल्फा हेलिक्स संरचनेचा शोध लावणारे पाऊलिंग यांना काही प्रोटिन्स यामध्ये अपवाद असल्याचं समजलं होतं, मात्र तिथे छोट्या आकाराचे हेलिक्स असेल असं त्यांना वाटलं नव्हतं. मात्र १५ टक्क्यांपेक्षा जास्त प्रथिनात हेलिक्स हीच संरचना असते, हे बार्बराने पुढे आणलं. बार्बराच्या शोधाची बातमी प्रसिद्ध झाल्यावर त्यांनी हेलिक्स ही संकल्पना सपशेल नाकारली. मात्र जेव्हा त्यांना समजलं, की आपण समजतो त्याप्रमाणे हेलिक्स हे अल्फा हेलिक्स आणि गॅमा हेलिक्स यांच्या 'मधले काही तरी' नाही, त्या

वेळी त्यांनी आपली चूक कबूल करत बार्बरा यांच्या संशोधनाकडे दुर्लक्ष झाल्याचं मान्य केलं. दोघांचंही संशोधन योग्य होतं. अर्थात, या प्रसंगानंतर त्या दोघांमध्ये कटुता आली नाही.

बार्बराने न्यूरोटॉक्सीनवर केलेलं कामही खूप उल्लेखनीय म्हणावं लागेल. प्रशांत महासागरात आढळून येणाऱ्या अतिविषारी समुद्रसापांमध्ये असलेल्या विषावर प्रतिविष शोधून काढण्यात बार्बराचं योगदान महत्त्वाचं आहे. दंशानंतर या सापाचं विष रक्तात भिनलं की, सजीवाच्या चेतासंस्थेवर हल्ला करतं. यामध्ये त्या सजीवाचा मृत्यू हमखास ठरलेलाच! या विषामध्ये असणाऱ्या घटकांची त्रिमितीय रचना बार्बराने शोधून काढल्याने त्यावर उपाय करणं शक्य झालं आहे. संशोधनाशिवाय तिने महिला शास्त्रज्ञांना प्रोत्साहन दिलं, ते तिचं कामही खूपच महत्त्वाचं आहे. ऑक्सफर्डमध्ये तिने डोरोथीवर झालेला अन्याय पाहिला होता. आता आणखी कोणत्या स्त्री-शास्त्रज्ञावर अन्याय व्हायला नको, या मतापर्यंत ती आली होती. त्यात तिच्या मनावर आघात करणारा एक प्रसंग घडला. अमेरिकेमध्ये ती साहाय्यक प्राध्यापक म्हणून रुजू झालेली असताना एका बैठकीसाठी हजर राहिली. तिने सभागृहात पाऊल ठेवताच बाकीच्या प्राध्यापकांनी तिचं 'ए चहावाली, आता लगेच नको येऊस, थोड्या वेळाने ये', असं स्वागत केलं. सर्व प्राध्यापकांना वाटलं होतं की, चहावाली बाई आली. एक स्त्री प्राध्यापिका असेल असं त्यांना वाटलं नव्हतं. हा अपमान तेव्हा तिने गिळला, मात्र त्याचा बदला आपल्या पुढील आयुष्यातील कृतीतून घेतला.

महिला आणि वांशिक अल्पसंख्याक यांच्यासाठी संशोधन क्षेत्रं खुली करण्यासाठी बार्बराने जीवनभर प्रयत्न केले. तिच्या प्रयोगशाळेमध्ये अधिकाधिक स्त्रियांना नोकरीची तसेच संशोधनाची संधी दिली. कोलंबिया विद्यापीठाच्या सकारात्मक कृती समितीच्या

> बार्बराने न्यूरोटॉक्सीनवर केलेलं कामही खूप उल्लेखनीय म्हणावं लागेल. प्रशांत महासागरात आढळून येणाऱ्या अतिविषारी समुद्रसापांमध्ये असलेल्या विषावर प्रतिविष शोधून काढण्यात बार्बराचं योगदान महत्त्वाचं आहे. दंशानंतर या सापाचं विष रक्तात भिनलं की, सजीवाच्या चेतासंस्थेवर हल्ला करतं. यामध्ये त्या सजीवाचा मृत्यू हमखास ठरलेलाच! या विषामध्ये असणाऱ्या घटकांची त्रिमितीय रचना बार्बराने शोधून काढल्याने त्यावर उपाय करणं शक्य झालं आहे.

माध्यमातून तिने अतिशय हिरीरीने समता प्रस्थापित करण्याचा प्रयत्न केला. केवळ संशोधनासाठी नाही, तर 'या विविधतेची पाईक' म्हणून आपल्याला ओळखावं, अशी इच्छा तिने अनेक वेळा व्यक्त केली होती. डोरोथीची आदर्श शिष्या ठरत असताना बार्बरा अनेक शास्त्रज्ञांची आदर्श गुरूही झाली. तिच्याबद्दल डोरोथीला नक्कीच अभिमान वाटला असेल. वेगवेगळ्या संस्थांमध्ये काम करत असल्या, तरी त्या दोघींचा संवाद कायम राहिला होता.

विज्ञान जगतातील नवीन घडामोडी, बदलांविषयी डोरोथी अतिशय जागरूक आणि उत्साही होती. १९५३मध्ये जेव्हा वॉटसन आणि क्रिकने डीएनएचे द्विसर्पिल म्हणजे हेलिक्स मॉडेल तयार केल्याचं तिला समजलं, तेव्हा आपल्याकडील स्टाफसह ऑक्सफर्ड ते केंब्रिजचा प्रवास करून ती ते पाहायला गेली. ते मॉडेल पाहणारी केंब्रिजबाहेरील ती पहिली व्यक्ती होती. तेव्हा जर तिला या मॉडेलमागे रोझलिंड फ्रँकलिनचं योगदान असून तिचं नाव डावललं जातं आहे, असं समजलं असतं तर ती वॉटसन, क्रिकवर नक्कीच तुटून पडली असती. डोरोथीने इन्सुलिनचा फोटो काढल्यानंतर पुढच्याच वर्षी चीनमधील काही संशोधकांनी तिच्यापेक्षा सुस्पष्ट असा इन्सुलिनचा फोटो काढला, त्या वेळी ती चीनमध्येही आवर्जून जाऊन तो फोटो पाहून आली. तिचा हा स्वभाव खूपच विलक्षण होता. ना ईर्ष्या, ना मत्सर... केवळ खुल्या दिलाने स्वागत करणं, हेच तिला ठाऊक होतं.

आज महत्त्वाचं साधन झालेलं 'क्रिस्टलोग्राफी तंत्रज्ञान' विकसित करण्यात डोरोथीचा सिंहाचा वाटा असेल.

ती म्हणायची, 'एखाद्या घटकाची रासायनिक संरचना समजून घेण्यासाठी क्ष-किरणांचा वापर करणं, ही खूपच अद्भुत बाब आहे, कारण हे तंत्रज्ञान तुम्हाला पूर्णपणे अनपेक्षित, आश्चर्यजनक मात्र तरीही अगदी अचूकपणे त्या घटकाचं अंतरंग दाखवत असतं.' त्याच वेळी ती या तंत्रज्ञानाची मर्यादाही मान्य करते.

ती म्हणते, 'मी असा दावा करत नाही की क्ष-किरणांमुळे आपण सर्वच घटकांची संरचना समजून घेऊ शकू, काही घटक असे जटिल असतील की, त्यांची संरचना क्ष-किरणं कदाचित उलगडू शकणार नाहीत. बहुतांश वेळ मी अशा घटकांवर घालवला आहे, ज्यांची संरचना मी उलगडू शकले नाही. मी ज्या घटकांची संरचना उलगडू शकले, त्यावर तुलनेने कमी वेळ खर्च झाला.' विनम्रता आणि मर्यादा मान्य करणं ही विज्ञानाची सर्वात महत्त्वाची पायरी असते, जी डोरोथीमध्ये प्रकर्षाने दिसून येते.

१९६४मध्ये डोरोथीला नोबेल पारितोषिक मिळालं. क्ष-किरणांच्या साहाय्याने जैवरासायनिक पदार्थांचं अंतरंग उलगडण्याबद्दल तिला हा पुरस्कार मिळाला होता. डोरोथी जरी कम्युनिस्ट पक्षाशी प्रत्यक्ष संबंधित नसली, तरी तिचा नवरा पक्षाचा अधिकृत सदस्य होता. याच कारणांमुळे १९५३मध्ये तिला अमेरिकेत येण्यास बंदी घालण्यात आली. नंतर अनेक वर्षांनी ती उठवली गेली. तिला कोणत्याही राजकीय पक्षापेक्षा विज्ञान आणि लिंगभेदविरहित समता ही तत्त्वं जास्त महत्त्वाची होती. डोरोथी ज्या महाविद्यालयामध्ये शिकली, त्या समरविले महाविद्यालयाच्या प्राचार्या डॉ. एलिस प्रोचास्का तिच्याबद्दल असं म्हणतात, 'आमच्या महाविद्यालयातून अनेक शास्त्रज्ञ शिकले, पुढे गेले. मात्र डोरोथीप्रमाणे कल्पनाशक्ती आणि तर्कबुद्धी यांचा सुंदर मिलाफ क्वचितच पाहायला मिळतो. तिच्या प्रयत्नामुळेच कॉलेस्ट्रॉल, व्हिटॅमिन बी, पेनिसिलीन, इन्सुलिन यांचं अंतरंग उलगडता आलं, ज्यामधून या मानववंशाचं कल्याण झालं आहे.'

'मानवता हेच सर्वोच्च मूल्य आहे' हे वाक्य आपण अनेक वेळा ऐकतो, जास्तच मारा झाल्याने या वाक्याची धार निघून गेली आहे. मात्र आपल्या संपूर्ण आयुष्यात मानवता हेच मूल्य जगणारी डोरोथी ही आपल्याला मानवता, प्रेम, ममता यांचा नवा अर्थ शिकवून गेली आहे. आइनस्टाइन आणि बर्ट्रांड रसेल यांनी सुरू केलेल्या जागतिक शांती आणि शस्त्रसंधी अभियानात डोरोथीनेही कृतिशील सहभाग घेतला आणि त्याचा जास्तीत जास्त प्रचार केला. १० डिसेंबर १९६४ रोजी आपलं नोबेल पारितोषिक स्वीकारत असताना तिने मानवतेच्या प्रचाराची संधी सोडली नाही. ती म्हणाली,

'आपण सर्व नोबेल विजेते जगाच्या विविध देशांतून आलेलो आहोत, आपण इथे विज्ञानाच्या विविध विषयांवर चर्चा करणार आहोत, मात्र या वर्षी नोबेल मिळालेली एकमेव स्त्री म्हणून मी आपल्या सर्वांना आवाहन करू इच्छिते की, भविष्यात स्त्रियांना सर्वच क्षेत्रांत पुरुषांप्रमाणेच समान संधी मिळेल, यासाठी आपण प्रयत्न करू या. मानवी हक्क संकल्पना जगासमोर मांडणाऱ्या थॉमस पेनच्या देशाची रहिवासी म्हणून मी एक आवाहन करू इच्छिते की, आपण या जगात पुन्हा युद्ध होणार नाहीत, शांतता प्रस्थापित होईल यासाठी प्रयत्न करू या.'

अॅन सेयर ही लेखिका म्हणते, 'मनाची निर्मळता, विचारांची व्यापकता, सुपीक बुद्धी आणि उदार अंतःकरण या सर्व गुणांनी नटलेल्या डोरोथी आणि बार्बराशी दुसरी कोणती व्यक्ती स्पर्धा करू शकणार नाही. त्यांनी आयुष्यात जे शोध लावले, केवळ त्यासाठीच दोघी ओळखल्या जाणार नाहीत. ज्यांना डोरोथीचा सहवास लाभला, ते

तिच्या शांत, बुजऱ्या मात्र तरीही प्रचंड प्रभावी व्यक्तिमत्त्वाने दिपून जात असत. जे ज्ञान तिच्याकडून प्रत्यक्ष मिळायचं, त्यापेक्षा बरंच काही ती अप्रत्यक्षपणे शिकवून जायची. त्यामुळे तिला तिच्या विद्यार्थ्यांकडून आदर, मान, कृतज्ञता तर मिळतेच, पण त्याबरोबरीने इतर कुणाला मिळणार नाही, एवढं प्रेमदेखील मिळालं. प्रेम हीच तिची शेवटची आठवण असेल.'

चालता येत नव्हतं तेव्हाही अगदी व्हीलचेअरवरून जाऊन डोरोथीने तरुण शास्त्रज्ञांना मार्गदर्शन केलं. जगभर फिरून तिने स्फटिकीकरणशास्त्र सोपं करून सांगितलं. त्यामुळे जगाच्या कानाकोपऱ्यात तिचे शिष्य आढळून येतात. आपल्या विद्यार्थ्यांवर अगदी कुटुंबाप्रमाणे प्रेम केलं. अनेक वेळा ती त्यांना घरी न्यायची, खाऊ-पिऊ घालायची, आईची माया द्यायची. त्यांना राहायच्या आणि संशोधनाच्या ठिकाणी पुरेशा सोयी मिळत आहेत की नाही, याची दक्षता घ्यायची. कित्येकांचं आजारपणही तिने काढलं. म्हणूनच शिक्षण पूर्ण झालं तरी हे विद्यार्थी तिच्या संपर्कात असायचे. अमेरिकन शास्त्रज्ञ कॅनडामधून आलेल्या शास्त्रज्ञाला मदत करत आहे, भारतातून तिकडे गेलेला शास्त्रज्ञ, पाकिस्तानी शास्त्रज्ञाला त्याचा प्रबंध पूर्ण करताना दुरुस्ती सुचवत आहे, असं देशाच्या सीमारेषा पुसणारं चित्र डोरोथीमुळे शक्य व्हायचं. तिथे सगळे एका कुटुंबाचे सदस्य असल्याप्रमाणे एकमेकाला मदत करायचे.

भारताशी डोरोथीचं विशेष नातं होतं. तिने अनेक वेळा भारताला भेटी दिल्या, अगदी आपल्या देशाचा कानाकोपरा धुंडाळला. काझीरंगा अभयारण्यात एकशिंगी गेंडादर्शन असो अथवा हजारो पशु-पक्ष्यांची विविधता पाहणं, ती भारत आणि विशेषतः आसामच्या प्रेमात पडली. तिने भारतात अनेक विज्ञान परिषदांमध्ये भाग घेतला, शेकडो व्याख्याने दिलीच, मात्र त्याच वेळी ती भारताची सांस्कृतिक जडणघडण समजून घेण्यासदेखील उत्सुक होती. कृष्ण महोत्सवात संगीत आणि दिव्यांचा वापर पाहून ती थक्क झाली, भारताच्या रसरसत्या सांस्कृतिक वैभवाने आणि निसर्गाने तिला भुरळ पाडली. कांचनगंगावर पहाटेची पहिली सूर्यकिरणं पडताना पाहण्यासाठी ही माउली पहाटे चार वाजता टायगर पॉइंटवर पोहोचली होती. कांचनगंगाचं वर्णन ती सोन्याचा पिरॅमिड असा करते. एका दौऱ्यात तिला सिलिगुडी विद्यापीठात व्याख्यानासाठी बोलावलं, तेव्हा बंगालचा हा उत्तर भाग नक्षलग्रस्त समजला जात होता. मात्र डोरोथीने निडरपणे तिथे जाऊन व्याख्यान दिलं. ती म्हणाली, 'एवढे तरुण, तरुणी माझ्याशी संवाद साधायला उत्सुक असतील, तर मी व्याख्यान नाकारायचा प्रश्नच नव्हता.'

तिच्या या निष्ठेमुळे भारतात स्फटिकीकरणशास्त्राचा विस्तार व्हायला मदत झाली.

भारतात स्फटिकीकरणशास्त्र सी. व्ही. रामन यांनी आणलं होतं. युरोप दौऱ्यात त्यांची भेट सर विल्यम हेन्री ब्रॅग यांच्याशी झाली होती, त्यांच्याशी चर्चा करताना रामन यांना या नव्या तंत्रज्ञानाची महती समजली होती, त्यांनी भारतात बेंगलोर (आजचं बेंगळुरू) येथील *इंडियन इन्स्टिट्यूट ऑफ सायन्स* इथे त्यावर पुढील प्रयोग सुरू केले. त्यातून गोपीनाथ कार्था यांच्यासारखे अनेक शास्त्रज्ञ तयार झाले. जगभरातील तरुण शास्त्रज्ञांना स्फटिकीकरण शास्त्रातील खाचाखोचा समजावून सांगण्याची मदत डोरोथीने केली. रामसेशन आणि त्यांचा विद्यार्थी एम. ए. विश्वामित्र यांना डोरोथीचं मार्गदर्शन लाभलं होतं. वेंकटेसन, ज्यांचं नाव छोटं करून डोरोथीने 'वॉन' केलं होतं, त्यांना बी१२ व्हिटॅमिनवर संशोधन करण्याबाबत डोरोथीनेच सुचवलं होतं, पुढे त्यांना मार्गदर्शनही केलं होतं. डोरोथीला जेव्हा नोबेल पारितोषिक जाहीर झालं, तेव्हा ती घानाच्या दौऱ्यावर गेली होती. तिथे असताना तिला ही गोड बातमी देण्याची संधी वेंकटेसन यांनाच मिळाली होती. वेंकटेसन आणि त्यांची संशोधक पत्नी जेव्हा विद्यापीठातून घरी आले, तेव्हा त्यांच्या आठ-दहा वर्षांच्या मुलांनी त्यांना दारात असतानाच ओरडून ही बातमी दिली की, आपल्या डोरोथीला नोबेल पारितोषिक मिळालं आहे, आम्ही आताच टीव्हीवर पाहिलं. भारतीय शास्त्रज्ञांच्या मुलांना डोरोथी 'आपली' वाटली, यातच तिचा स्वभाव कसा असेल, हे लक्षात येतं.

विश्वामित्र, ज्यांचं नाव छोटं करून डोरोथीने 'मित्रा' केलं होतं, त्यांना पीएच.डी.ने सन्मानित करण्यात आलं आणि त्यांच्याकडे एम. विजयन हा विद्यार्थी फेलो आला. विजयनच्या व्हायवा पॅनलमध्ये डोरोथी परीक्षक होती, तेव्हाच तिला विजयन यांची हुशारी लक्षात आली होती. १९६७मध्ये भारत दौऱ्यावर आली असता तिने विजयनची भेट घेतली आणि आपल्या इन्सुलिन ग्रुपमध्ये काम करण्याचं आमंत्रण दिलं. विजयन म्हणतात, 'त्या वेळी अनेक हितचिंतक सहकाऱ्यांनी मला सुचवलं की, डोरोथी अनेक दशकं याच विषयात काम करत आहे, मात्र तिला अजून यश आलेलं नाही. मला भारतात प्रोटिन ग्रुप सुरू करायचा होता आणि त्यासाठी आवश्यक प्रशिक्षण डोरोथीपेक्षा अधिक चांगलं कुणी देऊ शकत नव्हतं, म्हणून मी तिचा ग्रुप जॉईन केला.'

विजयन तेव्हा आपली चाग्दत्त बायको कल्याणीला भारतात सोडून तिकडे गेले. पुढे कल्याणीदेखील संशोधन करायला तिकडे गेली आणि दोघांचं लग्न या इन्सुलिनप्रेमी शास्त्रज्ञांच्या गटाच्या साक्षीने झालं. विजयन-कल्याणीचा समावेश झाला आणि इन्सुलिन ग्रुपचं संशोधन फळाला आलं. पस्तीस वर्षांचा प्रदीर्घ कालावधी आणि प्रचंड चिकाटीनंतर इन्सुलिनचं अंतरंग उलगडण्यात डोरोथीला यश आलं होतं.

डोरोथी म्हणते, 'प्रत्येक संशोधनात दोन महत्त्वाचे क्षण असतात. पहिला, जेव्हा तुम्ही एखाद्या समस्येवर उपाय शोधू शकता, याची तुम्हाला खात्री वाटते, तो क्षण. नंतर तुम्ही तो शोध लावेपर्यंत बैचेन होता, तुमची झोप उडते, मात्र तुमच्या ध्येयाचा पाठलाग करताना तुम्ही अथक काम करता आणि अखेरीस तो क्षण येतो जेव्हा तुम्ही उपाय शोधलेला असतो. मात्र त्यासाठी प्रचंड चिकाटी लागते, खूप मोठी तपस्या करायची तयारी लागते.' अशी साधना असलेली ही तपस्विनी तिला जमेल तेवढं हे जग सुंदर करून गेली.

ती म्हणते, 'माझं संपूर्ण आयुष्य केवळ रसायनशास्त्र आणि क्रिस्टलोग्राफी यांनीच व्यापलं होतं.' आणि ते शब्दशः खरं आहे. स्ट्रोक येऊन वयाच्या ८४ व्या वर्षी तिचं निधन झालं. २९ जुलै १९९४रोजी आपल्या गावी तिने शेवटचा श्वास घेतला.

तिच्या तपस्येला, संयमी संशोधक वृत्तीला अभिवादन करत असतानाच आपल्याला ही बाब गंभीरपणे पाहावी लागेल की, इंग्लंड असो अथवा अमेरिका, स्त्री-शास्त्रज्ञांना आपलं स्थान मिळवण्यासाठी झगडावं लागलंच आहे. भारताप्रमाणे जगात सगळीकडेच ही परिस्थिती दिसते. या विषमतेला उत्तर देताना द्वेषाची भावना न आणता सकारात्मक उत्तर दिलं पाहिजे. केवळ मनुस्मृतीच्या नावे बोटं न मोडता वैज्ञानिक दृष्टिकोनाचा प्रचार कसा होईल, याचा विचार केला पाहिजे. आपल्या आसपास पोथीपुराणामधील भाकडकथा वाचण्यात अडकलेल्या स्त्रियांना, सणासुदीला नटून थटून केवळ शोभेची बाहुली बनणाऱ्या स्त्रियांना चिकित्सा करण्यास प्रवृत्त केलं पाहिजे आणि हे केवळ संवादातूनच घडू शकेल. उपहासाने नाही, तर आपुलकीने हे घडू शकेल. त्यासाठी डोरोथीने रेणूंची जटिल संरचना स्पष्ट करतानाच संशोधन क्षेत्रातील पुरुषप्रधान संस्कृतीला आव्हान दिलं. इन्सुलिनची रचना शोधण्यासाठी तब्बल ३५

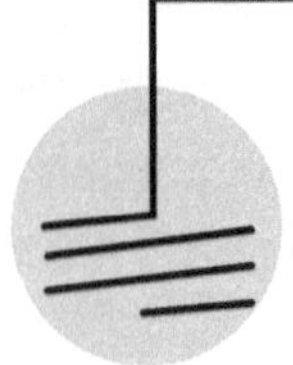

डोरोथी म्हणते, 'प्रत्येक संशोधनात दोन महत्त्वाचे क्षण असतात. पहिला, जेव्हा तुम्ही एखाद्या समस्येवर उपाय शोधू शकता, याची तुम्हाला खात्री वाटते, तो क्षण. नंतर तुम्ही तो शोध लावेपर्यंत बैचेन होता, तुमची झोप उडते, मात्र तुमच्या ध्येयाचा पाठलाग करताना तुम्ही अथक काम करता आणि अखेरीस तो क्षण येतो जेव्हा तुम्ही उपाय शोधलेला असतो. मात्र त्यासाठी प्रचंड चिकाटी लागते, खूप मोठी तपस्या करायची तयारी लागते.' अशी साधना असलेली ही तपस्विनी तिला जमेल तेवढं हे जग सुंदर करून गेली.

वर्षे विज्ञानाची तपस्या करणारी ही तपस्विनी. संशोधन क्षेत्रात उल्लेखनीय कामगिरी करतानाच तिने आपल्या मार्गदर्शनाखाली जगभरातील स्त्री-शास्त्रज्ञांच्या अनेक पिढ्या घडवल्या. राजकीय तत्त्वप्रणाली, देशाच्या सीमा, वर्ण आणि वंश यांच्या कृत्रिम भिंती डोरोथीच्या अध्यापनाच्या आड कधीच आल्या नाहीत. म्हणूनच वेगवेगळ्या पक्षाच्या समर्थक असल्या तरीदेखील इंग्लंडच्या पंतप्रधान मागरिट थॅचर यांच्या कार्यालयामध्ये डोरोथीचं छायाचित्र लावलेलं असे.

दृष्टिक्षेप

- सोळाव्या वाढदिवशी डोरोथीला आईकडून एक पुस्तक भेट मिळालं, त्यातून स्फटिकशास्त्राचा अभ्यास करण्याची प्रेरणा तिला मिळाली.

- इन्सुलिनची रचना शोधण्यासाठी तब्बल ३५ वर्षे विज्ञानाची तपस्या करणारी. संशोधन क्षेत्रात उल्लेखनीय कामगिरी करतानाच तिने आपल्या मार्गदर्शनाखाली जगभरातील स्त्री-शास्त्रज्ञांच्या अनेक पिढ्या घडवल्या.

- राजकीय तत्त्वप्रणाली, देशाच्या सीमा, वर्ण आणि वंश यांच्या कृत्रिम भिंती डोरोथीच्या अध्यापनाच्या आड कधीच आल्या नाहीत. म्हणूनच वेगवेगळ्या पक्षाच्या समर्थक असल्या तरीदेखील इंग्लंडच्या पंतप्रधान मागरिट थॅचर यांच्या कार्यालयामध्ये डोरोथीचं छायाचित्र लावलेलं असे.

कमला सोहोनी
पहिली भारतीय महिला शास्त्रज्ञ

भारतातील पहिली संशोधिका असलेल्या कमला सोहोनी यांना आयुष्यभर डोंगराएवढं काम करूनदेखील प्रसिद्धीचं वलय फारसं लाभलं नाही. संशोधन करायची संधी मिळावी म्हणून सत्याग्रह करणारी ही अवलिया. जेव्हा स्त्री म्हणून तिला सी. व्ही. रामन यांच्याकडून संस्थेमध्ये प्रवेश नाकारला गेला, तेव्हा कमलाने चक्क सत्याग्रह केला होता. आपल्या हक्कासाठी पुरुषी मानसिकतेविरुद्ध भांडून कमलाने केवळ प्रवेश मिळवला नाही, तर भविष्यकाळात स्वतःला सिद्ध करून दाखवलं. त्यानंतर त्या संस्थेत स्त्री म्हणून कोणत्याही उमेदवाराला प्रवेश नाकारला गेला नाही. भारतात शास्त्रज्ञांच्या अनेक पिढ्या घडवणाऱ्या कमला सोहोनी विज्ञानक्षेत्रामध्ये आपला अमीट ठसा उमटवून गेल्या आहेत.

आपल्यापैकी अनेक जण कमला सोहोनी हे नाव इथे पहिल्यांदा वाचत असतील... चूक आपली नाहीये. आपल्या देशात आजवर विज्ञानाला आणि वैज्ञानिकांना पुरेसा सन्मान आणि संधी मिळाली नाही. आपल्या शिक्षण आणि समाजव्यवस्थेत असलेल्या उणिवा याला कारणीभूत आहेत. आज शालेय विद्यार्थ्यांपासून अगदी विज्ञानाच्या शिक्षकांनादेखील वैज्ञानिकांची नावं विचारली तर होमी जहांगीर भाभा, सी. व्ही. रामन, जगदीशचंद्र बोस, ए. पी. जे. अब्दुल कलाम, जयंत नारळीकर यांसारख्या पाच-दहा

प्रसिद्ध नावांच्या पुढे त्यांची यादी सरकत नाही. विशेष म्हणजे या नावांमध्ये एकही स्त्री नसते. अशा वेळी भारतातली पहिली स्त्री शास्त्रज्ञ कोण, असं विचारलं तर त्यांची विकेट पडू शकते. कारण कमला सोहोनी यांचं नाव फारसं कुणाला ठाऊक नसतं.

आयुष्यभर डोंगराएवढं काम करूनही कमला सोहोनी उपेक्षितच राहिल्या. त्यांना प्रसिद्धीचं वलय फारसं लाभलं नाही. संशोधन करायला संधी मिळावी म्हणून सत्याग्रह करणारी ही विदुषी. होय, त्या काळी महिलांना संशोधन क्षेत्रामध्ये प्रवेश दिला जात नव्हता, तेव्हा हिने चक्क सत्याग्रह केला होता, तोदेखील नोबेलविजेते शास्त्रज्ञ सी. व्ही. रामन यांच्याविरुद्ध, परंपरेने घडवलेल्या त्यांच्या पुरुषी मानसिकतेविरुद्ध. हक्कासाठी भांडून तिने संशोधन क्षेत्रात केवळ प्रवेश मिळवला नाही तर भविष्यकाळात स्वतःला सिद्धदेखील करून दाखवलं. रामन यांना त्यांची चूक मान्य करायला लावली. खरं तर कमला सोहोनी यांची गोष्ट हा नक्कीच सिनेमाचा एक विषय होऊ शकतो. कारण त्यांच्या कार्यामुळे विज्ञानाच्या क्षेत्रात मोलाची भर पडली आहे.

असं म्हणतात की, प्राचीन काळात स्त्रिया संशोधनांमध्ये आघाडीवर होत्या. आधुनिक काळात फ्रान्समध्ये मादाम मेरी क्युरीने सर्वप्रथम संशोधनामध्ये आपला ठसा उमटवला. नंतर जर्मनीच्या लीझ माईटनरनेदेखील आपल्या कामातून स्वतंत्र ओळख निर्माण केली. लीझचं काम पाहून कौतुक करताना अल्बर्ट आइनस्टाइन म्हणायचा की, ही आमची (जर्मनीची) मेरी क्युरी आहे. त्याच आशयाने बोलायचं तर कमला सोहोनी म्हणजे भारताची मेरी क्युरी... आपली मेरी क्युरी... कमलाचा जन्म मध्य प्रदेशात इंदोर शहरात १८ जुलै १९११ रोजी झाला. राष्ट्रीय एकात्मतेचं अगदी आदर्श उदाहरण म्हणून कमलाचं नाव घेता येईल. मध्य प्रदेशात राहणाऱ्या महाराष्ट्रीय कुटुंबात तिने जन्म घेतला, कर्नाटकमध्ये शिक्षण घेतलं, पुढे दिल्ली आणि तामिळनाडूमध्ये नोकरी केली. कमला सोहोनी हे त्यांचं लग्नानंतरचं नाव, त्या पूर्वाश्रमीच्या कमला भागवत. हे कमळ भागवतांच्या अतिशय सुंदर बागेमध्ये फुललं होतं.

भागवत कुटुंब हे महाराष्ट्रातील अतिशय सुशिक्षित पुढारलेलं कुटुंब. कमलाची आजीदेखील मॅट्रिक पास, इंग्रजी बोलणारी होती, यावरून विचार करा. राजारामशास्त्री भागवत हे खूप मोठं नाव... समाजसुधारक, अभ्यासक, शिक्षक, चिंतक, तत्त्वज्ञ, लेखक... एक काळ त्यांनी आपल्या लेखणीने आणि वक्तृत्वाने गाजवला होता. कमलाची आजी ही त्यांची बहीण. कमलाचे वडील नारायणराव आणि चुलते माधवराव हे दोघंही बंगळुरूच्या *इंडियन इन्स्टिट्यूट ऑफ सायन्समधून* पासआउट झालेले होते. (तेव्हा त्या संस्थेचं नाव, *टाटा इन्स्टिट्यूट ऑफ सायन्स* असं होतं.) इंदिरा गांधींच्या

हुकूमशाहीविरुद्ध परखडपणे आवाज उठवणाऱ्या प्रसिद्ध लेखिका दुर्गा भागवत या कमलाच्या मोठ्या ताई बरं का! या दोघींना विमला नावाची अजून एक छोटी बहीण होती, जिने पुढे *जेजे कॉलेज ऑफ आर्ट्स*मधून शिक्षण घेऊन कलेची सेवा केली आहे. तीनही मुलींना अतिशय निकोप वातावरण मिळाल्याने त्यांच्या व्यक्तिमत्त्वाची जडणघडण अतिशय उत्तम झाली.

कमलाचं कार्य पाहून असं वाटतं की, ती काळाच्या खूप आधी जन्माला आली होती. पण योगायोग पाहा. कमला खरंच मुदतपूर्व जन्माला आलेली बालिका होती. मात्र तरीही एकदम गुटगुटीत होती बरं का! सगळ्यांचं लक्ष चुकवून माती खाण्याचा लहानग्या कमलाला छंद होता. दुर्गाताईप्रमाणे इकडून तिकडे माकडउड्या मारणं, कुणाचे पेरू चोरून आणणं वगैरे तिला आवडत नसे. त्यापेक्षा बैठे खेळ तिला आवडायचे. घरची भक्कम शैक्षणिक पार्श्वभूमी लाभलेली कमला अभ्यासामध्ये आणि खेळामध्ये अतिशय हुशार होती. तिचे काका माधवराव हे तिचे आदर्श. काकादेखील तिच्याप्रमाणेच गोलूमोलू होते. गुटगुटीत एकदम. त्यामुळे काकांप्रमाणेच आपल्यालादेखील रसायनशास्त्रज्ञ व्हायचं, हे तिने लहानपणापासून डोक्यात घेतलं होतं, जेव्हा दुर्गाताई सर्कसमध्ये काम करणारी मुलगी होण्याचं स्वप्न पाहत होती.

कमलच्या आत्या सीताबाई भागवत या स्वतः जीवशास्त्राच्या अभ्यासक होत्या. त्यांच्या सहवासात या मुली फुलं, पानं, बेडूक, शंख, शिंपले, पक्ष्यांचे पंख गोळा करायला शिकल्या, निसर्ग वाचायला शिकल्या, निसर्गातील सर्व घटकांचं सहअस्तित्व कसं असतं, हे समजून घ्यायला शिकल्या. थोरोचं साहित्यवाचन आणि आत्याचा सहवास, त्यामुळे या बहिणींचं बालपण निसर्गमय होऊन गेलं. पुढे याचा उपयोग एका बहिणीने चित्रकलेत केला, एका बहिणीने ऋतुचक्रसारखं पुस्तक लिहिण्यात केला, तर एका बहिणीने या निसर्गातून अधिकाधिक पोषक तत्त्वं कशी मिळवता येतील, यासाठी केला. कमलाचं प्राथमिक शिक्षण इंदोरला पूर्ण झालं. माध्यमिक शिक्षण नाशिकमध्ये झालं. याच काळात गांधीजी आणि कस्तुरबा नाशिकमध्ये येऊन गेले. तेव्हा गांधीजींचं भाषण ऐकायला या बहिणी गेल्या होत्या. त्यांच्या मनावर गांधीजींचा अमीट ठसा उमटला तो याच कोवळ्या वयात. आयुष्यभर या बहिणी प्रसिद्धीच्या शिखरावर असूनदेखील अगदी साध्या राहिल्या, त्याचं कारण आपल्याला या लहानपणाच्या जडणघडणीमध्ये समजतं.

पुढे *मुंबई विद्यापीठातून* रसायनशास्त्र हा मुख्य विषय आणि भौतिकशास्त्र हा उपविषय घेऊन कमला विज्ञानाची पदवीधर झाली. वर्ष होतं, १९३३. विज्ञानाची

पदवी मिळवणारी भारतातील पहिली स्त्री. तिने नुसती पदवीच नाही मिळवली, तर विद्यापीठात ती पहिली आली. पुढील शिक्षणासाठी तिला *सत्यवती लल्लुभाई श्यामलदास स्कॉलरशिप* मिळाली. वडील आणि चुलते यांच्या पावलावर पाऊल ठेवून पुढे शिकायचं कमलाने ठरवलं. कमलाचा जन्म झाला, त्याच वर्षी १९११मध्ये तिचे वडील हे *टाटा इन्स्टिटट्यूट ऑफ सायन्स, बंगळुरूमधून ऑरगॅनिक केमिस्ट्रीमध्ये* एम.एससी. झाले होते. (संस्थेतून बाहेर पडलेली पहिली बॅच.) काकांनीदेखील इथेच संशोधन करून मुंबई विद्यापीठात प्रबंध सादर केला होता आणि सन्मानाचं *मूस गोल्ड मेडल* मिळवलं होतं.

कमलाने एम.एससी. करण्यासाठी बंगळुरूच्या *टाटा इन्स्टिटट्यूट ऑफ सायन्समध्ये* अर्ज केला. या संस्थेत स्त्री उमेदवाराकडून आलेला हा पहिला अर्ज होता. साहजिकच तिचा अर्ज फेटाळला गेला. हार मानेल ती कमला कसली! तिने वडिलांना बरोबर घेऊन बंगळुरूची ट्रेन पकडली. डॉ. सी. व्ही. रामन हे तेव्हा *टाटा इन्स्टिटट्यूट ऑफ सायन्सचे* संचालक होते. या संस्थेचा इतिहास खूप गौरवशाली आहे. जमशेदजी टाटा यांनी विवेकानंदांकडून प्रेरणा घेऊन भारतामध्ये मूलभूत संशोधन करता येईल अशी संस्था असावी, अशी संकल्पना मांडली. म्हैसूरच्या वडियार राजासाहेबांनी ती उचलून धरली. त्यांनी त्यासाठी जमीन दिली, हैदराबादच्या निजामाकडूनही भरपूर आर्थिक मदत मिळाली. या सर्वांच्या सहकार्याने देशातील पहिलं पब्लिक प्रायव्हेट मॉडेल उभं राहिलं. या संस्थेमुळे भारतात विज्ञान रुजायला लागलं. तरुण वैज्ञानिकांचं आशास्थान, प्रेरणास्थान म्हणून *टाटा इन्स्टिटट्यूट ऑफ सायन्स* नावारूपाला आलं. या संस्थेत शिकायला मिळावं, हे देशभरातील विज्ञानप्रिय तरुणांचं स्वप्न ठरू लागलं.

संस्थेचे पहिले तीन संचालक हे ब्रिटिश शास्त्रज्ञ होते. त्यांनी इथे संशोधन आणि इतर सर्व बाबींमध्ये काटेकोर शिस्तीची परंपरा रुजवली. १९३०मध्ये नोबेलविजेते डॉ. सी. व्ही. रामन यांना या संस्थेचा कारभार स्वीकारण्यासाठी विचारणा करण्यात आली.

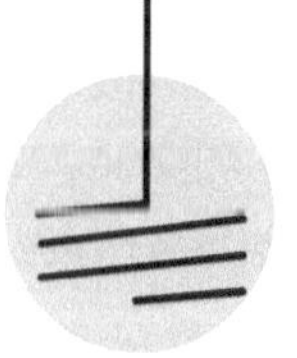

दूध आणि कडधान्य यावर तिचे शोधनिबंध प्रसिद्ध झाले. मानव, गाय, म्हैस, बकरी, मेंढी, गाढवी यांच्या दुधातील प्रथिनांचा तिने तुलनात्मक अभ्यास केला. कमलाच्या संशोधनातून हे समोर आलं की, लहान बाळासाठी मातेचं दूध हाच सर्वोत्तम आहार आहे. लहान बाळाला पचायला हेच दूध सर्वात चांगलं आहे.

त्या वेळी त्यांना देशभरातील अनेक संस्था आपल्याकडे घेऊ पाहत होत्या. मात्र, त्यांनी *टाटा इन्स्टिट्यूट ऑफ सायन्स*ची ऑफर स्वीकारली. डॉ. रामन पहिले भारतीय संचालक म्हणून या संस्थेत दाखल झाले. जगभर फिरून आलेले डॉ. रामन स्त्रियांच्या बाबतीत तेव्हा अगदी पारंपरिक दृष्टिकोन बाळगून होते. कमलाचा अर्ज त्यामुळेच फेटाळण्यात आला होता. कमलाच्या वडिलांनी रामन यांना समजावयाचा प्रयत्न केला, तरीही केवळ स्त्री असल्यामुळे कमला प्रवेश घेऊ शकणार नाही, यावर रामन ठाम होते. ती राहणार कुठे, काम कशी करणार, ती स्त्री असल्याने तिच्याबरोबर काम

कमला सोहोनी

करणाऱ्या तरुण शास्त्रज्ञांची शिस्त बिघडू शकते, असे नाना मुद्दे उपस्थित केले गेले.

कमला शांतपणे हे सर्व पाहत होती. घरी तिने कधीच स्त्री-पुरुष भेदभाव अनुभवला नव्हता. त्यामुळे या सगळ्या प्रकाराची तिला चीड आली. नोबेल विजेत्या रामन यांच्यापुढे ही २२ वर्षांची, चपचपीत दोन वेण्या घातलेली, नऊवारी लुगड्यातील मुलगी ताठ उभी राहिली आणि गरजली,

'केवळ स्त्री असल्यामुळे तुम्ही मला डावलता आहात, हे मला मान्य नाही. हा केवळ माझ्यावर नाही, तर संपूर्ण स्त्रीजातीवरील अन्याय आहे. माझा गांधीजींच्या सत्याग्रह तत्त्वावर विश्वास आहे. मी आज वडिलांबरोबर परत मुंबईला जाणार नाही. जोपर्यंत मला प्रवेश मिळत नाही, तोपर्यंत मी तुमच्या दारात सत्याग्रह करत बसणार आहे.'

अशा बिकट प्रसंगी एखादा कुशल प्रशासक करतो, तेच काम रामन यांनीदेखील केलं... चेंडू दुसऱ्याच्या कोर्टात टोलावला. रसायनशास्त्राचे विभागप्रमुख श्रीनिवासय्या यांच्याकडे हे प्रकरण गेलं. श्रीनिवासय्या हे अतिशय प्रेमळ व्यक्तिमत्त्व! मात्र, व्यवस्थापकांना सर्वांचा सहानभूतिपूर्वक विचार करणं शक्य होत नाही. त्यांना नियमाचं पालन करावं लागतं. इथे मुलींना प्रवेश देण्यासाठी परवानगी नव्हती, तशीच मनाईदेखील नव्हती. भविष्यात असा प्रसंग येईल, याची नियामकांना कल्पनाही नसेल. नवीन नियम

तयार करण्याची गरज होती. त्यासाठी पुन्हा संचालक मंडळाची बैठक होईल, तेव्हाच निर्णय होईल, तोवर या आंदोलनकर्त्या तरुणीचं काय करायचं? अशा पेचप्रसंगातून सुवर्णमध्य काढायचं श्रीनिवासय्या यांनी ठरवलं. त्यांनी तीन अटींवर कमलाला संस्थेत प्रवेश दिला. या अटींचं एक वर्ष काटेकोर पालन करावं लागेल, तरच तिला पुढच्या वर्षी नियमित विद्यार्थिनी म्हणून समजण्यात येईल. या तीन अटी अशा होत्या—

१) रोज पहाटे पाच ते रात्री दहा एवढा वेळ तिला संशोधनासाठी द्यावा लागेल.

२) इतर पुरुष संशोधकांपासून तिला लांब राहावं लागेल. संस्थेची शिस्त बिघडणार नाही, याची काळजी घ्यावी लागेल.

३) श्रीनिवासय्या सांगतील ते काम वेळेत पूर्ण झालंच पाहिजे.

या अटी घालताना श्रीनिवासय्या आणि रामन यांची अशी अटकळ होती की, या अटी ऐकून कमलाचा निर्धार डळमळीत होईल. ज्ञानप्राप्तीच्या ध्यासापुढे कमलाला या अटी विशेष जाचक वाटल्या नाहीत. गंमत म्हणजे कमलानेही एक अट घातली. रोज संध्याकाळी चार ते सहा या वेळेत तिला सुट्टी हवी होती... टेनिस खेळण्यासाठी... श्रीनिवासय्या बोलले, 'पुरुषांबरोबर तू टेनिस खेळायचं नाहीस आणि तुझ्याबरोबर खेळायला कोणी मुलगी मिळणार नाही, मग तू खेळणार कशी?'

कमला म्हणाली, 'भिंतीबरोबर खेळेन. शारीरिक आणि मानसिक स्वास्थ्य जतन करण्यासाठी मैदानी खेळ खेळणं आवश्यक आहे.'

दिवसातील पंधरा-सोळा तास संशोधन, दोन तास खेळ आणि स्वतःची कामं करण्यासाठी एखादा तास. उरलेल्या वेळेत अवघी चार-पाच तासांची झोप, असा खडतर दिनक्रम कमलाला निवडायला लागला.

अतिशय लाडात बालपण गेलेलं असलं आणि घरकामाची सवय नसली, तरी या अटी कमलाला जाचक वाटल्या नाहीत. खरा प्रश्न हा होता, कमला पहाटे पाच ते रात्री दहापर्यंत काम करणार असेल, तर तिच्या जेवणाचं काय... तो प्रश्न श्रीनिवासय्या यांनी सोडवला. रोज दुपारी त्यांच्या घरून कमलासाठी डबा येणार होता. संध्याकाळी कॉलेजमधील गुजराती मेसमध्ये कमला जेवणार होती. कॅम्पसमधील एका खोलीत तिची निवास व्यवस्था करण्यात आली, सोबतीला एक महिला कर्मचारी राहणार होती, पण त्या दोघींचा सहवास केवळ काही तासांचा असणार होता. रात्री उशिरा जेव्हा कमला संशोधन आटोपून यायची, तेव्हा या मावशी बाई झोपलेल्या असायच्या आणि त्या उठायच्या आधीच कमला पहाटे उठून आपल्या कामाला गेलेली असायची.

अशा रीतीने अटी-शर्तींचं काटेकोर पालन करत कमलाचा प्रोबेशन कालावधी चालू झाला. श्रीनिवासय्या यांनी दिलेली कामं ती अतिशय सुंदररीत्या पार पाडत होती. ते पाहून श्रीनिवासय्या यांनी तिला स्वतंत्र संशोधन करण्याची मुभा दिली. श्रीनिवासय्या हे उत्कृष्ट मार्गदर्शक आणि व्यक्ती म्हणूनदेखील खूप चांगले होते. त्यांनी कमलाच्या प्रयोगांना दिशा दिली. शिवाय शोधनिबंध कसे लिहावेत, याबद्दलही तिला घडवलं. रोजची टेनिसची प्रॅक्टिस सुरू होतीच. पहाटे चार वाजता सुरू झालेला कमलाचा दिवस रात्री बारापर्यंत सुरू असायचा. खेळाचे मधले दोन तास सोडले, तर उरलेला पूर्ण वेळ ती मन लावून संशोधन करत होती. या काळात तिने प्रथिनांवर संशोधन केलं.

दूध आणि कडधान्य यावर तिचे शोधनिबंध प्रसिद्ध झाले. मानव, गाय, म्हैस, बकरी, मेंढी, गाढवी यांच्या दुधातील प्रथिनांचा तिने तुलनात्मक अभ्यास केला. कमलाच्या संशोधनातून हे समोर आलं की, लहान बाळासाठी मातेचं दूध हाच सर्वोत्तम आहार आहे. लहान बाळाला पचायला हेच दूध सर्वात चांगलं आहे. दुधात कॅसिन नावाचं प्रथिन असतं. वेगवेगळ्या प्राण्यांच्या दुधात या कॅसिनच्या रेणूचा आकार वेगवेगळा असतो. दूध पचण्यासाठी किती हलकं किंवा जड, याचा संबंध या अणूच्या आकाराशी असतो. या संशोधनाने अनेक नवे निष्कर्ष समोर आले. त्याआधी असा समज होता की, गाईचं दूध हा लहान बाळासाठी सर्वोत्तम पर्यायी आहार असतो. या नव्या संशोधनाने जुनं मत खोडून काढलं.

गाईच्या दुधापेक्षा गाढवीचं दूध हे सर्वात चांगलं असल्याचा निष्कर्ष कमलाच्या संशोधनातून समोर आला. गाढवीनंतर उत्कृष्टतेची क्रमवारी गाय, शेळ्या, मेंढ्या आणि म्हैस अशी होऊ शकेल. म्हशीच्या दुधात कॅसिन रेणूचा आकार खूपच मोठा असल्याने ते पचायला जड असतं. गाढवीच्या दुधाचं आणि म्हशीच्या दुधाचं मिश्रण करून या मिश्रणाच्या रेणूंचा आकार लहान करता येतो. हे मिश्रण लहान मुलांसाठी अतिशय उत्तम पोषक आहार ठरू शकेल, हे कमलाने शोधून काढलं. तिचा हा शोध 'म्हशीच्या दुधाचं मानवीकरण' या नावाने प्रसिद्ध आहे. डाळींमध्ये असलेल्या प्रथिनांचा शास्त्रशुद्ध अभ्यास करून वेगवेगळ्या डाळींचा वापर वेगवेगळ्या कारणासाठी कसा करता येईल, याचादेखील अभ्यास कमलाने केला. श्रीनिवासय्या यांचं महत्त्वाचं मार्गदर्शन होतंच. हा हा म्हणता एक वर्ष पूर्ण झालं आणि पुन्हा एकदा ताठ मानेने ही स्वाभिमानी मुलगी डॉ. रामन यांच्यापुढे उभी राहिली.

सी. व्ही. रामन कमलाचा दिनक्रम तिच्या नकळत डोळ्यांत तेल घालून पाहत होते. रामन यांची पत्नी लोकसुंदरी यादेखील आईच्या मायेची पखरण करत तिची

काळजी घेत होत्या. तिचं आणि कुणा तरुणाचं प्रेमप्रकरण झालं तर संस्थेची शिस्त बिघडेल याची काळजी तर होतीच, पण पहिल्याच भेटीत झालेल्या चकमकीमुळे आणि त्यात कमलाने दाखवलेल्या बाणेदारपणामुळे रामन दांपत्याची तिच्याबद्दलची उत्सुकता वाढली होती. तिने प्रसिद्ध केलेले शोधनिबंध रामन यांनी स्वतः तपासले होते आणि त्यांना तिच्या लिखाणाचा, संशोधनाचा दर्जा समजला होता. एकंदरीत रामन यांना वर्षभरात तिची तळमळ, धडपड दिसून आली होती; तसंच स्वतःची चूक समजली होती. ती त्यांनी मोठ्या मनाने कबूल केली.

ते म्हणाले, 'मी मागच्या वर्षी केलेली चूक या वर्षी सुधारणार आहे आणि दोन मुलींना प्रवेश देणार आहे. मला असं समजलं आहे की, तू टेनिस छान खेळतेस, माझ्याबरोबर दोन सेट खेळशील काय?'

१९३६मध्ये कमलाने प्रबंध पूर्ण करून *मुंबई विद्यापीठाकडून* एम.एससी.ची पदवी मिळवली, यावरच तिचं समाधान होणार नव्हतं. आता तिचं पुढचं लक्ष्य होतं, पीएच.डी. करणं. मात्र, त्या आधी आर्थिकदृष्ट्या स्वावलंबी होणं गरजेचं होतं. मुंबईची *हाफकिन इन्स्टिट्यूट* औषध निर्मितीचं काम करत होती. तिथे प्राण्यांचं विच्छेदन करण्याचं काम करत असतानाच तिने शिष्यवृत्तीसाठी अर्ज केले. आंधळा मागतो आणि देव देतो दोन! *स्प्रिंगर रिसर्च स्कॉलरशिप* आणि *सर मंगलदास नथुभाई फॉरिन स्कॉलरशिप* या मुंबईच्या विद्यापीठातील दोन्ही शिष्यवृत्त्या मिळाल्या. जीवरसायन संशोधक डॉ. डेरिक रिक्टर यांच्यापर्यंत तोपर्यंत कमलाची कीर्ती पोहोचली होती. त्यांच्यामुळेच कमलाला पीएच. डी.साठी १८ डिसेंबर १९३७ रोजी केंब्रिजमध्ये प्रवेश मिळाला.

कमलाला *सर विल्यम डन इन्स्टिट्यूट ऑफ बायोकेमिस्ट्री* या जगप्रसिद्ध प्रयोगशाळेमध्येच संशोधन करायचं होतं. जीवरसायनशास्त्राचे जनक, नोबेल पुरस्कार विजेते सर फ्रेडरिक गॉलंड हॉपकिन्स यांच्या मार्गदर्शनाखाली तिथे विज्ञानाचं नंदनवन फुललं होतं. मात्र इथे पण एक अडचण होती. या संस्थेत प्रवेश मिळण्यासाठी देशोदेशीचे शेकडो शास्त्रज्ञ रांगेत उभे राहून वर्षानुवर्ष वाट पाहत असत. कोणता संशोधक किती वेळ संशोधन करणार, याचं वेळापत्रक वर्षभरापूर्वींच तयार होत असे. प्रवेशासाठी संघर्ष हा कमलाला नवा नव्हता. तिने डॉ. रिक्टर यांना काहीतरी आडवाट शोधून काढायला सांगितली. डॉ. रिक्टर तिची चिकाटी आणि ध्यास पाहून म्हणाले की, आपण दोघंही माझ्याच टेबलवर संशोधन करू, वेळ विभागून घेऊ. सकाळी ९ ते सायंकाळी ५ कमलाने, तर सायंकाळी ५ ते रात्री १ पर्यंत डॉ. रिक्टरने काम करावं, असा तोडगा काढला गेला आणि कमलाचा संशोधनाचा मार्ग मोकळा झाला.

इथे एक गंमत घडली होती. मुंबईत असताना कमलाने अमेरिकेच्या महिला विद्यापीठात शिष्यवृत्तीसाठी अर्ज केला होता, पण अर्ज करायची अंतिम मुदत संपली होती. पुढच्या वर्षी अर्ज करा, असा निरोप कमलाला मिळाला, तेव्हा, 'मी दोन स्कॉलरशिप मिळवून केंब्रिजमध्ये संशोधन करत आहे', असा निरोप तिने पाठवला. 'पुअर हंग्री इंडियन' उमेदवाराकडून असं उत्तर अमेरिकन लोकांना धक्कादायक होतं. त्यांनी केंब्रिज विद्यापीठात चौकशी केली, त्या वेळेस सर हॉपकिन्स यांनी तिचं, 'शी इज जिनियस' असं तोंड भरून कौतुक करणारं पत्र पाठवलं. अमेरिकन महिला विद्यापीठात तिच्या नावाची जोरदार चर्चा झाली आणि त्यांनी तिला प्रवासी शिष्यवृत्ती देऊ केली. अशी शिष्यवृत्ती तोपर्यंत पीएच.डी. पूर्ण केलेल्या प्राध्यापक मंडळींनाच देण्यात आली होती. कमलाचा हा मोठा सन्मान होता. जन्माने भारतीय, इंग्लंडमधील केंब्रिजमध्ये शिक्षण सुरू आणि अमेरिकन फेडरेशनची फेलोशिप... या प्रकारे कमला एकाच वेळी तीन देश आणि तीन खंड यांचं प्रतिनिधित्व करत होती. त्या वेळी ती लक्झेंबर्गमध्ये आयोजित केलेल्या लीग ऑफ नेशनमध्ये सहभागी झाली होती.

तिच्या पीएच.डी.चा विषय होता, सायटोक्रोम आणि तिचे मार्गदर्शक डॉ. रॉबिन हे होते. सायटोक्रोम हा वनस्पतींच्या श्वसनक्रियेत महत्त्वाचा घटक असतो. सूक्ष्मदर्शकातून बटाट्याचं निरीक्षण करत असताना तिला एक निळ्या रंगाची रेष दिसली. यातूनच बटाट्यातील सायटोक्रोम 'सी'चा शोध तिने लावला. डिसेंबर १९३७मध्ये तिने पीएच.डी. साठी नोंदणी केली होती आणि मार्च १९३९मध्ये तिला पीएच.डी. मिळालीसुद्धा. केंब्रिज विद्यापीठाकडून पीएच.डी. मिळवणारी, ती पहिली भारतीय महिला ठरली. केवळ चौदा महिन्यांच्या काळात तिने लिहिलेल्या अवघ्या चाळीस पानी प्रबंधाने तेव्हा पाश्चिमात्य देशातील विज्ञान क्षेत्रात एकच खळबळ माजवली होती. एवढ्या कमी शब्दांत असं अमूल्य संशोधन, हा सर्वांच्या कौतुकाचा विषय झाला होता. या प्रबंधाचं मार्गदर्शन आजही संशोधक घेत असतात. व्हायवा व्हायच्या आधी रंगीत तालीम म्हणून सर हॉपकिन्स यांनी कमलाला संशोधक आणि नोबेल पुरस्कारविजेत्या शास्त्रज्ञांपुढे सादर केलं.

ही सभा आणि व्हायवा या दोन्ही ठिकाणी कमलाने अशी बॅटिंग केली की, तिच्या विद्वत्तेची चमक पाहून सगळे चकित झाले. तिची पीएच.डी. चालू असतानाच भारतातून एक खूशखबर आली. दिल्लीतील *लेडी हार्डींग कॉलेज*मध्ये जीवरसायनशास्त्र विभाग नव्याने उघडण्यात येणार होता. तिथे विभागप्रमुख म्हणून कमलाला बोलावण्यात आलं. या महाविद्यालयाला प्रायोजित करणाऱ्या लेडी डफरीन फंडच्या सल्लागार समितीवर

सर हॉपकिन्स होते. कमलाकडे शिक्षण पूर्ण होण्याआधीच नंतर मिळू शकेल अशी नोकरी चालून आली. एखाद्या मुलीने ही ऑफर चटकन स्वीकारली असती. मात्र, कमलाचा स्वभाव चंचल नव्हता, पीएच.डी. मिळवण्याचं ध्येय पूर्ण केल्याशिवाय भारतात न परतण्याचा निर्णय तिने घेतला आणि कळवलादेखील. सर हॉपकिन्स यांना तिच्या निर्धाराचं कौतुक वाटलं. त्यांनी सदर जागा तिच्यासाठी राखीव ठेवली.

डॉ. कमला यांनी पीएच.डी.नंतर आपल्याकडे संशोधन करावं, म्हणून अनेक अमेरिकन विद्यापीठं उत्सुक होती. 'चंद्रशेखर लिमिट' ही संज्ञा मांडून विभागून नोबेल पारितोषिक मिळवणारे भारतीय वंशाचे शास्त्रज्ञ चंद्रशेखर यांची पत्नी ललिता ही कमलाची बंगळुरूपासूनची मैत्रीण. चंद्रशेखर हे सी. व्ही. रामन यांचे सख्खे पुतणे. या स्नेहबंधाच्या जोरावर चंद्रशेखर यांनी कमलाला सांगितलं,

'तू भारतात जाऊ नकोस, तिथे तुझ्या विद्वत्तेचं चीज होणार नाही. तुझ्या विद्वत्तेचा यथोचित सन्मान केवळ अमेरिकेमध्येच होऊ शकेल.'

अर्थात कमलाने ते ऐकलं नाही आणि त्यांनी सर्व परदेशी प्रस्ताव नाकारले. महात्मा गांधींना आदर्श मानणाऱ्या डॉ. कमला आपल्या संशोधनाचा उपयोग आपल्या देशासाठी झाला पाहिजे, याबाबत आग्रही होत्या.

भारतात आल्यावर १ ऑक्टोबर १९३९ पासून डॉ. कमला भागवत दिल्लीच्या लेडी हार्डिंगकॉलेजमध्ये जीवरसायनशास्त्राच्या व्याख्यात्या म्हणून रुजू झाल्या. ही नोकरी तशी निवांतपणाची होती. स्वतंत्र ऑफिस व स्वतंत्र प्रयोगशाळा. तालकटोरा क्लबमध्ये टेनिस खेळणे आणि जवळच पोहण्याचा तलाव. दिमतीला नोकरचाकर... सर्व व्यवस्था उत्तम, पण संशोधन करण्याची आवड स्वस्थ बसून देत नव्हती. तेव्हा डॉ. सुशीला नायर या लेडी हार्डिंग हॉस्पिटलमध्ये भूलतज्ज्ञ म्हणून काम करत असताना 'रक्तातला कोलेस्टेरॉल व निरनिराळ्या दुखण्यांत त्याचा होणारा प्रभाव' या विषयावर संशोधन करत होत्या. त्यांनी त्यांच्या संशोधनात डॉ. कमलाची मदत मागितली.

परदेशी शिकून, संशोधन करून आलेल्या रूपवान स्त्रीला एकटीने एवढ्या सुखासुखी जगता येतं का? त्यांच्या काही सहकारी आणि अधिकारी पुरुषांची मानसिकता बुरसटलेली होती. स्त्री एकटी आहे याचा अर्थ, 'उपलब्ध' आहे... तथाकथित सुशिक्षित आणि सोज्ज्वळ लोकांच्या या त्रासाला आधी डॉ. कमला यांनी धीराने तोंड दिलं. त्यांचा अगदी कायदेशीर बंदोबस्त करायचाही प्रयत्न केला... पण पोलीस यंत्रणा काय आभाळातून येते का! तीदेखील त्याच समाजाचा भाग. शेवटी त्यांनीच दिल्ली सोडायचं ठरवलं. भारतीय वैद्यकीय संशोधन संस्थेने तामिळनाडूमध्ये

कुन्नूर शहरात नव्याने सुरू केलेल्या आहारशास्त्रात संशोधन करणाऱ्या प्रयोगशाळेत डॉ. कमलांची वर्णी लागली. तिथे *पाश्चर इन्स्टिट्यूट* आणि *न्यूट्रिशन रीसर्च लॅब* अशा दोन प्रयोगशाळा होत्या. मार्च १९४२मध्ये न्यूट्रिशन रीसर्च लॅबच्या साहाय्यक संचालक या पदावर डॉ. कमला रुजू झाल्या.

तिथे भारतीय आहार आणि शास्त्रीय दृष्टिकोन यांची सांगड घालण्याचे त्यांनी प्रयत्न केले. हरभऱ्यातील जीवनसत्त्वं शोधून काढली. आहारात हरभऱ्यातील व लिंबूरसातील जीवनसत्त्वं एकत्र दिली तर रक्तवाहिन्यांचं आवरण मजबूत होतं, रक्तस्राव होत नाही, हिरड्यांतून येणारं रक्तही थांबतं, हे त्यांनी प्रयोगातून सिद्ध केलं. निरनिराळी रसायने आणि हरभऱ्याचा अर्क वापरून त्यांनी अनेक द्राव तयार केले आणि त्यांच्या साहाय्याने गिनिपिगवर प्रयोग केले. गिनिपिगला जीवनसत्त्वं नसलेला आहार दिला की, रक्तस्राव लवकर थांबत नसे, पण हरभऱ्याच्या द्रावाने तो कमी होत असे. याशिवाय, डॉ. कमला यांनी शेंगदाणा पेंड लहान मुलांचं कुपोषण कमी करायला उपयोगी पडते, हे शोधून त्या पेंडेला छान खाऊचं रूप दिलं. याशिवाय, दुसऱ्या महायुद्धात लढणाऱ्या सैनिकांसाठी यीस्टचा वापर करून गोळ्या तयार केल्या.

त्यावेळी डॉ. राघवन हे रेबीज लस तयार करत होते. त्यांना बी जीवनसत्त्व प्रकारातील बायोटिनची आवश्यकता होती. ते बाजारात उपलब्ध नव्हतं. डॉक्टर कमला यांनी त्यांना बदकांच्या अंड्यापासून बायोटिन तयार करून दिलं. आपण लहानपणी शिकला असाल की, क जीवनसत्त्वाच्या कमतरतेमुळे स्कर्वी रोग होतो. (पण स्कर्वी झालेला रुग्ण आपण कधी पाहिलेला नसतो. बेरीबेरीचंही तसंच आहे.) एका आठ वर्षांच्या मुलाला स्कर्वी झाला होता आणि त्याच्या त्वचेखालचा रक्तप्रवाह अजिबात थांबत नव्हता. डॉक्टरांनी न्यूट्रिशन लॅबमध्ये मदत मागितली. डॉ. कमला यांनी मोड आलेले हरभरे प्रेशर कुकरमध्ये शिजवून त्यात मीठ आणि लिंबाचा रस घालून त्या मुलाला खायला दिले. केवळ चारच दिवस रोज दोन वेळा अर्धी वाटी हरभरे उपचार म्हणून खायला दिल्यावर त्याचा आजार आटोक्यात आला.

डॉ. कमला यांनी आपल्या ज्ञानाचा उपयोग समाजाच्या भल्यासाठी करण्याचं काम जोरात सुरू ठेवलं. मात्र त्याच वेळी समाजाची पुरुषी मानसिकता त्यांना त्रास देत होतीच. डॉ. कमला यांच्याएवढा शैक्षणिक तसेच प्रात्यक्षिकांचा अनुभव इतर कोणाकडे नसतानाही त्यांना डावललं जात होतं. त्यामुळे या संस्थेतदेखील त्यांचं मन रमेना. राजीनाम्याचे विचार सुरू असतानाच जीवनात अजून एक धक्का बसला. मात्र हा धक्का सुखद होता. जीवन विमा कंपनीत ॲक्चुअरी म्हणून काम करणाऱ्या माधवराव

सोहोनी यांनी त्यांना लग्नाची मागणी घातली. आपण जी विमा उत्पादने खरेदी करतो ती तयार करत असताना भविष्यातील जोखमीचा अंदाज घेण्याचं काम ॲक्चुअरीचं असतं. साहजिकच, माधवरावांनी 'संशोधनावर प्रेम असलेली शास्त्रज्ञ बायको' या जोखमीचादेखील विचार केला असेलच. डॉ. कमला यांना विचारण्याची त्यांची हिंमत होत नव्हती. ज्या दिवशी हिंमत झाली, त्या दिवशी मात्र त्यांना विकेट मिळाली. डॉ. कमला यांनी त्यांना होकार दिला.

डॉ. कमला यांनी त्यांचा प्रस्ताव स्वीकारला तो एका अटीवर, 'मी आयुष्यभर संशोधन करणार आहे, त्यात तुमचं पूर्ण सहकार्य अपेक्षित आहे.'

माधवरावांशी लग्न करून ३६ वर्षांच्या डॉ. कमला मुंबईला स्थायिक झाल्या. पुढे त्यांच्या संसारवेलीवर अनिल आणि जयंत अशी दोन फुलं उमलली. एकमेकांना सहकार्य करत दोघांच्या करिअरचा उत्कर्ष झाला. पुढे माधवरावांना विमा कंपनीने उच्च शिक्षणासाठी लंडनला पाठवलं. तिथून परत आल्यावर ते एलआयसीचे व्यवस्थापकीय संचालक झाले. शिस्त, टापटीप, प्रामाणिकपणा, वाचनाची आवड हे दोघांच्या स्वभावात होतंच आणि घरातील कामंदेखील दोघांनी वाटून घेतली होती. कमला यांना विणकामाची एवढी आवड की, घरातल्या कुणाला स्वेटर्स, लोकरी हातमोजे बाहेरून विकत घ्यायला लागले नाहीत. या सर्व गोष्टी त्या घरीच विणायच्या.

१९४७मध्ये त्या मुंबईत आल्या. (रॉयल) *इन्स्टिट्यूट ऑफ सायन्स* या संस्थेत १९४९मध्ये नव्याने सुरू झालेल्या जीवरसायनशास्त्र विभागाच्या प्रमुखपदी त्यांची नेमणूक झाली. इथेच संस्थेच्या संचालक म्हणून त्या १९६९मध्ये सेवानिवृत्त झाल्या. मात्र सेवाज्येष्ठता असूनदेखील केवळ 'स्त्री' म्हणून त्यांना या संस्थेच्या प्रमुखपदी विराजमान होण्यासाठी चार वर्षं वाट पाहायला लागली. त्या एक स्त्री असल्याचं कारण त्यांना त्या वेळचे नेते डॉ. जीवराज मेहता यांनी दिलं होतं. पुढे जेव्हा बडोदा विद्यापीठात जीवरसायनशास्त्र विषयाचा नवा स्वतंत्र विभाग सुरू करण्यासाठीच्या उद्घाटनप्रसंगी डॉ.

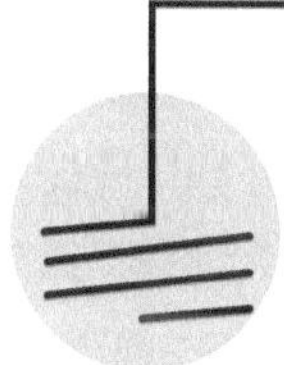

भारतीय आहार आणि शास्त्रीय दृष्टिकोन यांची सांगड घालण्याचे त्यांनी प्रयत्न केले. हरभऱ्यातील जीवनसत्त्व शोधून काढली. आहारात हरभऱ्यातील व लिंबूरसातील जीवनसत्त्वं एकत्र दिली तर रक्तवाहिन्यांचं आवरण मजबूत होतं, रक्तस्त्राव होत नाही, हिरड्यांतून येणारं रक्तही शांबतं, हे त्यांनी प्रयोगातून सिद्ध केलं.

कमला यांना बोलावलं होतं, तिथे डॉ. जीवराज मेहता यांच्या पत्नी हंसाबेन मेहता या विद्यापीठाच्या कुलगुरू म्हणून उपस्थित होत्या. या कार्यक्रमात डॉ. कमला यांनी मेहता यांना, 'एका स्त्रीची नेमणूक कुलगुरुपदी करेपर्यंत तुमच्या पुरोगामी विचारांची जी प्रचंड प्रगती झाली आहे, त्याबद्दल तुमचं अभिनंदन करायला हवं', असं जाहीर सुनावलं होतं.

कमला आणि माधव सोहोनी

सत्ताधारी, राजकारणी यांना तोंडावर सुनवण्याची हिंमत अशीच व्यक्ती करू शकते, जिचा आपलं नाणं खणखणीत आहे, यावर विश्वास असतो. दुर्गा आणि कमला भागवत या बहिणी म्हणजे विजेचं मूर्तिमंत रूप होत्या. दुर्गा भागवत यांनी आणीबाणीच्या काळात साहित्य संमेलनाच्या मंचावरून घेतलेली जाहीर भूमिका तर जगप्रसिद्ध आहेच, त्याबद्दल त्यांना कारावासदेखील पत्करावा लागला होता. ऐंशीच्या दशकाच्या सुरुवातीच्या काळात कमला सोहोनी यांनी केलेल्या संशोधनासाठी त्यांचा सत्कार आयोजित करण्यात आला होता आणि तो सत्कार तत्कालीन पंतप्रधान इंदिरा गांधींच्या हस्ते होणार होता. मात्र, 'दुर्गा भागवत यांचं अभिव्यक्ती स्वातंत्र्य नाकारून त्यांना जेलमध्ये टाकणाऱ्या पंतप्रधान इंदिरा गांधी यांच्या हस्ते मी कोणताही पुरस्कार स्वीकारणार नाही,' अशी जाहीर भूमिका घेणाऱ्या कमला सोहोनी म्हणजे प्रतिदुर्गाच!

इन्स्टिट्यूट ऑफ सायन्स या संस्थेत त्यांनी आणि प्रा. एन. पी. मगर यांनी अनेक संशोधक घडवले. संशोधकांची पिढी घडवत असताना डॉ. कमला यांनी स्वतंत्र संशोधन जोमाने सुरू ठेवलं. त्यांनी कडधान्यांतील प्रथिनांवर काम करून त्यातील अ-पाचक घटक वेगळा केला. भाताच्या तुसावर संशोधन करून त्याचं खाण्यायोग्य पीठ बनवलं. मात्र सर्वांत मोलाचं काम म्हणजे त्यांनी राष्ट्रपती राजेंद्र प्रसाद आणि होमी भाभा यांनी सुचवल्याप्रमाणे नीराविषयक केलेलं संशोधन... पामवर्गीय खुरटी झाडं- उदाहरणार्थ, ताड, खजूर, शिंदी यांच्यापासून मिळणारा रस हा अतिशय उपयुक्त असतो. आपण नीरा विक्री केंद्रावर नीरेचे फायदे लिहिलेले बोर्ड वाचले असतील. ते फायदे डॉ. कमला यांनी शोधून काढले आहेत. भारतभर सर्वत्र उपलब्ध असलेलं हे पेय

म्हणजे क, ब जीवनसत्त्वं, लोह, फॉलिक आम्ल आणि फॉस्फरसासारखे क्षार असं कुपोषण विरोधी संपूर्ण पॅकेज असतं.

डॉ. कमला यांनी नीराविषयक प्रयोगासाठी डहाणूजवळच्या आदिवासी शाळकरी मुलांची तसंच गर्भवती स्त्रियांची निवड केली. तेथील मुलांमध्ये हिरड्या मऊ पडून त्यातून रक्त येणे तसेच ॲनिमिया व खरूज हे आजार मोठ्या प्रमाणात होते. त्या मुलांना प्रत्येक दिवशी जेवणाव्यतिरिक्त एक ग्लास नीरा रोज पाच महिने देण्यात आली. क जीवनसत्त्वामुळे हिरड्यातून येणारं रक्त बंद झालं, तर लोहामुळे ॲनिमिया बरा झाला. इतर जीवनसत्त्वांमुळे रोगप्रतिकारक शक्ती वाढून खरूज बरी झाली. यावर त्यांनी पुढे दहा वर्षं संशोधन केलं आहे बरं का! केवळ त्याच नाही, तर त्यांच्याकडील पंचवीस एम.एससी. करणारे आणि सतरा पीएच.डी. करणारे विद्यार्थी या संशोधनात सहभागी होते. गंमत म्हणजे खादी ग्रामोद्योग मंडळाने पहाटे तीन वाजता पाठवलेली नीरा घ्यायला प्रयोगशाळेत स्वत: डॉ. कमला जात असत, तेही दोन-चार दिवस नाही, तब्बल दहा वर्षांपिक्षा अधिक कालावधीत... मला वाटत नाही, कामावरील प्रेमाचं यापेक्षा थक्क करणारं उदाहरण तुम्ही वाचलं असेल. नीरेबद्दल केलेल्या मौलिक संशोधन कार्याबद्दल त्यांना सर्वोत्तम शास्त्रीय संशोधनाचं राष्ट्रपती पदक देऊन १९६०मध्ये गौरवण्यात आलं.

पुढे त्यांना अनेक ठिकाणी मार्गदर्शन करायला बोलावण्यात आलं. हाफकिन्स इन्स्टिट्यूटची पुनर्रचना समिती स्थापन झाली, बोलवा डॉ. कमला सोहोनी यांना... बडोद्याला महाराज सयाजीराव विद्यापीठात जीवरसायनशास्त्र विषयाचा नवा स्वतंत्र विभाग उभारायचा आहे, बोलवा डॉ. कमला सोहोनी यांना... अनेक किचकट विषय त्यांनी आपल्या शास्त्रशुद्ध संशोधनातून सोपे केले. जेव्हा दूध पिशवीतून नाही तर बाटलीतून मिळायचं तेव्हाची गोष्ट. महाराष्ट्रात धवलक्रांती सुरू झाली, मुंबईमध्ये आरे कॉलनीची स्थापना झाली. खरं तर संयुक्त महाराष्ट्र राज्य अद्याप व्हायचं होतं. तेव्हा मुंबई प्रांत आणि त्यात मोरारजी देसाई यांचं मंत्रिमंडळ काम करत होतं. तेव्हाचे शिक्षणमंत्री असलेल्या दिनकर देसाई यांच्याकडे आरेचा कारभार सोपवण्यात आला होता. देसाई-देसाई भाई-भाई असं नाही बरं का... मोरारजी गुजराती तर दिनकरराव कऱ्हाड. पुढे संयुक्त महाराष्ट्राच्या लढ्यात मोरारजी गुजरातच्या बाजूने तर दिनकरराव कन्नडिगांच्या बाजूने उभे होते.

दिनकरराव देसाईंच्या काळात आरेच्या सीलबंद बाटलीतील दुधात अचानक अळ्या सापडायला लागल्या आणि एकच गदारोळ उठला. त्यांच्या राजीनाम्याची मागणी होऊ लागली. देसाईंनी या अळ्या कुठून येतात, हे शोधून काढण्याकरिता डॉ.

कमला सोहोनींना पाचारण केलं. डॉ. कमला सोहोनींनी तर्क, चिकित्सा, प्रयोग आणि निरीक्षणांती निष्कर्ष काढला की, ग्राहकांनी परत केलेल्या रिकाम्या बाटल्या धुतलेल्या नसतात. अशा अस्वच्छ बाटल्यांमध्ये माश्या, किडे यांनी अंडी घातलेली असतात. ती उघड्या डोळ्यांना दिसत नाहीत. अशा बाटल्यांमध्ये दूध भरलं गेल्यामुळे नंतर अंड्यांतून बाहेर आलेल्या अळ्या दुधात दिसू लागतात. त्यानंतर आरेकडून नियम बदलले गेले. रिकाम्या बाटल्या स्वच्छ धुऊन देणे, ही अट ग्राहकांना घातली गेली. आणि लवकरच दुधात अळ्या दिसण्याचा प्रकार बंद झाला. देसाईसाहेबांची खुर्ची वाचली. या प्रसंगानंतर सरकारदरबारी डॉ. कमला सोहोनी यांचं वजन वाढू लागलं.

नवरा परदेशी असताना दोन लहान मुलं सांभाळून त्या सारी धावपळ करीत होत्या. एक स्त्री एवढं कसं करू शकते, याची दुसऱ्यांना पोटदुखी होणारच होती. अशा लोकांना सलग दहा वर्षं रोज पहाटे उठून नीरा ताब्यात घ्यायला जाणारी अधिकारी पचनी पडत नव्हती. आपल्या अधीनस्त असलेल्या व्यक्तीला विशेष जबाबदारी देऊन सरकार बोलावते, आपल्याला मात्र कोणी भाव देत नाही, ही बाब संचालक मंडळाला खटकायची. एक-दोन संचालकांनी त्यांना अगदी नियोजन करून त्रास देण्याचा प्रयत्न केलाच. वरिष्ठांकडे त्यांच्या टेनिस खेळण्याची तक्रार केली गेली की, 'सोहोनी मॅडम कामाच्या वेळात टेनिस खेळायला जातात. असं कसं चालेल? संस्थेच्या शिस्तीवर वाईट परिणाम होतो ना... त्यांना ताकीद द्यावी.'

या पत्राची प्रत मिळाली, तेव्हा डॉ. कमला थेट सचिवांच्या समोर जाऊन बसल्या. 'कार्यालयीन वेळ सकाळी ११ ते ५ आहे, मान्य आहे. मी रोज संध्याकाळी पंधरा मिनिटं लवकर जाते, हेही मान्य आहे. पण मी रोज लवकर, सकाळी आठ वाजता येते. कित्येक वर्षांत एकही रजा घेतली नाही. सर्वांत जास्त शोधनिबंध मी प्रसिद्ध केले आहेत. एम.एससी., पीएच.डी. पदव्या सगळ्यात जास्त मिळवलेले विद्यार्थी माझ्या हाताखाली तयार झाले आहेत. पत्र पाठवणाऱ्यांना माझी पंधरा मिनिटं दिसली? आता यापुढे या पत्राचा निषेध म्हणून रोज संध्याकाळी चार वाजताच मी जाणार आहे. तुम्हाला पाहिजे ते करा.'

रोक सको तो रोक लो! आपला जन्मजात लाभलेला भागवती कणखर बाणा त्यांनी दाखवला.

डॉ. कमला यांची ही प्रतिक्रिया जबरदस्त परिणामकारक ठरली. पत्रामधली हवा निघून गेली... पत्र मागे घेण्यात आलं. मात्र, प्रमोशनच्या वेळी जेवढ्या काड्या करता येतील तेवढ्या वरिष्ठांनी केल्याच. तेव्हाचे संचालक निवृत्त झाल्यावर त्या पदावर

कमला सोहोनी यांचाच दावा होता. मात्र, संचालकसाहेब निवृत्तीनंतर कधी नाही ते चार वर्षांचं एक्स्टेंशन घेऊन आले. कमला यांना अजून चार वर्षं होत्या त्याच पदावर आणि कमी पगारावर काम करायला लागलं. जेव्हा त्या संस्थेच्या संचालक झाल्या, तेव्हा आपल्या कार्यकाळात विज्ञानाला पोषक वातावरण तयार केलं. त्रास देणाऱ्या जुन्या लोकांविषयीदेखील त्यांनी अजिबात वैरभावना ठेवली नाही. वैयक्तिक मानापमानापेक्षा विज्ञानाची प्रगती ही त्यांना जास्त महत्त्वाची वाटत होती. १८ जून १९६९ रोजी निवृत्त झाल्या, तेव्हा तिथल्या सर्व कर्मचाऱ्यांच्या डोळ्यांत पाणी होतं, प्रत्येकाचा ऊर अभिमानाने भरून आला होता आणि घसा आवंढ्याने दाटलेला होता.

निवृत्तीनंतरही त्या अधिक जोमाने सामाजिक काम करत राहिल्या. पुढे तब्बल वीस वर्षं जनमानसात जाऊन विज्ञानाच्या साहाय्याने अन्नातील भेसळ कशी ओळखावी, याची प्रात्यक्षिकं त्यांनी दाखवली. गृहिणींनी घरातील तेल, हळद, मसाल्याचे पदार्थ, रवा, मैदा, पिठीसाखर, चहा पावडर, दूध, लोणी या सर्व बाबींमध्ये असलेली भेसळ घरीच कशी तपासावी, हे प्रयोगातून दाखवून दिलं, घरच्या घरीच भेसळ तपासण्यासाठी आवश्यक असलेल्या वस्तूंचं किट उपलब्ध करून दिलं. काही ठिकाणी संघर्षाची भूमिकादेखील घेतली. त्या काळी 'गाय' या ब्रँडचा पिवळा रंग मिठाई बनवताना सर्रास वापरला जायचा. हा रंग घातक असल्याचं कमला सोहोनी यांनी सरकारच्या निदर्शनास आणून दिलं. सरकारने त्यावर बंदी घालण्याचे आदेशदेखील दिले. हा पिवळा रंग बंदी असूनही एका प्रसिद्ध देवस्थानच्या प्रसादात वापरला जात आहे, असा त्यांना संशय होता. त्यांनी या प्रसादाची तपासणी केली असता, आपला अंदाज खरा असल्याचं त्यांच्या निदर्शनास आलं. तेव्हा जमलेली भक्त मंडळी अंगावर धावून आली.

अशा प्रसंगांना डॉ. कमला कधीच घाबरल्या नाहीत. संघर्ष आणि प्रबोधन या दोन्ही बाबी त्यांनी सुरू ठेवल्या. कालांतराने देवस्थान प्रशासनाने प्रसाद करताना हा रंग वापरायला आचाऱ्याला सक्त मनाई केली. प्रत्येक व्यक्तीने अशा भेसळीबाबत काय जागरूकता बाळगणं गरजेचं आहे, यावर डॉ. कमला यांनी अनेक लेख लिहिले. ग्राहक मार्गदर्शन सोसायटीच्या त्या सक्रिय सदस्य होत्या. ग्राहक संरक्षण विषयक *कीमत* हे नियतकालिक चालवलं. १९८२मध्ये त्यांनी *भारतीय ग्राहक मार्गदर्शन सोसायटीचं* अध्यक्षपददेखील भूषवलं. स्वयंपाक करताना अन्नपदार्थांतील पोषक तत्त्वं कमी होऊ नयेत म्हणून काय काळजी घ्यावी, यावर त्यांनी *आहार-गाथा* (आहार व आरोग्य विचार) हे पुस्तक लिहिलं. खरा शास्त्रज्ञ तोच, जो विज्ञानाचा सामान्य माणसाच्या आयुष्यात उपयोग करतो. विज्ञानाचे नियम काही मानवाच्या जीवनात बदल घडवत

नसतात, तर त्याचं उपयोजन हे महत्त्वाचं असतं. याबाबत कमला सोहोनी यांची कामगिरी खूपच भरीव म्हणता येईल. विज्ञानाची सेवा करताना त्यांनी वेळप्रसंगी लोकांच्या रोषाला सामोरं जायची तयारी ठेवली.

ऑक्टोबर १९७६मध्ये क्वालालंपूर इथे ग्राहकहितविषयक परिषद होती आणि कमला सोहोनी या प्रमुख वक्त्या होत्या. त्यांनी आपला शोधनिबंध पाठवून दिला होता, मात्र प्रत्यक्षात जाण्याची वेळ जवळ आली, तेव्हा त्यांना राजकारण पाहायला मिळालं. प्रवासाला निघायच्या आदल्या दिवशी पोलीस मुख्यालयात त्यांना बोलावलं आणि त्यांचा व्हिसा, तिकीट वगैरे काढून घेण्यात आलं. आणि त्यांच्या पासपोर्टवर 'नॉट अलाऊड टू लीव्ह इंडिया' असा शिक्का मारला. त्या आणीबाणी काळातील गुन्हेगार ठरल्या होत्या. कमलाबाईंनी तिथे संघर्ष करण्याचा प्रयत्न केला, मात्र पोलिसांकडून खरं कारण मिळणार नव्हतंच. 'आम्हाला वरून ऑर्डर्स आहेत' असं ठोकळेबाज उत्तर घेऊन त्या परतल्या. त्याआधी जानेवारी १९७६मध्ये झालेल्या सायन्स काँग्रेसच्या वार्षिक अधिवेशनाचं उद्घाटन इंदिरा गांधी यांनी केलं, म्हणून त्या अधिवेशनाला कमला सोहोनी उपस्थित राहिल्या नव्हत्या. त्याचा हा सूड असावा.

कमला सोहोनी यांनी जीवनभरात १५५ शोधनिबंध लिहिले. याशिवाय *कीमत* साठी वीस लेख लिहिले. त्यांनी विज्ञानाच्या केलेल्या प्रदीर्घ सेवेबद्दल त्यांना मुंबईतील *इंडियन विमेन सायंटिस्ट असोसिएशन* या संस्थेच्या अमृतमहोत्सवी कार्यक्रमात 'पहिल्या भारतीय महिला शास्त्रज्ञ' म्हणून गौरवण्यात आलं. नवी दिल्लीच्या *इंडियन कौन्सिल ऑफ मेडिकल रिसर्च* या संस्थेमध्ये जेव्हा डॉ. सत्यवती अध्यक्षस्थानी आल्या, तेव्हा त्यांनी त्यांचा जीवनगौरव प्रशस्तिपत्र देऊन सन्मान करण्याचं ठरवलं. खूपच छान कार्यक्रम झाला. याच कार्यक्रमात सत्कार स्वीकारताना कमला सोहोनी कोसळल्या... आणि त्यानंतर लवकरच २८ जून १९९८ रोजी त्यांचा मृत्यू झाला. एक 'निरामय' आयुष्य संपवून त्यांचा देह अनंतात विलीन झाला.

दृष्टिक्षेप

- भारतातील पहिली संशोधिका असलेल्या कमला सोहोनी यांना आयुष्यभर डोंगराएवढं काम करूनदेखील प्रसिद्धीचं वलय फारसं लाभलं नाही.

- संशोधन करायची संधी मिळावी म्हणून सत्याग्रह करणारी ही जगावेगळी स्त्री.

- स्त्री म्हणून सी. व्ही. रामन यांच्याकडून संस्थेमध्ये प्रवेश नाकारला गेला, तेव्हा कमलाने चक्क सत्याग्रह केला होता. आपल्या हक्कासाठी पुरुषी मानसिकतेविरुद्ध भांडून कमलाने केवळ प्रवेश मिळवला नाही, तर भविष्यकाळात स्वतःला सिद्ध करून दाखवलं.

- त्यानंतर त्या संस्थेत स्त्री म्हणून कोणत्या उगेदवाराला प्रवेश नाकारला गेला नाही.

- भारतीय आहार आणि शास्त्रीय दृष्टिकोन यांची सांगड घालण्याचे त्यांनी प्रयत्न केले.

- भारतात शास्त्रज्ञांच्या अनेक पिढ्या घडवणाऱ्या कमला सोहोनी विज्ञानक्षेत्रामध्ये आपला अमीट ठसा उमटवून गेल्या आहेत.

डॉ. कमल रणदिवे
कर्करोगाशी झुंजणारी रणरागिणी

भारतातील शेकडो शास्त्रज्ञ ज्यांचं नाव आदराने घेतात, बाईंनी आम्हाला घडवलं म्हणतात अशा कमल रणदिवे उर्फ बाई. लग्न झालं, एक मूल झालं आणि टिपिकल गृहिणीचं आयुष्य समोर असताना बाईंच्या आयुष्याला अनपेक्षित कलाटणी मिळते आणि पुढील पूर्ण आयुष्य विज्ञानासाठी वाहून घेतलं जातं. कर्करोगाच्या क्षेत्रात बाईंचं योगदान अतिशय महत्त्वाचं आहे. भारतात महिला संशोधकांना प्रोत्साहन मिळावं यासाठी इंडियन वुमन सायंटिस्ट असोसिएशनची स्थापना करण्यात देखील बाईंनी पुढाकार घेतला. भारतात आज संशोधकांमध्ये महिलांचा टक्का वाढला आहे, याचं बरंचसं श्रेय या संस्थेला जाईल.

कर्करोग! नुसतं नाव जरी घेतलं की, ऐकणाऱ्याच्या काळजात धस्स होतं, एवढी या रोगाची दहशत! कदाचित या दहशतीमुळेच अनेक वेळा त्याला डॉक्टर आणि नर्स मंडळी सीए या लघुरूपाने संबोधतात. इसवीसन पूर्व १६००मध्ये पहिल्या स्तनाच्या कर्करोगाचं निदान झाल्याची नोंद आढळते. २५०० वर्षांपूर्वी हिप्पोक्रेस्टस या प्रसिद्ध ग्रीक वैद्याने सर्व प्रकारच्या कर्करोगांची यादी केली होती. भारतात सुमारे २८०० वर्षांपूर्वी रचलेल्या चरक आणि सुश्रुत संहितेमध्ये कर्करोगाचे उल्लेख आढळतात. पूर्वी कर्करोग

व्हायचं प्रमाण कमी होतं, मात्र गेल्या दोन शतकांमध्ये जगभरामध्ये कर्करोगाचा फैलाव खूपच वेगाने झाला आहे. दर वर्षी सुमारे दोन कोटी रुग्ण या खेकड्याच्या तावडीत सापडत आहेत.

अनेक वर्ष कर्करोग हा एक उत्तर नसलेला प्रश्न होता. मात्र विज्ञान विकसित होत गेलं आणि शास्त्रज्ञ या प्रश्नाचं उत्तर शोधायला भिडले. लवकर निदानामुळे कर्करोग बरा होऊ लागला. केमोथेरपी, रेडिएशन, सर्जरी आणि टारगेट थेरपी यांच्या संयुक्त उपचारांनी कर्करोगावर मात करता येऊ शकते. कर्करोगावर संशोधन करणाऱ्या शास्त्रज्ञांचे मानववंशावर खूप उपकार आहेत. यामध्ये महत्त्वाचं काम करणाऱ्या संशोधकांमध्ये विल्यम रोटेंजन, मेरी आणि पिएर क्युरी यांच्याबरोबरच डॉ. कमल रणदिवे यांचं नाव घ्यावं लागेल. स्तनाचा कर्करोग आणि आनुवंशिकता यांचा एकमेकांशी असलेला संबंध त्यांनी शोधून काढला. आज विज्ञान क्षेत्रात कमल रणदिवे हे नाव महत्त्वाचं आहे. गुगलनेही २०२१मध्ये त्यांच्या जन्मदिनी कमल रणदिवे यांच्यावर डूडल करून त्यांना मानवंदना दिली आणि जनसामान्यांपर्यंत त्यांचं नाव पोहोचलं.

७ नोव्हेंबर १९१७ रोजी पुण्यातील दिनकर आणि शांताबाई समर्थ यांच्या घरी कमलचा जन्म झाला. दिनकरराव फर्ग्युसन महाविद्यालयात जीवशास्त्र शिकवायचे. छोट्या कमलची आई लवकर वारली होती. दिनकररावांनी दुसरं लग्न केलं आणि नव्या आईने कमलला अतिशय जीव लावून सांभाळलं. एक एक करून पाच भावंडांची कमल ताई झाली. दिनकररावांचं कमळ फुलावर विशेष प्रेम असावं, कारण त्यांच्या पाच मुलींची नावं कमल, नलिनी, कुमुद, प्रमोदिनी आणि सरोज अशी आहेत. मुलाचंच नाव पंकज, राजीव असं ठेवण्याऐवजी रमेश असं का ठेवलं, काय माहीत? दिनकररावांचं घर अतिशय सुधारक विचारांचं. मुलींनी चांगलं शिक्षण घेतलं पाहिजे, असं त्यांचं मत. त्यांच्यावर गांधीवादी विचारांचा पगडा होता आणि त्यांनी दुसऱ्या महायुद्धकाळात १९४२ ते १९४६ अशी चार वर्ष 'वॉरटाइम कमिशन' घेऊन सैन्यात नोकरीही केली. शिकारीचा नाद आणि त्याचवेळी गांधीवादी साधी राहणी... विसंगत तरीही विलक्षण असं हे व्यक्तिमत्त्व.

घरात पाचही भावंडांवर कमलची ताईगिरी चालायची. तिला स्वतःला अभ्यासाची आवड असल्यामुळे तिने पाचही भावंडांना अभ्यासाची शिस्त लावली. कमलताई म्हणजे भावंडांची रोल मॉडेल होती. ही ताई जेवढी अभ्यासू होती, तेवढीच अवखळसुद्धा होती बरं का! पुण्यातील प्रसिद्ध हुजूरपागा शाळेत शिकत असताना ती आणि तिच्या तीन मैत्रिणी 'खोडकर चौकडी' म्हणून ओळखल्या जायच्या. लीला रानडे

ही कमलची बेस्टी. एवढी घट्ट मैत्री की, लीलाला अभ्यासाचा कंटाळा यायचा म्हणून कमलच तिचा गृहपाठ करून द्यायची. एक तर कमलला अभ्यासाची प्रचंड आवड आणि त्यात लीलाने गृहपाठ केला नाही तर तिला फटके बसण्याची शक्यता! आणि या दोघी म्हणजे दोन देह एक जीव... त्यामुळे तिला मारलं तरी कमलला लागणार, म्हणून तिच्या अभ्यासाची जबाबदारी कमल स्वतःकडे घ्यायची. साहजिकच, दोन वेळा अभ्यास झाल्यामुळे तिची उजळणी आपोआप व्हायची आणि अभ्यास पक्का व्हायचा. कमल कायम वर्गात पहिल्या तीन विद्यार्थिनींमध्ये असायची.

मॅट्रिकची परीक्षा पास झाल्यावर वडील शिकवत असलेल्या फर्ग्युसन कॉलेजमध्येच कमलने सायन्सला प्रवेश घेतला. फर्ग्युसनची भव्य लायब्ररी म्हणजे कमल आणि लीला यांच्यासाठी अलिबाबाची गुहाच होती. या मुली तासन्तास लायब्ररीमध्येच असायच्या. बाकीचे लोक म्हणत असतील की, किती या अभ्यासू मुली. मात्र, अंदर की बात ही होती की, त्या तिथे गुपचूप जेन ऑस्टिन या ब्रिटिश लेखिकेच्या कादंबऱ्या वाचत बसलेल्या असायच्या. अर्थातच अभ्यासाकडे त्यांनी दुर्लक्ष केलं नाही. बारावी सायन्स पूर्ण केलं. लीला वैद्यकीय शिक्षण घ्यायला गेली. मात्र, तिथे मात्र आता तिला एकटीला अभ्यास करायला लागणार होता. कमलची साथ तिला मिळणार नव्हती, कारण कमल काही मेडिकलचं शिक्षण घ्यायला गेली नाही. तिने डॉक्टर व्हावं, अशी वडिलांची इच्छा होती, मात्र कालांतराने कमलच्या वडिलांना असं वाटलं की, आपली मुलगी मेडिकलला गेल्यावर डिसेक्शन करू शकणार नाही. तिला चिरफाड पाहवणार नाही. डॉक्टर होण्यापेक्षा डॉक्टरशी लग्न करून डॉक्टरीणबाई होणं कमलला सोपं जाईल, असं त्यांना वाटलं. (अर्थात तिचं लग्न गणितज्ञाशी झालं आणि भविष्यात संशोधन करताना कमलला रोजच डिसेक्शन करावं लागलं.) लीला रानडे पुढे डॉ. लीला गोखले - स्त्रीरोग व प्रसूतितज्ज्ञ म्हणून पुण्यात अतिशय प्रसिद्ध झाल्या आणि वयाचं शतक पूर्ण करूनच त्यांनी या जगाचा निरोप घेतला.

बारावीनंतर कमलने फर्ग्युसनमध्येच पुढे शिकायचं ठरवलं आणि बी.एससी.ला वनस्पतिशास्त्र विषयात प्रवेश घेतला. १९३७मध्ये बी.एससी.ची पदवी घेतली. नंतर पुण्यातच शेतकी महाविद्यालयात एम.एससी. करण्यासाठी दाखल झाली. त्या काळात शेतकी महाविद्यालयात मुलीने ॲडमिशन घेणं जरा विलक्षणच. तिथे तिने गुणसूत्रं हा विषय अभ्यासाला घेतला. गुणसूत्रं विभाजित होत असताना त्यामध्ये काय बदल होतात आणि त्याचा काय आनुवंशिक परिणाम घडतो, यावर तिने संशोधन केलं. १९३९मध्ये ती एम.एससी. झाली. पाठीमागे चार बहिणी असल्यामुळे सर्वात मोठ्या कमलचं लग्न

उरकणं भाग होतं, अंतिम परीक्षा व्हायची असतानाच कमलचे दोनाचे चार हात झाले. दिनकररावांची एक बहीण मुंबईमधील आयकर अधिकारी रणदिवे यांची पत्नी. त्यांना असलेल्या आठ मुलांपैकी एक, जयसिंग हा कमलबरोबरच लहानाचा मोठा झाला होता.

महाराष्ट्रात मावळणघरी म्हणजे आत्याच्या घरात मुलीचं लग्न करून देण्याची परंपरा जुनी आहे. लहानपणापासून सगळ्यांना माहीत होतं की, कमल आणि जयसिंग यांचं मोठं झाल्यावर लग्न होणार आहे

डॉ. कमल रणदिवे

आणि तो दिवस अखेरीस उजाडला. १९३९मध्ये जयसिंग रणदिवे यांच्याशी कमलचं लग्न झालं. जयसिंगराव हे 'ऑक्चुअरी' होते. विमा व्यवसायातील सांख्यिकीय माहिती अभ्यासून जोखमीचा अंदाज करणं आणि त्या अनुषंगाने विमा योजनेचा हप्ता ठरवणं, हे काम ऑक्चुअरी करत असतात. त्यांना माहीत होतं की, आपल्या पत्नीची बुद्धिमत्ता प्रचंड असून ती काही सर्वसामान्य गृहिणीप्रमाणे आयुष्य जगणार नाही, तिला संशोधन करायचं आहे. पत्नीच्या बुद्धिमत्तेबद्दल त्यांना आदरच होता. त्यांनी कमलला वेळोवेळी हवं ते सहकार्य केलं. गंमत पाहा, भारताची पहिली महिला शास्त्रज्ञ कमला भागवत-सोहोनी यांचे पती माधवराव सोहोनी हेही विमा क्षेत्रातील ऑक्चुअरी होते. ते कमळदेखील एका ऑक्चुअरीला मिळालं होतं हादेखील एक योगायोग.

रणदिवे मंडळी राजकारण, समाजकारण याच्यात कृतिशील होती. जयसिंगरावांचे वडील प्रार्थना समाजाचे अनुयायी. कॉम्रेड बी. टी. रणदिवे हे आठ भावंडांमधील सर्वांत गोटे. लाटणे मोर्चा काढून भारताच्या कानाकोपऱ्यात प्रसिद्धी पावलेल्या माजी खासदार अहिल्या रांगणेकर या रणदिवे घरातील शेंडेफळ होत्या. ही दोन्ही भावंडं राजकारणात आपली अमीट छाप सोडून गेली आहेत. जयसिंगरावांशी लग्न झालं, परीक्षा झाली आणि पदवी मिळाल्यानंतर कमलचा संसार सुरू झाला. जयसिंगरावांची सिमला इथं विमा नियामक ऑफिसमध्ये नेमणूक झाली होती. तिथे कमल पोहोचली

आणि लवकरच १९४१मध्ये, त्यांच्या संसारात अनिल नावाचा गोडुला दाखल झाला. चूल आणि मूल सांभाळत टिपिकल गृहिणीप्रमाणे कमलचा संसार सुरू होता. पण मग तिची कहाणी लिहून आपण या पुस्तकाची सांगता थोडीच केली असती! रुको... सबर करो... अजून एक ट्विस्ट यायचा आहे.

१९४३मध्ये जयसिंगरावांची मुंबई इथे बदली झाली. तेव्हा मुंबईमधील टाटा हॉस्पिटलमध्ये डॉ. वसंत खानोलकर ही ज्ञानतपस्वी व्यक्ती संशोधन करत होती. कुष्ठरोग, प्रजननशास्त्र, अनुवंशशास्त्र आणि सर्वांत महत्त्वाचं म्हणजे कर्करोग या विषयांमध्ये त्यांनी पायाभूत संशोधन करून नव्या संशोधकांना संधी उपलब्ध करून दिली होती. केवळ स्वतःच्या नाही तर इतरांच्या संशोधनावर मेहनत घेणाऱ्या खानोलकरांची कीर्ती जगभर पसरली होती. *इंडियन कॅन्सर रिसर्च सेंटर*चे ते संस्थापक होते. खानोलकर यांच्याबाबत इथे थोडं मांडणं गरजेचं आहे. डॉ. खानोलकर हे भारतातील पॅथॉलॉजी या विषयामधील पितामह समजले जातात. भारतात झालेल्या आरोग्यविज्ञानाच्या प्रगतीमधील एक ऋषितुल्य व्यक्तिमत्त्व.

व्हीआर सर या लघुनावाने प्रसिद्ध असलेल्या खानोलकर यांच्या मार्गदर्शनाखाली शास्त्रज्ञांच्या कैक पिढ्या घडल्या. अनेक नव्या संस्थांची पायाभरणी खानोलकर यांच्या पुढाकाराने आणि मार्गदर्शनाखाली झाली आहे. कर्करोगाचं प्राथमिक अवस्थेत निदान असो अथवा तंबाखूमध्ये कर्करोगाचा प्रादुर्भाव करण्याची क्षमता, या बाबींच्या संशोधनामध्ये त्यांचं संशोधन मैलाचा दगड ठरलं आहे. १९२३मध्ये रोगनिदानशास्त्रात (पॅथॉलॉजी) एम.डी. पूर्ण करून काम करत असताना अत्याधुनिक तंत्रज्ञानाचा वापर मूलभूत विज्ञान आणि वैद्यकीय संशोधनात सखोल अनुभव मिळवला. त्यांनी नेहमीच अत्याधुनिक तंत्रज्ञानाचा आग्रह धरला. वेळप्रसंगी आपल्या विद्यार्थ्यांना पॅथॉलॉजीमधील अत्याधुनिक तंत्रज्ञानाचा अनुभव घेऊन येण्यासाठी परदेशी जाण्याचा आग्रह केला.

भारतात आल्यानंतर डॉ. वसंत खानोलकर यांनी ग्रँट मेडिकल कॉलेजमध्ये नोकरी स्वीकारली. इथे ते पदवी आणि पदव्युत्तर विद्यार्थ्यांना रोगनिदानशास्त्र हा विषय शिकवू लागले. शिक्षणासाठी उपयुक्त विविध नमुन्यांचं संग्रहालय त्यांनी सुरू केलं. ऊती आणि पेशी यांची छायाचित्रं घेणं सुरू करून त्यांनी रोगनिदानशास्त्राच्या पद्धतशीर शिक्षणाचा पाया रचला. एकविसाव्या शतकात अशा छायाचित्र विभागाचं तुम्हाला कौतुक वाटणार नाही, कारण या बाबी नेहमीच्या झाल्या आहेत; परंतु खानोलकर यांच्या काळात छायाचित्र विभागाचं लोकांना महत्त्व वाटत नव्हतं आणि हा पैशाचा

अपव्यय असेल, असा लोकांचा आक्षेप होता. मात्र, असा विभाग चालू करत असाल, तरच मी नोकरी स्वीकारेन असं ठणकावून सांगून खानोलकर यांनी गुणवत्तेत तडजोड करायचं नाकारलं.

शवविच्छेदनासाठी वेगळा विभाग करून घेत असताना त्यांनी विद्यार्थ्यांसाठी व्यायामशाळाही तयार केली. संशोधनांमध्ये प्राण्यांचा वापर करणं गरजेचं असतं, त्यासाठी त्यांनी प्राणीविभाग सुरू केला. मात्र, या प्राण्यांना हाताळण्यासाठी विशेष प्रशिक्षणाची आवश्यकता असते. त्यामुळे आपल्या एका तंत्रज्ञाला त्यांनी परदेशात या प्रशिक्षणासाठी पाठवलं. पाश्चात्त्य देशातील वैद्यकीय शिक्षणाच्या तुलनेत भारतीय शिक्षण कमी पडू नये, म्हणून त्यांनी वैद्यकीय अभ्यासक्रमात अनेक बदल सुचवले. आरोग्य विज्ञान क्षेत्रात भौतिकशास्त्र, रसायनशास्त्र, प्रायोगिक जीवशास्त्र (एक्सपेरिमेंटल बायोलॉजी), जीवरसायनशास्त्र, जीवभौतिकशास्त्र तसंच संख्याशास्त्र यांसारख्या सर्व ज्ञानशाखांची मदत होऊ शकते, हे त्यांनी ओळखलं होतं. त्यांनी कमलसारख्या शेकडो विद्यार्थ्यांच्या विचारांनादेखील तशीच दिशा दिली.

अशा थोर व्यक्तीच्या मार्गदर्शनाखाली पीएच.डी.साठी संशोधनाची संधी मिळावी असं कमलला वाटलं. ती त्यांना भेटायला गेली. प्रयोगशाळेत खानोलकर एका रुग्णाच्या पोस्टमार्टम रिपोर्टचे विश्लेषण करत होते, बाजूला उभ्या असलेल्या कमलकडे त्यांचं लक्ष नव्हतं. ते सहकाऱ्याला सांगत होते, 'कर्करोगाची प्रत्येक केस ही आपल्या संशोधनाचा विषय असला पाहिजे, तरच आपण या भयानक रोगाला नीटपणे समजून घेऊ शकू, संशोधनात प्रगती करू शकू.'

कमलला अप्रत्यक्ष मिळालेला हा गुरुमंत्र होता, ज्याचं पालन तिने पुढील आयुष्यभर केलं. ओळख आणि विचारपूस झाली आणि खानोलकर यांना कमलचं कौतुक वाटलं. त्यांनी पहिल्याच दिवशी पाच उंदरांचं डिसेक्शन करून कमलला माहिती सांगितली आणि दुसऱ्या दिवशीपासून कमल तिथे संशोधनासाठी दाखल झाली.

खानोलकर यांच्या मार्गदर्शनाखाली १९४९मध्ये कमलची डॉ. कमल झाली. वैद्यकीय नाही तरी संशोधनातून मुंबई विद्यापीठाची डॉक्टर पदवी मिळवत कमलने वडिलांची इच्छा पूर्ण केली. या दरम्यान १९४५मध्ये उंदरांवर संशोधन करताना स्तनाचा कर्करोग आणि आनुवंशिकता यांचा एकमेकांशी असलेला संबंध कमलने शोधून काढला, जो खूप महत्त्वाचा शोध मानला जातो. कमल पीएच.डी. झाली खरी, मात्र खानोलकर यांना वाटत होतं की, त्यांनी परदेशात जाऊन पोस्टडॉक्टरल संशोधन करावं, तिकडचं तंत्रज्ञान शिकून त्याचा वापर आपल्या देशात करावा. डॉ. कमल यांना

रॉकफेलर फाउंडेशनची शिष्यवृत्ती मिळाली आणि त्या 'ऊती संवर्धन' अर्थात टिश्यू कल्चरचं तंत्रज्ञान शिकण्यासाठी अमेरिकेत जॉन हापकिन्स संस्थेत दाखल झाल्या.

अमेरिकेत त्यांनी डॉ. जॉर्ज ओट्टो गे यांच्याबरोबर काम केलं. हादेखील कर्करोगावर संशोधन करणारा वस्ताद माणूस. इथेच डॉ. रणदिवे यांनी पुढील आयुष्यभर संशोधन केलं असतं, तर त्यांची अमेरिकेत मोठी दखल घेतली गेली असती. मात्र, आपल्या ज्ञानाचा आणि संशोधनाचा आपल्या देशासाठी उपयोग व्हावा, असं त्यांचं पहिल्यापासून मत होतं. त्या भारतात परतल्या आणि *इंडियन कॅन्सर रिसर्च सेंटर*मध्ये दाखल झाल्या. पुढे १९६६मध्ये या संस्थेच्या संचालिकादेखील झाल्या. त्यांनी कुष्ठरोगाच्या जंतूंचा अभ्यास करून त्याला प्रतिकार करेल, अशी लस तयार करण्यात योगदान दिलं आहे. कुष्ठरोगावरील या संशोधनासाठी त्यांना आंतरराष्ट्रीय पुरस्कारदेखील मिळाला आहे.

त्यांनी अनेक जीवशास्त्रज्ञ तसेच जीवरसायनशास्त्रज्ञांना कर्करोगाचं संशोधन करण्यासाठी प्रोत्साहन दिलं. या गुणी शास्त्रज्ञांनी परदेशात न जाता आपल्या देशासाठी योगदान द्यावं, असं त्यांना वाटत होतं आणि त्यासाठी त्या त्यांच्या परीने शक्य तेवढ्या संधी उपलब्ध करून देत होत्या. त्यांनी परदेशी जाऊन शिक्षण घ्यावं, अत्याधुनिक तंत्रज्ञान शिकून त्या ज्ञानाचा उपयोग आपल्या देशातील रुग्णांसाठी करावा, असं त्यांचं मत होतं. त्यांच्या विद्यार्थी आणि सहकाऱ्यांमध्ये त्या 'बाई' या नावाने प्रसिद्ध होत्या. अगदी मध्यरात्री किंवा भल्या पहाटेही प्रयोगशाळेमध्ये काम सुरू असायचं. बाईंची कामाप्रति असलेली निष्ठा आणि समर्पण हे सर्वांनाच प्रेरित करणारं असायचं, त्यामुळे बाई जरी कडक शिस्तीच्या असल्या, तरी त्याचा जाच कुणाला वाटला नाही.

त्यांच्या अथक प्रयत्नांमुळेच *इंडियन कॅन्सर रिसर्च सेंटर*मध्ये देशातील पहिली टिश्यू कल्चर म्हणजेच ऊती संवर्धनाची प्रयोगशाळा सुरू झाली. लवकरच पेशी जीवशास्त्र, प्रतिकारशक्ती शास्त्र आणि कार्सिनोजेनेसिस यांच्यासाठीही स्वतंत्र विभाग सुरू झाले.

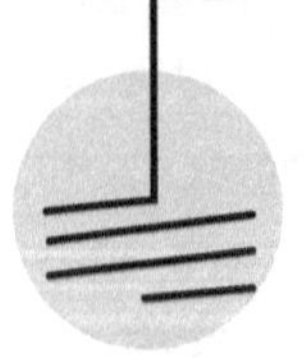

खानोलकर यांच्या मार्गदर्शनाखाली १९४९मध्ये कमलची डॉ. कमल झाली. वैद्यकीय नाही तरी संशोधनातून मुंबई विद्यापीठाची डॉक्टर पदवी मिळवत कमलने वडिलांची इच्छा पूर्ण केली. या दरम्यान १९४५मध्ये उंदरांवर संशोधन करताना स्तनाचा कर्करोग आणि आनुवंशिकता यांचा एकमेकांशी असलेला संबंध कमलने शोधून काढला, जो खूप महत्त्वाचा शोध मानला जातो.

बाईंनी प्राण्यांवर केलेल्या प्रयोगांमधून मिळालेले निष्कर्ष हे कर्करोगासाठी पथदर्शी ठरले. रक्ताचा, स्तनाचा किंवा अन्ननलिकेचा कर्करोग या सर्व बाबतीमध्ये ट्युमर विषाणू आणि ग्रंथी यांचा संबंध उघड करण्यात शास्त्रज्ञांना यश आलं. डिसक्रेसिया म्हणून ओळखल्या जाणाऱ्या आजाराचं संक्रमण लहान मुलांमध्ये गुणसूत्रांकडून कसं होतं, याकडेही त्यांनी विशेष लक्ष वेधलं. डिसक्रेसिया शब्दाचा अर्थ, बिघडलेलं मिश्रण, इथे त्याचा अर्थ, रक्तामधील बिघाड. लहान मुलांमध्ये हा आजार आई-वडिलांकडून हस्तांतरित होत असतो, हे त्यांनी निदर्शनास आणलं.

त्यांच्या मुशीतून अनेक गुणी शास्त्रज्ञ पुढे आले, त्यांनी स्वतंत्र संशोधन करून नाव कमावलं. टीमकडून एकमेकास पूरक मात्र मल्टिडिसिप्लनरी संशोधन करून घेणं ही बाईंची खासियत. उल्हास वाघ, सुधा गांगल, अविनाश भिसे हे त्यांचे विद्यार्थी पुढे संशोधनात चमकले. या सर्वांनी वेगवेगळ्या संस्थांमध्ये कर्करोगाविरुद्ध लढा सुरू ठेवला. स्तनाचा कॅन्सर, रक्ताचा कॅन्सर आणि अन्ननलिकेच्या कॅन्सरचं स्वरूप जगासमोर आणण्यात त्यांचा मोठा वाटा आहे. केवळ तंबाखू खाऊन कर्करोगाचा धोका कमी प्रमाणात असतो, मात्र चुना लावून जेव्हा तंबाखूची गोळी दाढेजवळ ठेवली जाते, तेव्हा तो चुना आतील त्वचेचं ज्वलन करून कर्करोगाला आमंत्रण देत असतो, असं त्यांचं निरीक्षण आहे. हा प्रयोगदेखील त्यांनी उंदरावर केला होता. त्यांच्या संशोधनातून चुना आणि तंबाखू एकत्र आल्यावर गालाच्या कर्करोगाची शक्यता अधिक होते, हे सिद्ध झालं.

भारतात स्त्री-संशोधकांना प्रोत्साहन मिळावं, मातृत्व आणि कौटुंबिक जबाबदाऱ्या सांभाळताना त्यांच्यातील संशोधक जिवंत राहावा म्हणून १९७३मध्ये *इंडियन वुमन सायंटिस्ट असोसिएशन*ची स्थापना करण्यातही डॉ. रणदिवे यांनी पुढाकार घेतला. स्त्री-शास्त्रज्ञांच्या सोयीसाठी आरोग्य केंद्र, पाळणाघर, अंगणवाडी, वसतिगृह स्कॉलरशिप यांसारख्या सुविधा तर उपलब्ध करून दिल्याच, पण त्याशिवाय सर्वसामान्य नोकरदार, स्त्रियांना विज्ञानाची गोडी लागावी, म्हणून एक दिवसाचं वर्कशॉप घेण्याची सुरुवात इथे झाली. वर रविवारी सर्वसामान्य महिलांसाठी या विज्ञानाच्या कार्यशाळा घेतल्या जात असत, त्यांच्या रोजच्या जीवनामध्ये विज्ञान कसं उपयुक्त ठरेल, हे त्यांना सांगितलं जात असे. भारतात आज संशोधकांमध्ये स्त्रियांचा टक्का वाढला आहे, याचं बरंचसं श्रेय इंडियन वुमन सायंटिस्ट असोसिएशनला आणि ती स्थापन करण्यासाठी पुढाकार घेणाऱ्या बारा स्त्री-शास्त्रज्ञांनादेखील जातं. आज या संस्थेच्या अकरा शाखा असून दोन हजारपेक्षा जास्त स्त्री-शास्त्रज्ञ त्याचा लाभ घेत आहेत.

डॉ. रणदिवे यांनी स्त्रीवादाचा, वैज्ञानिक दृष्टिकोनाचा हिरिरीने प्रचार केला. आपल्या आयुष्यात दैववाद, कर्मकांडं यांना कधीच थारा दिला नाही. त्यांचा आदिवासी भागातील अंधश्रद्धा याविषयी अनेक वेळा संबंध आला. अनेक आदिवासी मोठ्या भक्तिभावाने त्यांना एखाद्या चमत्कारी झाडाची, बाबाची, देवाची कथा सांगत असत, त्या वेळी त्या या सर्व भाकडकथा आहेत, असं म्हणून त्यांना नाराज करत नसत. कारण अंधश्रद्ध व्यक्तीचा उपहास केला, तर त्याच्याशी पुढे संवाद होत नाही, त्यापेक्षा समोरची व्यक्ती काय सांगते, ते आपुलकीने ऐकून घेतलं तर नंतर कदाचित त्याचं मतपरिवर्तन करणं शक्य होतं. बाईंचा या प्रक्रियेवर विश्वास होता. त्या त्यांच्या कथा शांतपणे ऐकून घेत. नंतर त्या त्यांना काय करायला पाहिजे, हे सुचवत असत आणि आदिवासी मंडळी या शहरातील बाईचं ऐकायचेदेखील. त्यांच्या संवादी स्वभावामुळेच आदिवासी भागातील जनतेने त्यांच्याकडे कधीही परकीय म्हणून पाहिलं नाही, तर त्या आपल्यापैकीच एक आहेत अशीच त्यांची भावना होती. त्यामुळे बाईंना काम करणं आणि अपेक्षित बदल साधणं शक्य झालं.

उंच शरीरयष्टी, मध्यम बांधा, सुंदर चेहरा, त्यावर मोठ्या फ्रेमचा चष्मा आणि अंगावर कायम प्युअर सिल्कचीच साडी असं प्रथमदर्शनीच छाप पाडणारं व्यक्तिमत्त्व! त्यांच्या कीर्तीमुळे समोरची व्यक्ती काही क्षण बुजायची, मात्र त्यांच्या निखळ हास्याचा सडा एकदा पडला की, समोरची व्यक्ती त्यांच्याशी मोकळेपणाने संवाद साधू शकायची. सहजता आणि प्रामाणिकपणा हीच बाईंची शक्ती होती. एखाद्या यशस्वी व्यक्तीला जेव्हा त्याच्या कार्यक्षेत्राबाबत प्रश्न विचारला जातो, 'तुमचं हे लहानपणापासूनचं स्वप्न होतं का?' ती व्यक्ती सर्रास खोटं बोलते. मात्र कमल रणदिवे यांना जेव्हा असा प्रश्न विचारण्यात आला, तेव्हा त्यांनी प्रांजळ कबुली दिली की, 'असं काही स्वप्न नव्हतं, लग्न होऊन सिमल्याला गेल्यावर पुढे मी काय करेन हे मलाही माहीत नव्हतं.' सचोटी आणि प्रचंड प्रसिद्धी मिळाल्यानंतरदेखील त्यांचं जमिनीवर असणं यामुळेच निवृत्तीनंतरही त्यांची नाळ विज्ञानाशी जोडलेली राहिली. वैज्ञानिक प्रगतीचा उपयोग मानव कल्याणासाठी करण्याचा त्यांचा प्रयत्न तहहयात सुरू राहिला.

डॉ. रणदिवे नेहमी म्हणायच्या की, शास्त्रज्ञांनी, विशेषतः स्त्री-शास्त्रज्ञांनी कधी निवृत्त व्हायचं नसतं. त्यांनी निवृत्तीनंतर आदिवासी भागातील मुलांच्या कुपोषण या विषयाला हात घातला. त्यांनी केंद्र सरकारच्या *डिपार्टमेंट ऑफ सायन्स ॲन्ड टेक्नॉलॉजी* विभागाकडून या प्रकल्पाला मान्यता मिळवली. इंडियन विमेन सायंटिस्ट्स असोसिएशन या संस्थेच्यामार्फत राबवला आणि स्थानिक आदिवासी स्त्रियांना यात काम

करण्याची संधी देण्यात आली. या प्रकल्पात आदिवासी बालकांना आनुवंशिकरीत्या लाभणारी प्रतिकारक्षमताही त्यांनी अभ्यासली. कोणतंही काम अगदी मुळाशी जाऊन करायची त्यांना पहिल्यापासून सवय होती. या विषयातदेखील त्यांनी प्रत्यक्ष आदिवासी भागात जाऊन काम केलं.

अहमदनगर जिल्ह्यातल्या अकोले तालुक्यातील राजूर गावात आर.व्ही.पाटणकर हे ज्येष्ठ गांधीवादी कार्यकर्ते होते. त्यांनी *सत्यनिकेतन* नावाची संस्था सुरू केली होती. या संस्थेची मदत घेऊन संशोधन करताना प्रत्येक गावात एकेक स्थानिक स्वयंसेवक नेमला गेला. प्रत्येक कुटुंबात रोज काय आणि किती खाल्लं जात आहे, याच्या शास्त्रशुद्ध आणि विस्तृत नोंदी घेतल्या गेल्या. त्यांच्या आहारातील त्रुटी कमी करताना कुपोषणावर मात म्हणून 'नाचणी सत्त्व' हा उपाय त्यांना सुचला आणि त्याची अंमलबजावणीही सुरू झाली. स्थानिक महिलांना नाचणी सत्त्व कसं करायचं आणि कसं वाटायचं, याचं प्रशिक्षण देण्यात आलं. मिलिंद बोकील आणि इतर तरुण कार्यकर्त्यांना हाताशी घेऊन त्यांनी आदिवासी आणि कर्करोग या विषयावर महत्त्वाचं संशोधन केलं. त्यातून सर्वांना चकित करतील, असे निष्कर्ष समोर आले.

या भागात आदिवासींच्या महादेव कोळी आणि ठाकर या जमातींची वस्ती आहे. आदिवासी स्त्रिया या इतर स्त्रियांच्या तुलनेत अधिक हडकुळ्या असतात. त्यांच्या आहारात कर्बोदकं कमी असतात. त्यामुळे त्यांचं वजन तसं तुलनेने कमी असतं. मात्र त्यांच्या आहारात मांसाचं प्रमाण अधिक असल्याने त्यांना आवश्यक प्रोटीन्स मिळतात. त्यामुळे त्या दिसायला हडकुळ्या असल्या, तरी काटक असतात. त्यांच्या स्नायूंमध्ये तुलनेने अधिक ताकद असते. त्यांच्या शरीरात मेदाचं प्रमाण अतिशय कमी असतं, त्यामुळे जरी त्या मलेरिया, टायफॉईड अशा आजारांना अधिक प्रमाणात बळी पडत असल्या, तरी याच कारणामुळे त्यांचा कर्करोगापासून बचाव होतो. अर्थात, कर्करोगाची अनेक ज्ञात कारणं आहेत, त्यापैकी मेद हे एक आहे. कर्करोगाच्या अज्ञात कारणांचा शोध घेणं सुरू आहेच.

डॉ. कमल रणदिवे यांनी काढलेला दुसरा निष्कर्ष खूप महत्त्वाचा आहे. आदिवासी स्त्रियांमध्ये गर्भाशयाच्या कर्करोगाचं प्रमाण खूपच कमी आहे. इथे शारीरिक स्थितीबरोबर सामाजिक स्थितीही त्यांना अनुकूल आहे. त्या मुक्तपणाने नदीवर किंवा ओढ्यावर अंघोळ करू शकतात. मासिक पाळीच्या वेळी आवश्यक ती स्वच्छता ठेवू शकतात. ग्रामीण भागातील इतर स्त्रियांना मात्र अशी मोकळेपणाने स्वच्छता करता येत नाही. त्यांच्यावर पुरुषसत्ताक संस्कृतींचा खूपच पगडा असतो. या स्त्रियांना पाळीच्या वेळी

डॉ. कमल रणदिवे । १५७

वापरलेल्या कपड्यांना लपवून वाळवावं लागतं. अनेक वेळा हे कापड दमट, ओलसर राहिलेलं असतं, त्यावर बुरशी चढलेली असते आणि त्याचा अशा अवस्थेत वापर करताना स्त्रियांना अनेक आजारांना सामोरं जावं लागतं. गुप्तरोग, जंतुसंसर्ग यांसारख्या आजारांबरोबरच गर्भाशयाच्या कर्करोगाचा धोकाही वाढतो. इथे आदिवासींची खुली, निसर्गात जगण्याची शैली स्त्रियांसाठी अनुकूल ठरते आहे, हे सिद्ध झालं होतं.

डॉ. कमल रणदिवे यांनी दोनशेपेक्षा जास्त संशोधन पेपर प्रसिद्ध केले आहेत. आपल्या यशस्वी कारकिर्दीचं श्रेय त्या आईवडील, पती आणि गुरू यांना द्यायच्या. १९७८मध्ये त्यांचे गुरू खानोलकर आणि त्यांचा नवरा दोघांचं एकापाठोपाठ निधन झालं. मात्र त्यातून सावरत त्यांनी संशोधन सुरू ठेवण्याचा निर्णय घेतला. त्यांचं स्वतःचं संशोधन तर अनमोल आहेच, त्याशिवाय, त्यांनी घडवलेल्या शास्त्रज्ञांच्या पिढ्यादेखील मोलाचं कार्य करून गेल्या आहेत आणि त्यामध्ये त्यांनी भारतामध्ये परत आणलेल्या शास्त्रज्ञांचीदेखील गणना करावी लागेल. त्यांना जगभर व्याख्यान देण्यासाठी बोलावलं जात असे आणि त्या वेळेस त्या त्या देशांमध्ये संशोधन करत असलेले भारतीय संशोधक त्यांना भेटत असत. आपल्या भाषणातून अशा संशोधकांना मायदेशी परतण्यासाठी त्या प्रेरणा देत असत. त्यामुळे अनेक शास्त्रज्ञांच्या आत्मचरित्रात तुम्हाला असं आढळेल की, कमल रणदिवे यांनी आम्हाला मायदेशी परतण्यासाठी प्रेरणा दिली होती.

१९८२मध्ये त्यांना *पद्मभूषण* सन्मानाने गौरवण्यात आलं. शिवाय, त्यांना अनेक भारतीय आणि परदेशी बहुमानांनी गौरवण्यात आलं. *वासंती देवी अमीरचंद पुरस्कार, सँडो अवॉर्ड, टाटा मेमोरियल सेंटरचे सुवर्णमहोत्सवी मानचिन्ह व बनारस हिंदू विद्यापीठाचा पुरस्कार* असे अनेक मानसन्मान त्यांना मिळाले. त्यांची *इंडियन*

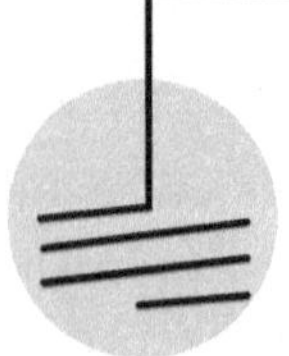

डॉ. कमल रणदिवे यांनी काढलेला दुसरा निष्कर्ष खूप महत्त्वाचा आहे. आदिवासी स्त्रियांमध्ये गर्भाशयाच्या कर्करोगाचं प्रमाण खूपच कमी आहे. इथे शारीरिक स्थितीबरोबर सामाजिक स्थिती त्यांना अनुकूल आहे. त्या मुक्तपणाने नदीवर किंवा ओढ्यावर अंघोळ करू शकतात. मासिक पाळीच्या वेळी आवश्यक ती स्वच्छता ठेवू शकतात. ग्रामीण भागातील इतर स्त्रियांना मात्र अशी मोकळेपणाने स्वच्छता करता येत नाही.

नॅशनल सायन्स अकॅडमी व महाराष्ट्र अकॅडमी ऑफ सायन्स या संस्थेत 'फेलो' म्हणून निवड झाली. वैद्यकीय क्षेत्रात उल्लेखनीय कामगिरी करणाऱ्या शास्त्रज्ञांना मेडिकल कौन्सिल ऑफ इंडियाकडून सिल्वर जुबिली पारितोषिकदेण्याची सुरुवात १९६४मध्ये झाली,

२०२१मध्ये डॉ. कमल रणदिवे यांच्या १०४व्या जयंतीनिमित्त गुगल डूडल

तेव्हा सर्वात पहिलं सिल्वर जुबिली पारितोषिक डॉ. कमल रणदिवे यांना देण्यात आलं. त्याच वर्षी सूक्ष्मजीवशास्त्रामध्ये देण्यात येणारं वाटूमल फाउंटेशनचं पारितोषिकदेखील त्यांना मिळालं.

महाराष्ट्र राज्याच्या विज्ञान व तंत्रज्ञान समितीच्या सदस्या असतानाही त्यांनी महत्त्वाची कामगिरी बजावली. १९९१मध्ये कोल्हापूर जिल्ह्यातील गडहिंग्लज येथे भरलेल्या मराठी विज्ञान संमेलनाच्या त्या अध्यक्षा होत्या. बाईंचं घर मुंबईमध्ये बांद्र्याला होतं आणि लोणावळा इथे एक बंगला होता. आपल्या स्नेही मंडळींना सीकेपी पद्धतीचं जेवण खाऊ घालायला बाईंना खूप आवडायचं. रोज फिरणं आणि मोजका आहार यामुळे त्यांना निरोगी दीर्घायुष्य लाभलं. प्रचंड आशावाद हे त्यांच्या आनंदी आयुष्याचं कारण असेल. आयुष्यात कोणत्याही वेळी त्या कधीच निराश झाल्या नाहीत. परिस्थितीतून मार्ग निघतोच आणि आपण तो काढायचाच, यावर त्यांचा विश्वास होता. आयुष्याच्या शेवटच्या काळात त्यांना अल्झायमर्सचा त्रास झाला. १० एप्रिल २००१रोजी त्यांची प्राणज्योत मावळली. आयुष्याच्या शेवटीदेखील त्यांना एक खंत होती, त्या कर्करोगाचं मूळ शोधू शकल्या नाहीत याची! केवढी ही विज्ञाननिष्ठा. त्यांना जर अधिक आयुष्य मिळालं असतं, तर कर्करोगाला या जगातून हद्दपार करायला नक्कीच आवडलं असतं. त्यांचं हे स्वप्न लवकरच पूर्ण होईल ही आशा!!!

दृष्टिक्षेप

- भारतातील शेकडो शास्त्रज्ञ ज्यांचं नाव आदराने घेतात, बाईंनी आम्हाला घडवलं म्हणतात, अशा कमल रणदिवे ऊर्फ बाई.

- लग्न झालं, मूल झालं आणि टिपिकल गृहिणीचं आयुष्य समोर असताना बाईंच्या आयुष्याला अनपेक्षित कलाटणी मिळते आणि पुढील पूर्ण आयुष्य विज्ञानासाठी वाहून घेतलं जातं.

- कर्करोगाच्या क्षेत्रात बाईंचं योगदान अतिशय महत्त्वाचं आहे. भारतात महिला संशोधकांना प्रोत्साहन मिळावं यासाठी इंडियन वुमन सायंटिस्ट असोसिएशनची स्थापना करण्यातदेखील बाईंनी पुढाकार घेतला.

- भारतात आज संशोधकांमध्ये महिलांचा टक्का वाढला आहे, याचं बरंचसं श्रेय या संस्थेला जाईल.

- डॉ. कमल यांचा दुसरा निष्कर्ष खूप महत्त्वाचा आहे. आदिवासी स्त्रियांमध्ये गर्भाशयाच्या कर्करोगाचं प्रमाण खूपच कमी आहे.

- भारतात स्त्री संशोधकांना प्रोत्साहन मिळावं, मातृत्व आणि कौटुंबिक जबाबदाऱ्या सांभाळताना त्यांच्यातील संशोधक जिवंत राहावा म्हणून १९७३मध्ये इंडियन वुमन सायंटिस्ट असोसिएशनची स्थापना करण्यात डॉ. रणदिवे यांनी पुढाकार घेतला.

रोझलिंड फ्रँकलिन
आणि तिचा डीएनए

काही व्यक्तींचा डीएनए अतिशय वेगळा असतो. प्रतिकूल परिस्थितीतदेखील त्यांच्याकडून जगाला प्रेम आणि प्रेमच मिळत असते. रोझलिंड ही अशांपैकी एक. स्त्री म्हणून होणारा अन्याय सहन करत असताना तिने आपलं विज्ञानामधलं लक्ष अजिबात ढळू दिलं नाही. बुद्धिमत्तेवर कोणत्याही लिंगाची मक्तेदारी नसते हे तिनं डीएनएवरील आपल्या संशोधनातून सिद्ध करून दाखवलं. जो आपले पाय ओढत आहे, त्याचे पाय ओढण्यात स्वतःची ऊर्जा वाया घालवण्यापेक्षा तिने संशोधन अधिक महत्त्वाचं मानलं. आज विज्ञान, तंत्रज्ञान, गणित, अभियांत्रिकी विषयांमध्ये उल्लेखनीय कार्य करणाऱ्या स्त्रियांना *रॉयल सोसायटी* मार्फत तिच्या नावाने पुरस्कार देण्यात येतो.

रोझलिंड फ्रँकलिनचं नाव आपल्याकडे फारसं प्रचलित नाही. 'मला मेरी क्युरी, कल्पना चावलासारखं व्हायचं आहे', असं अनेक मुली शालेय वयात म्हणत असतील, मात्र, त्यांना रोझलिंड फ्रँकलिनचं नाव माहीत असेलच असं नाही. डीएनएचं मॉडेल कुणी तयार केलं? अर्थात, हे तुम्हाला माहीत असेलच! वॉटसन आणि क्रिक आणि त्यांचं 'डबल हेलिक्स' मॉडेल... शाळेत हे शिकवलं होतं. उत्क्रांतीचं रहस्य उलगडणारे डीएनए.

या मॉडेलमुळे वॉटसन, क्रीक आणि मॉरिस विल्किंस यांना नोबेल पारितोषिकदेखील मिळालं होतं. मात्र तेव्हा या नोबेलवर रोझलिंड फ्रँकलिनचा तेवढाच हक्क होता. पण ती एक स्त्री असल्याने तिला याचं श्रेय दिलं गेलं नाही, तिचं संशोधन चोरून इतर लोक प्रसिद्ध झाले, श्रीमंत झाले. तिला ना प्रसिद्धीचा सोस होता, ना श्रीमंतीची हौस. या अलिप्त स्वभावामुळे रोझलिंड फ्रँकलिनचं नाव आपल्या भारतात तरी प्रसिद्ध नाही.

एक स्त्री म्हणून रोझलिंड फ्रँकलिनने प्रचंड विषमता सहन केली. तिला तेव्हा जरी दुय्यम वागणूक दिली गेली होती, तरी तिच्यावर झालेल्या अन्यायाची आता सर्वांना जाणीव झाली आहे. तिच्या संशोधनाची माहिती आता जगाला समजली आहे. म्हणूनच आज तिचं नाव जगभरात अनेक संस्थांना दिलं आहे. आकाशात सापडलेल्या नव्या लघुग्रहालादेखील दिलं आहे. २०२२मध्ये मंगळावर पाठवण्यात आलेल्या यानालाही तिचं नाव देण्यात आलं आहे. एवढंच नाही तर विज्ञान, तंत्रज्ञान, गणित, अभियांत्रिकी या विषयांमध्ये उल्लेखनीय कार्य करणाऱ्या महिलांना *रॉयल सोसायटीमार्फत* तिच्या नावाने पुरस्कार देण्यात येतो. अशी ही रोझलिंड फ्रँकलिन. तिला जास्त आयुष्य लाभलं नाही, मात्र तिचं लहानसं जीवन अतिशय प्रेरक आहे. तिचं जीवन आणि तिचा डीएनए आपण इथे समजून घेऊ या.

रोझलिंड फ्रँकलिन. तिला रोझी म्हटलेलं अजिबात आवडायचं नाही बरं का! तिच्यावर खार खाऊन असलेल्या सहकाऱ्यांनी तिचं नाव रोझी ठेवलेलं. त्यामुळे ते तिचं नावडतं नाव होतं, आज रोजी आपण ते नाव वापरायचं टाळू या. आपण तिला रोजा म्हणू. ही रोजा २५ जुलै १९२०रोजी जन्माला आली. लंडनमधील अतिशय श्रीमंत आणि पुढारलेल्या ज्यू धर्मीय घरात हा गुलाब उमलला होता. एक मोठा भाऊ. त्यानंतर ही, पुढे दोन लहान भाऊ आणि एक लहान बहीण एवढे सख्खे तर होतेच. त्यांचं कुटुंब मात्र खूप मोठं होतं. आत्या, चुलते असा मोठा गोतावळा एकत्र राहत होते. एक चुलता इंग्लंडचा गृहखात्याचा सचिव होता. वडील इलियास फ्रँकलिन हे बँकर आणि प्रकाशन व्यवसायात होते. बँकिंग हा फ्रँकलिन कुटुंबाचा फॅमिली व्यवसाय होता, यावरून त्यांच्या घरातील सुबत्तेची कल्पना यावी.

हे कुटुंब केवळ श्रीमंत नव्हतं, तर उदारसुद्धा होतं. पहिल्या महायुद्धानंतर जर्मनीमध्ये धार्मिक ध्रुवीकरण सुरू झालं आणि ज्यू लोकांचे शरणार्थी तांडे शेजारच्या देशात आसरा शोधायला लागले. इलियास आणि त्याची पत्नी मुरिएल हे दांपत्य या निराधारांना जमेल तेवढी मदत करत होतं. दोन निराधार मुलं तर त्यांनी स्वतःच्या घरात ठेवून घेतली. इव्ह नावाची एक मुलगी रोजाच्या खोलीत तिच्याबरोबर राहत होती. लोकांसाठी जगणं हे

रोजाच्या गुणसूत्रामध्ये होतं म्हणायचं. रोजच्या गुणसूत्रामध्ये अजून एक बाब होती. गणित आणि विज्ञान. मोठमोठी अंकगणितं, कोडी ती तासन्तास सोडवत बसायची. कधीकधी मेमरी गेममध्ये वेळ घालवायला तिला आवडायचं. ती वयाच्या सहाव्या वर्षापासून घराजवळील शाळेत जायची. रोजा अकरा वर्षांची झाल्यावर तिला सेंट पॉल शाळेत घालण्यात आलं. नावावरून टिपिकल कॉन्व्हेंट स्कूल वाटत असलं, तरी ही धार्मिक शिक्षण देणारी शाळा नव्हती. त्या काळात भौतिकशास्त्र आणि रसायनशास्त्र शिकवल्या जाणाऱ्या मोजक्या कन्याशाळांमध्ये सेंट पॉलचं नाव घेतलं जायचं. मुलींनी केवळ चूल आणि मूल यामध्येच आपलं आयुष्य न घालवता त्यांनी आपलं करिअर घडवलं पाहिजे, असं बाळकडू या कन्याशाळेत दिलं जायचं.

या चांगल्या शाळेत रोजाची तयारीदेखील छान झाली. तिथे रोजाने इंग्रजीबरोबरच जर्मन, इटालियन आणि फ्रेंच भाषाही चांगली आत्मसात केली. खेळातसुद्धा ती कायम आघाडीवर होती. क्रिकेट, हॉकी या खेळांसह ट्रेकिंग हा तिचा आवडीचा भाग. एकत्र सुट्टी घालवायची असेल, तर या कुटुंबाचं ट्रेकिंगला प्राधान्य असे. संगीतात मात्र रोजा भोपळा होती. तिला शिकवून संगीताचे शिक्षक एवढे वैतागले होते, की त्यांना संशय आला, आपणच चुकीचं शिकवतोय, की हिला ऐकूच येत नाही. तिच्या आईला त्यासाठी शाळेत बोलावून घेतलं होतं आणि तुमची मुलगी 'ढाक' बहिरी आहे का, असं विचारलं होतं. संगीत सोडून बाकीच्या विषयांत मात्र रोजा बेस्ट होती. संगीतात तिने कामचलाऊ मार्क्स मिळतील, यासाठी प्रचंड तयारी केली, त्यामुळे अतिशय चांगल्या मार्कांनी रोजा मॅट्रिकची परीक्षा उत्तीर्ण झाली. इतरांपेक्षा एक वर्ष आधीच ती मॅट्रिक पास झाली. तिला देऊ केलेली स्कॉलरशिप तिच्याऐवजी दुसऱ्या एखाद्या गरजू विद्यार्थिनीला मिळावी म्हणून तिच्या वडिलांनी ती नाकारली. *शुद्ध बीजापोटी फळे रसाळ गोमटी.* डीएनएमधूनच संस्कार होत असतील, तर रोजाच्या दिलदारपणाचं आणि उदार स्वभावाचं श्रेय तिच्या आईवडिलांना नक्की जाईल.

पुढचं शिक्षण घ्यायला ती केंब्रिजला गेली. आयुष्यात आपण काही तरी असं करायचं की, जगाला आपली दखल घ्यावी लागेल, असं तिचं स्वप्न होतं. वयाच्या पंधराव्या वर्षी तिने ठरवलं होतं की, भौतिकशास्त्र आणि रसायनशास्त्र शिकून शास्त्रज्ञ व्हायचं. मॅडम मेरी क्युरी यांनी स्त्रियांसाठी विज्ञानाचा रस्ता खुला केला असला, तरी अजून संशोधनात कार्यरत असणाऱ्या महिलांची संख्या वाढली नव्हती. त्यामुळे रोजाने शास्त्रज्ञ व्हावं असं तिच्या घरच्यांना वाटत नव्हतं. घरातील मोठी मुलगी असल्याचं दडपण तिच्यावर होतंच, त्याशिवाय तिच्या वडिलांना व्यवसायानिमित्त रोजच लोकांना

सामोरं जावं लागत होतं. म्हणून रोजाने बाकीच्या मुलींसारखा एखादा पारंपरिक कोर्स करावा असं तिचे आईवडील आणि इतर नातेवाइकांचं मत होतं. त्या अनुषंगाने त्यांनी तिच्या विज्ञानशाखेत शिक्षण घेण्याच्या निश्चयाला विरोध केला. मात्र रोजाची जिद्द अफाट असीम होती, निश्चय ठाम होता. तिच्या जिद्दीपुढे घरच्यांचा प्रतिकार कमी पडला. १९३८मध्ये रोजा केंब्रिजमधील न्यूनहॅम महाविद्यालयात शिकू लागली.

केंब्रिज विद्यापीठाशी संलग्न असलेल्या केवळ दोन महाविद्यालयांत तेव्हा मुलींच्या शिक्षणाची व्यवस्था होती. तिथे रोजा विज्ञानाचं शिक्षण घेत असताना तिची क्ष-किरणं आणि स्फटिकीकरण या विषयांशी ओळख झाली. क्ष-किरणांचा मारा करून मूलद्रव्याचं आण्विक अंतरंग समजून घेण्याची संधी आता शास्त्रज्ञांना मिळणार होती. आजवर सूक्ष्मदर्शकाखाली आपण अणूचं अंतरंग उलगडून पाहू शकत नव्हतो, कारण अणू खूपच लहान असतात आणि सूक्ष्मदर्शकाला काही मर्यादा होत्या. मात्र या अणूंचं स्फटिकीकरण करून त्यांच्यावर क्ष-किरणांचा मारा करून आपल्याला त्यांचा फोटो काढता येणं शक्य झालं होतं. थोडक्यात, अणूंच्या फोटोंचं एन्लार्जमेंट करण्यात आता मानवाला यश आलं होतं. १९१३मध्ये सर हेन्री आणि सर लॉरेन्स ब्रॅग या पितापुत्र शास्त्रज्ञांनी स्फटिकीकरण तंत्रांचा अवलंब करून हिऱ्याच्या अणूचं अंतरंग पहिल्यांदा उकललं, त्याची श्री डी प्रतिमा मिळवली आणि तेव्हापासून या शास्त्राचा विकास होत गेला. डोरोथी हॉजकिन यांनी त्याचा वापर जीवशास्त्रात सुरू केला, त्याची माहिती आपण घेतली आहेच.

रोजा स्फटिकीकरण तंत्र वेगाने शिकून घेत होती, मात्र त्याचवेळी दुसऱ्या महायुद्धाचे पडघम वाजू लागले आणि अनेक प्राध्यापकांचं शिकवणं बंद करून त्यांना महायुद्धाशी संबंधित कामात जोडण्यात आलं. या काळात घरी पाठवलेल्या पत्रामध्ये रोजा म्हणते की, 'जवळपास पूर्ण कॅव्हेंडिश प्रयोगशाळा ओस पडली असून, जीवरसायनशास्त्र हा विभाग पूर्णपणे जर्मन लोकांकडून चालवण्यात येत आहे. हा विभागदेखील कधीही बंद पडेल.' अशा अनागोंदीमुळे इतर विद्यार्थ्यांचं जरी नुकसान झालं असलं, तरी रोजाला मात्र काळजी नव्हती. कारण या महायुद्धामुळे विस्थापित झालेला आंद्रे विल हा फ्रेंच विद्यार्थी तिला तिथे भेटला. आंद्रे विल हा द ग्रेट मेरी क्युरी मॅडमचा शिष्य होता. त्याच्याशी तिची छान गट्टी जमली. फ्रेंच भाषा आणि रसायनशास्त्र दोन्हीमध्ये त्याने रोजोला मार्गदर्शन केलं. तारुण्यसुलभ भावनेला शरण जाऊन प्रेमात वगैरे पडणं तिने या काळात कटाक्षाने टाळलं. विज्ञान हेच तिचं पहिलं आणि शेवटचं प्रेम होतं, असं आपण म्हणू शकतो.

तिने १९४१मध्ये रसायनशास्त्रात पदवी मिळवली. तिला पुढील संशोधनासाठी फेलोशिप मिळाली. आता तिला रोनाल्ड नॉरिषबरोबर काम करायचं होतं. नॉरिष हा फोटो केमेस्ट्रीमधील दिग्गज जरी असला, तरी त्याची मानसिकताही तत्कालीन समाजाप्रमाणे पुरुषसत्ताक होती. स्त्री-पुरुष विषमतेचे दाहक चटके रोजाने सर्वप्रथम इथे अनुभवले. साध्या साध्या गोष्टीसाठी नॉरिषचं अंगावर खेकसणं तिलं सहन झालं नाही. राजीनामा देऊन ती मोकळी झाली. आता प्रश्न होता की, पीएच.डी. पूर्ण करायची की, युद्धात मदत करायची. तिने दोन्हींचा सुवर्णमध्य साधायचं ठरवलं... त्या वेळी दुसरं महायुद्ध शिगेला पोहोचलं होतं. रोजा *ब्रिटिश कोळसा वापर संशोधन संस्थेत* रुजू झाली. या संशोधन संस्थेत तिने कोळशाच्या सच्छिद्रतेवर काम केलं.

कोळशातील रेणूंची रचना विलक्षण असून उष्णतेने त्यांची रचना बदलते, हे तिने शोधून काढलं. त्याचा उपयोग युद्धात इंधनाची कार्यक्षमता वाढवण्यासाठी, तसंच गॅस मास्क तयार करण्यासाठी झाला. तिने तयार केलेले गॅस मास्क युद्धात सैनिकांना उपयुक्त ठरले. युद्धात स्वयंसेवक म्हणूनही तिने काम केलं. कोळसा आणि त्यांची सच्छिद्रता या विषयावर संशोधन प्रबंध सादर करून तिने १९४५मध्ये पीएच.डी. मिळवली. पुढील पाच वर्षांत रोजा फ्रान्समधील पॅरिस इथे संशोधन करायला गेली. महायुद्ध संपलं होतं आणि संशोधनाला पुन्हा चांगले दिवस आले होते. फ्रान्समधील *Laboratoire Central des Services Chimique de l'Etat* ही संस्था आणि विशेषतः त्यातील जॅकस मेरींग प्रयोगशाळा अभिनव उपयोग करण्यामध्ये आघाडीवर होती. या प्रयोगशाळेत रोजाला काम करण्याची संधी आंद्रेच्या ओळखीने मिळाली होती.

महायुद्ध संपल्यानंतर आंद्रे त्याच्या मायदेशी परतला. रोजाची बुद्धिमत्ता त्याला केंब्रिजमध्येच समजली होती, म्हणून त्याने तिच्यासाठी रदबदली केली आणि त्यामुळे रोजाला तिथे काम करण्याची संधी मिळाली. जॅकस मेरींग हे तेथील संशोधन प्रमुख एक्सरे वापरून स्फटिकांच्या अंतरंगात डोकावू पाहत होते. त्यांच्याकडून मिळणाऱ्या मार्गदर्शनाला रोजाने आपल्या कोळसा वापर संशोधन अनुभवाची जोड दिली. एक्सरेचा मारा करून कोळशाचं ग्राफाईटीकरण करण्याबाबत तिचे शोधनिबंध एकामागून एक प्रसिद्ध होऊ लागले. स्फटिकीकरण होऊ शकणारे तसेच स्फटिकीकरण न होणारे कार्बनचे प्रकार तिने अभ्यासले आणि त्यातून तिने उष्णतारोधक धातू मिळवला. या धातूपासून वस्तू निर्माण करण्यासाठी तिने मार्गदर्शन केलं. एक्सरे विघटन क्षेत्रात आता रोजाचं नाव दिग्गज म्हणून गणलं जाऊ लागलं.

रोझलिंड फ्रँकलिन । १६५

फ्रान्समध्ये असताना तिची गिर्यारोहणाची आवड तिला चांगली जोपासता आली. मात्र आल्प्स पर्वताच्या माउंट ब्लाँ या सर्वोच्च शिखरावर चढाई करताना रोजाच्या जिवावर बेतलं होतं. जीन नावाच्या मित्राने तेव्हा तिचा जीव वाचवला. (आमची हिरॉईन हिंदी सिनेमातील असती तर नक्की आता तरी प्रेमात पडली असती. पण हिचा डीएनए लयच वेगळा, ती ना कधी प्रेमात पडली, ना तिने लग्न केलं.) रोजा फ्रेंच व्यक्तीच्या नाही, मात्र फ्रान्सच्या प्रेमात पडली होती. तिथल्या संस्कृतीच्या आणि खाण्याच्या ती प्रेमात होती. तिथलं स्वच्छंदी G_1 आणि रुचकर J_1 (जीवन आणि जेवण हो) रोजाला खूपच आवडलं. फ्रान्समधील पाच वर्षांचा रहिवास तिला खूपच समृद्ध करून गेला. अनेक जिवाभावाच्या मित्रमैत्रिणी तिला इथे जोडता आल्या. त्यामुळेच नंतरच्या काळात इंग्लंडमधील ठोकळा चेहऱ्याची, कोरडी बोलणारी माणसं तिला कधीच भावली नाहीत.

१९५०मध्ये रोजाला लंडन येथील *किंग्ज कॉलेजच्या* जैवभौतिकी प्रयोगशाळेत बोलावण्यात आलं. आणि आता आपल्या कहाणीत क्लायमॅक्स सुरू झाला बरं का! आकाराने मोठ्या असलेल्या जैविक रेणूंवर, प्रथिनांवर क्ष-किरणांचा मारा करून त्यावर संशोधन करावं, असं रोजाचा मित्र चार्ल्स कॉलसन याने तिला सुचवलं, त्यानुसार रोजाने इंग्लंडमध्ये परतण्याचं ठरवलं. तिला तीन वर्षांची *टर्नर अँड न्यूऑल फेलोशिप* प्रदान करण्यात आली होती. किंग्ज कॉलेजमध्ये जॉन रँडेल हे संशोधनप्रमुख होते. रोजाला स्वतंत्र विभाग सुरू करून देऊन तिथे ती प्रथिनांचं स्फटिकीकरण करेल, असं अपेक्षित होतं. मात्र रँडेल यांनी ऐनवेळेला बेत बदलला आणि प्रवासात असतानाच रोजाला त्यांचा निरोप मिळाला. प्रथिनाऐवजी गुणसूत्रं हा विषय रोजाच्या गळ्यात पडला. तिची इच्छा नसताना तिचा समावेश 'द रेस टू डबल हेलिक्स'मध्ये झाला, मानवाच्या अस्तित्वाचं कोडं उलगडण्याचा प्रयत्न करणारी ही अघोषित शर्यत तिच्यावर लादली गेली.

तेव्हा गुणसूत्रशास्त्र महत्त्वाच्या टप्प्यावर आलं होतं. डीएनएमधील रसायनाचा शोध तेव्हा लागला होता. मात्र डीएनएची रचना कशी असेल, याचं कोडं उलगडलं नव्हतं. यावर किंग्ज कॉलेजमध्ये मॉरिस विल्कींस यांच्या नेतृत्वाखाली संशोधन सुरू होतं. मॉरिसने ओळखलं होतं की, रोजाची आपल्याला मदत होऊ शकेल. रोजाने त्यांची साहाय्यक म्हणून भूमिका पार पाडावी, अशी त्यांची इच्छा होती. मात्र रोजा तिथे रुजू झाली, तेव्हा मॉरिस सुट्टीवर गेला होता. त्यात रँडेलने रोजाला ती मॉरिसची साहाय्यक असल्याची पूर्वकल्पना दिली नाही. त्याने मॉरिसकडे असलेला विषय आणि त्यावर काम करणारा फेलो काढून रोजाकडे दिला आणि तिने तिचं स्वतंत्र संशोधन सुरू केलं.

मॉरिस सुटीवरून आल्यावर बघतो तर काय, रोजाने सगळंच ताब्यात घेतलं आहे. मॉरिसने मागवलेलं एक्सरे यंत्र अधिक चांगल्या प्रकारे वापरून रोजा प्रयोग करत होती. 'कानामागून आली आणि तिखट झाली', अशी त्याची तेव्हा भावना झाली.

मॉरिसचा स्वभाव अतिशय मितभाषी, शांत प्रकृतीचा होता. अमेरिकेच्या अणुबॉम्ब प्रकल्पावर 'मॅनहॅटन'मध्ये त्याने काम केलं होतं. दुसऱ्या महायुद्धात जेव्हा अमेरिकेने जपानवर अणुबॉम्ब टाकला, तेव्हा त्यात झालेल्या जीवितहानीची बातमी वाचून मॅनहॅटन प्रकल्पात काम करणाऱ्या अनेकांना मोठा धक्का बसला होता. आपणही या कृत्यात सहभागी आहोत, याची जाणीव होऊन या शास्त्रज्ञांना मानसिक आजारांना सामोरं जावं लागलं होतं. मॉरिस हादेखील या धक्क्यातून अद्याप सावरलेला नव्हता. याच्या स्वभावाच्या अगदी उलट रोजाचा स्वभाव होता. रोजा आत्मविश्वासयुक्त, स्वतःच्या मतासाठी आग्रही, फटकळ बोलणारी आणि कामात कुणाची गरज नसणारी आणि त्यात 'स्त्री'. साहजिकच मॉरिसला न्यूनगंड येऊ लागला. मॉरिस आणि रोजा यांच्यात संवाद होऊच शकला नाही. ते दोघं एकमेकांशी काहीच शेअर करत नव्हते. शिवाय रोजाला स्त्री म्हणून देण्यात येणारी वागणूकसुद्धा दोघांमधलं अंतर वाढवत होती. किंग्ज कॉलेज प्रयोगशाळेतील स्त्रियांनी जेवायला वेगळं बसायचं असायचं.

आपल्या सहकाऱ्यांशी बोलताना तिच्या बोलण्यात ठामपणा असायचा. एक स्त्री तिचा अधिकार गाजवू पाहत असेल तर तिचे पुरुष सहकारी बेचैन होणं स्वाभाविक होतं. ते तिच्याविषयी कुजबूज मोहीम राबवू लागले. रोजाचं काम अतिशय चोख होतं, खोडी काढण्याची संधी नव्हती म्हणून या पुरुषांनी तिचं स्त्रीत्व लक्ष्य केलं. ती बोलत असताना हे सहकारी मुद्दाम तिच्या शरीराकडे बघायचे आणि नंतर मिटक्या मारत एकमेकाला सांगायचे. (आपण कल्पना करू शकतो, त्यांचे शब्द काय असतील आणि संवादाची पातळी काय असेल. आपल्याकडे हा प्रकार अजूनही चालू आहेच की!) ती नेहमी एकदम साधी राहायची. उगाच नाजूकपणा किंवा नखरे दाखवून काम काढून घ्यायची नाही. स्त्री असल्याचं कॅश करायची नाही. त्यामुळे स्त्रीदाक्षिण्य दाखवण्यासाठी आतूर असलेल्या सहकाऱ्याच्या पुरुषी अहंकाराला आव्हान दिल्यासारखं व्हायच. मॅडम स्वतःला काय समजतात, हा त्यांच्या इगोला आव्हान देणारा प्रश्न होत चालला होता.

याचवेळी अमेरिकेत कॅलटेकमध्ये पाउलिंग गुणसूत्रांची रचना शोधण्याचा प्रयत्न करत होते, तर इंग्लंडमध्ये केंब्रिजमधील कॅवेंडिश प्रयोगशाळेत, वॉटसन आणि क्रीक ही जोडीदेखील गुणसूत्रांची रचना शोधून काढायला धडपडत होती. वॉटसन हा तेव्हा तेवीस वर्षांचा मेहनती तरुण होता, ज्याने नुकतीच पीएच.डी. मिळवली होती.

मानवाच्या अस्तित्वाचं कोडं हे त्याच्या गुणसूत्रामधूनच उलगडेल, याची त्याला खात्री होती. कॅवेंडिशमध्ये येण्याच्या आधी त्याने मॉरिसची भेट घेऊन किंग्ज कॉलेज प्रयोगशाळेत काम करण्याची इच्छा प्रकट केली होती. मात्र तेव्हा मॉरिसने त्याच्या प्रस्तावावर नकार दिला होता, त्यानंतर कॅवेंडिशमधून वॉटसनला बोलावण्यात आलं होतं. मॉरिसकडे तेव्हा गोस्लिंग हा विद्यार्थी होता, ज्याने तेव्हा संशोधनात वॉटसनपेक्षा अधिक प्रगती केली होती. मात्र सुटीच्या काळात हाच फेलो रोजाच्या टीममध्ये देण्यात आला होता. या गोस्लिंगने

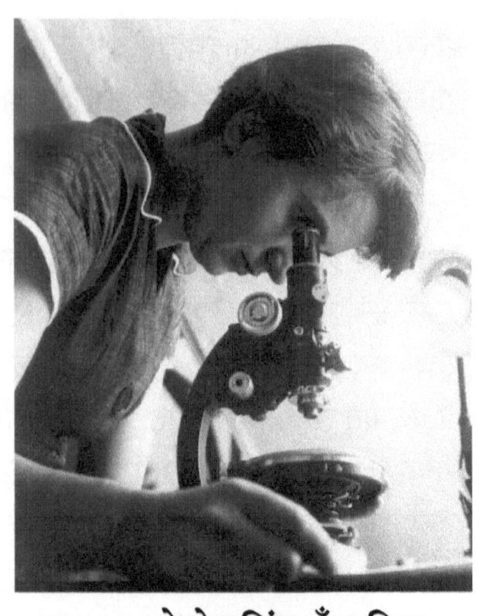

१९५५मध्ये रोझलिंड फ्रँकलिन

गुणसूत्रांचे एक्सरे फोटो काढून दोन प्रकार शोधले. गुणसूत्रांचा एक प्रकार ओला असतो, त्याचं नाव A आणि एक सुका असतो, त्याचं नाव B. रँडेलने मॉरिस आणि रोजा या दोघांमध्ये तह करून दिला की रोजा A वर काम करेल आणि मॉरिस B वर. दोघांनी स्वतंत्र संशोधन करा, एकमेकांच्या आड येऊ नका, असं दोघांना सांगण्यात आलं.

वॉटसन आणि क्रीक यांनी केलेल्या आधीच्या मॉडेलमध्ये रोजाने शंभर चुका काढल्या होत्या. त्यामुळे वॉटसन-क्रीक या जोडीला त्यांच्या बॉसने, नोबेलविजेते सर लॉरेन्स ब्रॅग यांनी खूप झापलं होतं. डीएनएवर काम करणं सोडून द्यायला लागेल असा अल्टिमेटम दिला होता. यामुळे वॉटसन आणि क्रीक यांनी रोजाशी खुन्नस धरली होती. क्रीक आणि मॉरिस यांची जुनी दोस्ती होती, म्हणून वॉटसन आणि क्रीकचं किंग्ज कॉलेजमध्ये वरचेवर येणं व्हायचं. त्यांनी ओळखलं होतं की, रोजा आणि तिची टीम कदाचित आपल्या आधी गुणसूत्रांची रचना शोधून काढू शकते. तिला कसं अडवायचं, हा त्यांच्यासमोरील प्रश्न होता. मॉरिसची त्यांच्याशी जास्त ओळख झाल्यावर त्यांना समजलं की, या कामात मॉरिसची मदत होऊ शकते. मॉरिसच्या पुरुषी अहंकाराला फुंकर घालत वॉटसन आणि क्रीकने गटबाजी सुरू केली. मॉरिसला आपल्या गटात ओढून घेतलं. एक दिवस ग्लोस्लींग आणि रोजा यांच्या प्रयत्नाला यश आलं. या दोघांनी शंभर तास खपून एक फोटो काढला होता, जो 'फोटो ५१' या नावाने ओळखला जातो, ज्यात डीएनएची रचना स्पष्ट दिसते.

आता गुणसूत्रांच्या रचनेचं कोडं सुटलं होतं, मात्र रोजाने या फोटोवर आधारित मॉडेल बनवायच्या आधीच मॉरिसने तो फोटो वॉटसन, क्रीकपर्यंत पोहोचवला. आणि युरेका!! वॉटसन-क्रीक यांच्या अडकलेल्या गाडीला पुढची वाट सापडली. त्यांनी तातडीने मॉडेल तयार केलं. नेचर या शास्त्रविषयक नियतकालिकाच्या माध्यमातून गुणसूत्रांच्या रचनेचं हेलिक्स मॉडेल जगापुढे आणलं गेलं, ज्याचं श्रेय वॉटसन आणि क्रीक यांना मिळणार होतं. आपली फसवणूक झाल्याचा, आपला फोटो कॉपी करून हे मॉडेल तयार झालं असल्याचा संशयही रोजाला आला नाही. आपल्या आधी दुसरा कोणी शोध लावू शकतो, अशी तिने मनाची समजूत काढली. आपण मॉडेलची निर्मिती करण्याच्या इतक्या जवळ असताना आपली संधी गेली, याचं तिला वैषम्य नक्कीच वाटलं. या पार्श्वभूमीवर वैतागून रोजाने किंग्ज कॉलेज सोडलं आणि तंबाखूवरील विषाणूवर संशोधन करायला ती निघून गेली.

डीएनएच्या रचनेची उकल होणं, हा टप्पा खूपच महत्त्वाचा होता. गुणसूत्र तंत्रज्ञान नंतरच्या काळात झपाट्याने विकसित होत गेलं आहे. डीएनए म्हणजे डीऑक्सीरायबोन्युक्लिअक आम्ल! यावरील संशोधन एवढं महत्त्वाचं का आहे, हे समजून घेणं गरजेचं आहे. आदिम काळापासून मानवाचा सर्वांत मोठा ध्यास असेल तर तो मृत्यूवर विजय मिळवण्याचा. मात्र एका अर्थाने माणूस अमर आहे. केवळ माणूसच नाही तर सर्व सजीव अमर आहेत, त्यांच्या जीन्सच्या रूपाने! अब्जावधी वर्षांपासून गुणसूत्रांचा अव्याहत प्रवास सुरू आहे. भगवद्गीतेमध्ये असं सांगितलं आहे की, 'मनुष्य देह हा केवळ निमित्तमात्र आहे, आत्मा अमर आहे.' हा आत्मा कुठे आहे, माहीत नाही. पण आपण हे म्हणू शकतो की गुणसूत्रं अमर आहेत आणि ती अमर राहायला सजीव देह धारण करतात, नवीन देहात प्रवेश करतात. एका अर्थाने स्वतः अमर होण्यासाठी ते आपल्याला कामाला लावतात. मात्र आता विज्ञानाने या गुणसूत्रांचं अंतरंग ओळखून घेऊन त्यांना कामाला लावायचं ठरवलं आहे.

देवाच्या अस्तित्वाला डार्विनच्या उत्क्रांतिवादाने जेवढं आव्हान दिलं, तेवढंच मेंडेल नावाच्या पाद्र्यानेदेखील दिलं आहे. वाटाण्याच्या वेलींचे प्रयोग करून त्यांनं आनुवंशिकता सिद्धान्त सिद्ध केला. प्रत्येक सजीवाचं मूल त्याच्या आई-वडिलांसारखंच कसं काय होतं, नाकाच्या जागी नाकच कसं येतं, डोळ्यांच्या ठिकाणी डोळे कसे येतात, हे प्रश्न मानवाला आदिम काळापासून पडले होते. नक्कीच इतकी परफेक्ट रचना करणारा कोणी रचनाकार असेल, अशी मानवाची समजूत झाली होती. मात्र विज्ञानाच्या साहाय्याने अनेक कोडी सुटत चालली आहेत. आधी असा समज होता की,

व्यक्तीचे सर्व अवयव आईच्या पोटात असतानाच, स्त्री-पुरुष बीजांचं मिलन झाल्यावर लगेच तयार झालेले असतात आणि वेळेनुसार त्यांची केवळ वाढ होत असते. १८ व्या शतकात कास्पर वूल्फने सिद्ध केलं की, काही अवयव आधी अजिबात अस्तित्वात नसतात, मात्र वेळ आल्यावर तयार होतात. म्हणजेच असं काहीतरी लपून बसलेलं असतं, जे वेळ आली की प्रकट होतं, हा खेळ असतो गुणसूत्रांचा आणि त्यात दडलेल्या सांकेतिक भाषेचा!

अमिनो आम्लांची साखळी विणून त्यांचा क्रम निश्चित करण्यात रायबोसोम्स महत्त्वाची भूमिका बजावत असते. आरएनए हे केवळ प्रथिन संश्लेषणाचं काम करण्याच्या सूचनांचं वाहक करत नसतात, तर ते त्याची गतीदेखील वाढवतात. डीएनएचा मुख्य घटक न्युक्लिक ऑसिड असतो, ज्यात केवळ चार मुळाक्षरांचा (बेसेस) समावेश असतो. ऑडिनिन, सायटोसिन, गुआनिन आणि थायमिन यांची A C G T अशी चार मुळाक्षरं. यांचा क्रम कसा निर्धारित होतो? तसंच यांच्या साहाय्याने प्रोटिन्सच्या वीस घटकांची बाराखडी सांकेतिक रूपात नक्की कशी साठवली जाते, ज्यामुळे आई-वडिलांचे गुणधर्म पुढच्या पिढीत हस्तांतरित होतात, यांसारखे प्रश्न उपस्थित झाले होते. यावर संशोधन करताना डॉ. हरगोविंद खुराना यांनी डीएनएमधील केवळ एकाच मुळाक्षराची साखळी असलेला एक कृत्रिम जीन तयार केला. तो पेशींच्या प्रथिनांची निर्मिती करण्याच्या यंत्रणेत घुसवला आणि त्यापासून परत एकाच घटकाची साखळी असलेलं प्रोटिन तयार होतं, हे सिद्ध केलं. डॉ. खुरानांच्या या शोधामुळे जीनपासून प्रोटिन तयार होण्याच्या सांकेतिक लिपीची, पर्यायाने आनुवंशिकता कशी जपली जाते, याची उकल करणं सोपं झालं आहे.

आपल्या शरीराच्या प्रत्येक पेशीत २३ गुणसूत्रांच्या जोड्या म्हणजेच ४६ गुणसूत्रं असतात. प्रत्येक जोडीत एक एक अशी २३ आईकडून तर २३ वडिलांकडून मिळालेली असतात. जन्माला येताना प्रोटिनच्या रूपात सांकेतिक संदेश असतात. या ४६ गुणसूत्रांवर असलेली तीन अब्ज मुळाक्षरं तो संदेश घेऊन आलेली असतात. ही मुळाक्षरे गुणसूत्रांवर कोणत्या क्रमाने गुंफलेली असतात, याचा शोध घेण्यासाठी १९९०मध्ये अमेरिकेच्या पुढाकाराने सर्व जगातील वीस प्रयोगशाळांच्या (त्यात अमेरिकेच्या बारा आहेत आणि भारतातील एकही नाही.) सहकार्याने जीनोम प्रकल्प सुरू करण्यात आला. या प्रकल्पाच्या यशामुळे अनेक असाध्य रोगांवरचा उपाय सापडण्याची चिन्हं दिसू लागली आहेत. या प्रकल्पास यशस्वी करण्यात डॉ. खुराना यांचा मोठा वाटा आहे. आजवर इन्सुलीनच्या जीनचं स्थान समजलेलं आहे. त्यामुळेच

ऊतीच्या साहाय्याने त्याला मानवी पेशीमधून कापून काढून त्याचं यीस्टसारख्या जंतूत रोपण करून प्रयोगशाळेत मानवी इन्सुलीन तयार करता येऊ लागलं आहे. मात्र अजून अनेक जीन्सचं मानवी शरीरातील स्थान कळलेलं नाही. त्यांचा शोध घेणं सुरू आहे. मानववंशशास्त्र असो, आनुवांशिकता अथवा गुणसूत्रशास्त्र, या सर्वच शास्त्रांच्या इतिहासात या जीनोम प्रकल्पाचं स्थान अतिशय महत्त्वाचं ठरणार आहे. डीएनएची उकल हा या संशोधनाचा पाया आहे.

सजीवांमधील जनुक क्रमवारीत बदल घडल्याने नवीन गुणधर्मांचा उगम होऊ शकतो, जुना गुणधर्म नष्ट होऊ शकतो. आजवर पृथ्वीवर झालेली उत्क्रांती आणि पन्नास लाखांपेक्षा जास्त प्रजाती हे त्याचंच प्रतीक आहे. यालाच म्युटेशन असं म्हणतात. आता निसर्गाची ही निवड नाकारून त्यात मानवी हस्तक्षेप शक्य झाला आहे. मानवी शरीरातील निरोगीपणाचं तसंच आजारीपणाचं गुणसूत्रीय मूळ शोधणं शक्य झाल्यास मानवाचं आयुर्मान नक्कीच वाढवता येईल. मानवाला स्वतःचा क्लोन निर्माण करता येईल. भविष्यात त्याला कधीही हृदय, किडनी, यकृत अशा कोणत्याही अवयवाची गरज लागली तर त्याला स्वतःच्याच क्लोनमधील अवयव उपलब्ध असेल. आता क्रिस्पर-Cas9 तंत्रज्ञान आलं असल्याने जनुकीय बदल करणं हे संगणक वापरताना आपण करतो त्या 'कॉपी-पेस्ट' एवढ्या सोप्या पातळीवर आलं आहे. आता सिस्टिक फायब्रोसिस, सिकल सेल, ॲनिमिया यांसारख्या आनुवंशिक व्याधीवर उपचार करणं शक्य झालं आहे. भविष्यात कर्करोग, यकृत-विकार, आनुवंशिक स्नायू-विकार यावर इलाज करता येईल. आपल्याला डास खूप त्रास देतात ना! नुसतेच चावत नाहीत, तर रोगसुद्धा देतात. हिवताप, डेंग्यू, चिकनगुनिया यांसारखे अनेक आजार डासांपासून होतात. भविष्यात डास आपल्याला चावतील, पण ते आजार देऊ शकणार नाहीत, कारण त्यांच्यामध्ये जनुकीय बदल केलेले असतील. लवकरच तो दिवस येईल.

गुणसूत्रीय तंत्रज्ञानाच्या साहाय्याने मानवाने एकेकाळी अशक्य वाटतील अशा गोष्टी शक्य करून दाखवल्या आहेत. गुणसूत्रीय बदल करून अधिक उत्पादन देणाऱ्या वाणांची निर्मिती करण्यात आली, या नव्या बियाणांचा वापर करून पीक वाढल्यामुळे हरितक्रांती शक्य झाली होती. अधिक रोगप्रतिबंधक क्षमता असलेली, कमी वेळेत आणि खर्चात येणारी गहू, तांदळाची सुधारित वाणं निर्माण करून त्यांचं वितरण करण्यात आलं. ती केवळ एक सुरुवात होती. खरं तर यातही जनुक तंत्रज्ञानाचा अप्रत्यक्ष वापर केला गेला होता. मात्र नंतरच्या काळात जनुक तंत्रज्ञान अभियांत्रिकी पातळीवर आलं आहे. पुढील पन्नास वर्षांत जनुकीय अभियांत्रिकी विषयाने खूपच वेग

पकडला आहे. आपण बाजारातून आणलेल्या नवीन जीन्स पँटला जसं अल्टर करतो, त्याच सहजतेने नको असलेली जनुकं कापून काढण्याचं तंत्रज्ञान विकसित होत आहे. याच तंत्रज्ञानासाठी जेनिफर डॉडना हिला २०२०मध्ये नोबेल मिळालं आहे.

डबल हेलिक्स हा शोध या सर्व आधुनिक जनुकीय अभियांत्रिकी क्षेत्राचा पाया आहे, असं म्हटलं तर वावगं ठरणार नाही. १९६२मध्ये वॉटसन, क्रीक आणि मॉरिस या तिघांना डीएनएचं मॉडेल तयार केल्याबद्दल नोबेल पारितोषिक मिळालं, मात्र नोबेल मिळाल्यानंतर करावयाच्या भाषणातदेखील या तिघांनी रोजाचा उल्लेख टाळला. एवढंच नाही, तर आपापल्या पुस्तकात जेव्हा रोजाचा विषय येईल तिथे बोअर आणि मङु असाच तिचा उल्लेख केला आहे. चोरी करून वॉटसन, क्रीक आणि मॉरिस यांनी नोबेल मिळवलं, मात्र त्या आधीच रोजा मरण पावली होती. तिला तिच्या हयातीत आपलं संशोधन चोरलं आहे, असा संशयही आला नाही, नाहीतर तिने जरूर आवाज उठवला असता. तिने काहीच प्रतिक्रिया दिली नसल्याने जगाला तिचं याबाबतचं योगदान समजण्याचा प्रश्न नव्हताच. मात्र १९७५मध्ये तेव्हा झालेला सर्व घटनाक्रम समोर आला आणि या तीन शास्त्रज्ञांचे पाय कसे मातीचे आहेत, हे जगाला समजलं.

१९७५मध्ये ॲन सायर या रोजाच्या मैत्रिणीने हा घटनाक्रम उजेडात आणला. नंतर *द रेस ऑफ डबल हेलिक्स* या नावाने अनेक लघुपट, माहितीपट तयार झाले. डबल हेलिक्स संशोधनात रोजाचं योगदान जगाला समजलं. मात्र तोपर्यंत वॉटसन, क्रीक आणि मॉरिस या तिघांनी रोजाला जणू मूर्ख मुलगी म्हणून जगापुढे मांडलं होतं. क्रीक तर त्याच्या पुस्तकात निर्लज्जपणे सांगतो की, १९५३मध्ये रोझलिंड फ्रँकलिन ही मॉडेल तयार करण्यापासून बरीच मागे होती. वो उसके बस की बात नहीं थी! १९६८मध्ये लिहिलेल्या पुस्तकात वॉटसन म्हणतो, 'रोझी ही एक तापट डोक्याची मग्रूर स्त्री होती, आपल्या सहकाऱ्यांपासून माहिती लपवून ठेवणारी संशयी स्त्री होती. तिच्याकडील माहितीचा उपयोग स्वतः करण्याची क्षमता नसताना, ही डार्क लेडी इतर सहकाऱ्यांना त्या माहितीपासून वंचित ठेवत होती.' एका स्त्रीच्या बुद्धिमत्तेमुळे दुखावलेले पुरुषी

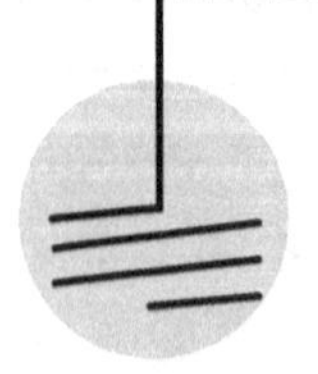

आपल्या सोळा वर्षांच्या संशोधन कार्यात रोजाने ४५ शोधनिबंध प्रसिद्ध केले आहेत. त्यापैकी १९ शोधनिबंध कोळसा आणि कार्बनवर, ५ शोधनिबंध गुणसूत्रविषयक तर तब्बल २१ शोधनिबंध हे विषाणूवर लिहिले होते.

अहंकार तिच्या मृत्यूनंतरही तिचा बदला घेत होते. त्यामुळे हे सर्व सोडून तंबाखूवर संशोधन करण्याचा रोजाचा निर्णय एका अर्थानि बरोबर होता, असं म्हणता येईल.

रोजा तंबाखूवर पडणाऱ्या किडीवर संशोधन करू लागली. टोबॅको मोझाइक व्हायरस अर्थात टीएमव्ही हे तेव्हा मोठं आव्हान होतं. प्रथिनांच्या आवरणात सुरक्षित राहणारा हा विषाणू नामोहरम कसा करायचा, यासाठी तिने इतर संशोधकांची मदत घ्यायचं ठरवलं. त्यासाठी ती दोन वेळा अमेरिकावारी करून आली. मात्र इथे तिला या विषाणूवर मात करायची संधी आयुष्याने दिली नाही. रोजाची आयुष्याची दोरी खूपच आखूड होती. ३५ वर्षांची असतानाच तिला गर्भनलिकेचा कर्करोग झाल्याचं निदान झालं. कदाचित, कोणतीही सुरक्षा न घेता एक्सरे किरणांमध्ये जास्त काळ काढल्यामुळे तिला बाधा झाली असेल. १९५६मध्येच तिला जाणवलं की, आपल्या पोटात काहीतरी गडबड आहे. तेव्हा दोन गाठी काढल्या. वेदना सहन करत तिने संशोधनकार्य सुरूच ठेवलं. दोन वर्षांनी कर्करोगाने पुन्हा निर्णायकरीत्या डोकं वर काढलं. अखेरीस १६ एप्रिल १९५८रोजी तिचा कर्करोगाने मृत्यू झाला. तिचा पुनर्जन्म किंवा मृत्युपश्चात जीवन या संकल्पनांवर विश्वास नव्हता. ती म्हणायची, 'जे आहे ते इथे इहलोकात आहे, परलोक वगैरे काही नसतो. परलोक संकल्पना नाकारूनदेखील तुम्ही या इहलोकावर आणि आयुष्यावर विश्वास ठेवू शकता.' तिचा जीवनावरचा विश्वास अगदी शेवटच्या श्वासापर्यंत कायम राहिला.

मृत्यूच्या आधी ती पोलिओच्या विषाणूवर काम करत होती, ते काम पुढे नेल्यामुळे तिचा विद्यार्थी 'क्लग' याला नोबेल पारितोषिक मिळालं. म्हणजे चार लोकांना नोबेल मिळण्यात आपल्या रोजाचा प्रत्यक्ष सहभाग होता.

आपल्या सोळा वर्षांच्या संशोधन कार्यात रोजाने ४५ शोधनिबंध प्रसिद्ध केले आहेत. त्यापैकी १९ शोधनिबंध कोळसा आणि कार्बनवर, ५ शोधनिबंध गुणसूत्रविषयक तर तब्बल २१ शोधनिबंध हे विषाणूवर लिहिले होते. आयुष्याच्या शेवटच्या काळात तिला जगभर अनेक ठिकाणी आपले अनुभव सांगून नव्या शास्त्रज्ञांना मौलिक मार्गदर्शन करण्यासाठी बोलवण्यात आलं होतं. तिने अनेक परिषदा, पारिसंवादात आपल्याकडील ज्ञानाची मुक्त हस्ते उधळण केली आहे. तिला जर ७० वर्षांपर्यंत आयुष्य लाभलं असतं, तर तिचं काम नक्कीच एव्हरेस्टसारखं सर्वोच्च ठरलं असतं. आज रोजाच्या नावाने अनेक उपक्रम सुरू आहेत पण मला सर्वांत जास्त आवडतो, तिच्या नावाने महिलांना दिला जाणारा पुरस्कार.

रॉयल सोसायटीकडून २००३पासून सुरू झालेल्या या पुरस्कारात आजवर झालेल्या १७ विजेत्यांमध्ये एक भारतीय नाव आहे, हे पाहून समाधान होतं. सुनेत्रा गुप्ता या भारतीय वंशाच्या ब्रिटिश संसर्गजन्य रोगतज्ज्ञ असून त्यांना २००९ला रोझलिंड फ्रँकलिन पुरस्कार मिळाला आहे. त्यांचं नाव तुम्ही आज पहिल्यांदा वाचलं आहे का? अहो, खूप मोठी व्यक्ती आहेत या! कोरोनावर काम केलेल्या शास्त्रज्ञांमध्ये त्यांची गणना होते. याशिवाय, साहित्यासाठी देण्यात येतं ते ज्ञानपीठ पारितोषिकही त्यांना मिळालं आहे. आपल्याला त्यांचं नाव आणि काम माहीत असलं पाहिजे. परमजीत खुराना, इंदिरा हिंदुजा, अदिति पंत, मंगला नारळीकर यांचींही नावं आपल्याला माहीत असली पाहिजेत. *मिशन मंगल* पाहताना मीनल संपत, अनुराधा टी, रितु करिधल, नेदिनी हरिनाथ आणि मौमिता दत्ता यांची कदाचित माहीत झाली असावीत.

कोणत्याही धर्माचं पालन न करणारी, अज्ञेयवादी असलेली रोजा तिच्या वडिलांना लिहिलेल्या पत्रात म्हणते की, 'विज्ञान आणि रोजचं जीवन वेगळं करता येणार नाही. जीवनात पडणाऱ्या प्रश्नांचं उत्तर मला केवळ विज्ञानातून मिळतं. त्यामुळे मी तुमच्या ईश्वर, स्वर्ग-नरक या कल्पनेवर विश्वास ठेवू शकत नाही. असा कोणी ईश्वर असू शकत नाही आणि असलाच तर या विशाल ब्रह्मांडातील एका पिटुकल्या छोट्या ग्रहावरील घडामोडीत त्याला रस असणं शक्य नाही.'

बरोबर आहे ना! रोजा म्हणते त्याप्रमाणे देवाला वेळ नाही मिळणार, आपल्यालाच शोधावे लागेल आता पर्यायी जीवन. पृथ्वीची वाट लावल्यावर जायचं कुठे, आपल्याला पर्यायी अधिवास शोधावा लागेल.

डीएनए, आरएनए, कोळसा, ग्राफाइट आणि विषाणूवरील रोजाचं संशोधन नक्कीच मोलाचं आहे. पण तिच्या या कामाची पावती मात्र तिला तिच्या हयातीत मिळाली नाही.

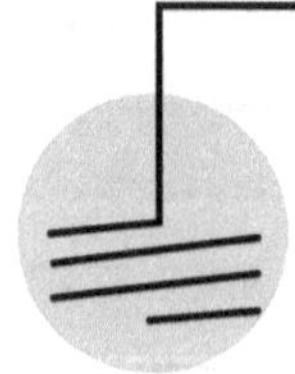

रोजा म्हणते की, 'विज्ञान आणि रोजचं जीवन वेगळं करता येणार नाही. जीवनात पडणाऱ्या प्रश्नांचं उत्तर मला केवळ विज्ञानातून मिळतं. त्यामुळे मी तुमच्या ईश्वर, स्वर्ग-नरक या कल्पनेवर विश्वास ठेवू शकत नाही. असा कोणी ईश्वर असू शकत नाही आणि असलाच तर या विशाल ब्रह्मांडातील एका पिटुकल्या छोट्या ग्रहावरील घडामोडीत त्याला रस असणं शक्य नाही.'

तिने केलेल्या संशोधनासाठी नोबेल मात्र इतरांनी पटकावलं. मात्र काळाने आता तिची दखल घेतली आहे; पण अशी दखल जिवंतपणीच का नाही घेतली जात? कारण आहे, मानसिकता आणि आपला डीएनए. पुरुषसत्ताक डीएनए हा नेहमीच डोकं वर काढत असतो. अर्थात डीएनए आजवर बदलत आलाय. म्हणूनच उत्क्रांती शक्य झालीय... हा पुरुष वर्चस्ववादी डीएनए लवकर बदलावा, ही अपेक्षा.

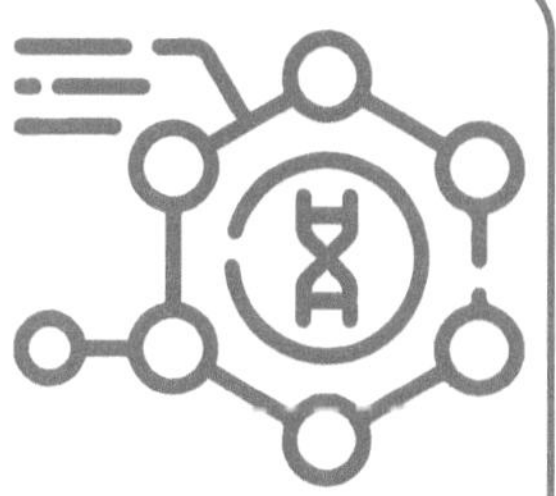

दृष्टिक्षेप

- काही व्यक्तींचा डीएनए अतिशय वेगळा असतो. प्रतिकूल परिस्थितीतदेखील त्यांच्याकडून या जगाला प्रेम आणि प्रेमच मिळ्त असतं. रोझलिंड ही अशांपैकी एक.

- स्त्री म्हणून होणारा अन्याय सहन करत असताना तिने आपल्या संशोधनातलं लक्ष अजिबात ढळू दिलं नाही.

- बुद्धिमत्तेवर कोणत्याही लिंगाची मक्तेदारी नसते हे तिने डीएनएवरील आपल्या संशोधनातून सिद्ध करून दाखवलं. जो आपले पाय ओढत आहे, त्याचे पाय ओढण्यात स्वतःची ऊर्जा वाया घालवण्यापेक्षा तिने संशोधन अधिक महत्त्वाचं मानलं.

- आज विज्ञान, तंत्रज्ञान, गणित, अभियांत्रिकी विषयांमध्ये उल्लेखनीय कार्य करणाऱ्या स्त्रियांना 'रॉयल सोसायटी'मार्फत तिच्या नावाने पुरस्कार देण्यात येतो.

असीमा मुखर्जी-चॅटर्जी

असीम कामगिरी

भारतीय विद्यापीठामध्ये विज्ञानक्षेत्रात डॉक्टरेट मिळवलेली पहिली स्त्री म्हणून असीमाचे नाव घेतलं जातं. केवळ स्वतःच्या संशोधनासाठी नाही, तर आपल्या मार्गदर्शनाखाली संशोधन करणाऱ्या अनेक होतकरू शास्त्रज्ञांच्या संशोधनासाठी पदरमोड करणारी असीमा यांनी भारतीय वनौषधी क्षेत्रात पायाभूत काम केलं आहे. 'जिवंत असेतो माझी काम करण्याची इच्छा आहे', असं स्वतःचं वाक्य खरं करून दाखवणाऱ्या डॉ. असीमा यांनी समाज आणि संस्कृतीने लादलेली लिंगाधारित बंधनं झुगारून देत विज्ञानाच्या क्षेत्रात आपलं अढळ स्थान प्राप्त केलं आहे.

एक्ससवाय गुणसूत्रं घेऊन तुम्ही जन्माला आला असाल, तर तुम्हाला तुमचं कर्तृत्व दाखवण्याची अधिक संधी मिळते. अजूनही एक्सएक्स गुणसूत्रं असलेल्या व्यक्तींना आपल्या स्वतंत्र अस्तित्वाची लढाई लढावी लागते. त्यातील काहीच ही लढाई जिंकतात. अशा या लिंगभेद करणाऱ्या समाजात शंभर वर्षांपूर्वी जन्मलेल्या स्त्रीची कहाणी जाणून घेऊ. तिच्या कर्तृत्वाला तिच्या गुणसूत्रांवरून सीमा न घालता आई-वडील आणि जीवनसाथी यांनी तिच्या पंखांना पाठबळ दिलं. भारतीय विज्ञान काँग्रेसची पहिली स्त्री अध्यक्ष असणाऱ्या या विज्ञानाच्या उपासिकेने विज्ञानाच्या पुरुषप्रधान क्षितिजावर महिलांचं वेगळं स्थान निर्माण केलं आणि त्यामुळे ती अजरामर झाली.

भारतीय विद्यापीठामध्ये विज्ञान क्षेत्रात डॉक्टरेट मिळवलेली ही पहिली स्त्री. पद्मभूषण असीमा मुखर्जी-चॅटर्जी. सेंद्रिय रसायनशास्त्रात असीम कामगिरी करणारी ही विदुषी. त्यांनी शोधलेली औषधं कर्करोग, फिट, हिवताप यांवरील उपचारांसाठी वापरली गेली, काही औषधं आजही वापरली जातात. कोरोनावर उपचार करतानाही त्यांनी तयार केलेलं औषध मोठ्या प्रमाणात वापरण्यात आलं. भारताचं नोबेल पारितोषिक समजलं जाणारं *शांतिस्वरूप भटनागर पारितोषिक* त्यांना मिळालं आहे. 'जिवंत असेपर्यंत माझी काम करण्याची इच्छा आहे', असं म्हणणाऱ्या डॉ. असीमा यांनी आपले शब्द खरे करून दाखवले. आणि अगदी शेवटच्या श्वासापर्यंत त्यांनी विज्ञानाची सेवा केली.

असीमाचा जन्म २३ सप्टेंबर १९१७ रोजी कोलकाता इथे झाला. इंद्रनारायण मुखर्जी आणि कमलादेवी या दांपत्याचं हे पहिलं अपत्य. वैद्यकीय व्यवसाय करणारे नारायण मुखर्जी हे पुरोगामी विचारांचे होते. 'हम दो हमारे दो' हा नियम त्या काळामध्ये नसतानाही त्यांनी पाळला होता. पती, पत्नी, मुलगी, मुलगा असं हे चौकोनी सुखी कुटुंब. अतिशय सुसंस्कृत असलेल्या या घरात कला आणि विद्या यांना समसमान महत्त्व होतं. घरामधील सर्व सदस्यांत संस्कृत महाकाव्यांवर चर्चा व्हायची, सामूहिक वाचन व्हायचं. त्यामुळे लहानपणापासून या भावंडांनी संस्कृत भाषेवर चांगलं प्रभुत्व मिळवलं. लहान भाऊ सरशीरंजनपेक्षा असीमा दोन वर्षांनी मोठी. त्यामुळे तिची ताईगिरी सहन करत असताना सरशीरंजनदेखील अभ्यासात हुशार झाला. (पुढे तो डॉक्टर झाला, तसंच त्यानेही भारत सरकारतर्फे देण्यात येणारं विज्ञान क्षेत्रातील सर्वोच्च *शांतिस्वरूप भटनागर पारितोषिक मिळवलं आहे, बरं का!*) असीमाला लहानपणापासूनच शास्त्रीय संगीताची तालीम सुरू झाली. धृपद आणि ख्याल गायकीची तिने चौदा वर्षं तालीम घेतली, त्यात प्रावीण्य प्राप्त केलं. पुढे १९३३मध्ये तिने अखिल बंगाल प्रांत संगीत स्पर्धेत दुसरा क्रमांकही मिळवला होता.

समाजात इतरत्र स्त्री-शिक्षणाविषयी प्रतिकूल परिस्थिती असताना मुखर्जी यांच्या घरात तिच्या लहान भावाइतकंच असीमाच्या शिक्षणालासुद्धा महत्त्व दिलं होतं. वनस्पतिशास्त्राविषयीचं प्रेम असीमाला तिच्या वडिलांकडून वारशाने मिळालं होतं. या वनस्पतींचा वैद्यकीय वापर कसा होतो, याचं कुतूहल असीमाच्या मनात बालपणीच जागृत झालं आणि पुढे तिने त्यातच संशोधन केलं. असीमाचं शालेय शिक्षण कोलकात्यामधील बेथून कॉलेजीएट स्कूल या विद्यालयात पूर्ण झालं. ही बंगाल प्रांतामध्ये मुलींसाठी सुरू झालेली पहिली शाळा. १८४९मध्ये ब्रिटिश अधिकारी जॉन बेथून याच्या प्रयत्नातून ही शाळा सुरू झाली होती. अभ्यासात अत्यंत हुशार असलेल्या असीमाने पंधराव्या वर्षी

मॅट्रिकची परीक्षा पास करताना बंगाल सरकारची स्कॉलरशिप मिळवली. दोन वर्षांनी इंटर सायन्सची परीक्षा उत्तीर्ण होत असतानादेखील बंगाल सरकारची स्कॉलरशिप, नवाब लतिफ स्कॉलरशिप, कोलकाता विद्यापीठाची फादर लॅफनॉट स्कॉलरशिप आणि हेमप्रोव बोस स्मृतिपदक पटकावलं. रसायनशास्त्रातील पदवीसाठी ती स्कॉटिश चर्च महाविद्यालयामध्ये दाखल झाली. त्या काळात रसायनशास्त्राला अच्छे दिन आले नव्हते. बंगाल प्रांतात मुलींना रसायनशास्त्र विषय शिकण्यासाठी हे एकमेव महाविद्यालय होतं आणि इथेही केवळ तीनच विद्यार्थी रसायनशास्त्र शिकण्यासाठी उत्सुक होते. त्यामध्ये असीमा ही एकमेव मुलगी होती. आई-वडिलांच्या खंबीर पाठिंब्यामुळे असीमा तिच्या आवडीचं विज्ञानाचं शिक्षण घेऊ शकत होती.

एका हिंदू कुटुंबातील एक शहाणीसुरती मुलगी एका ख्रिस्ती मिशनरी महाविद्यालयात शिक्षण घेते, त्यात भरीस भर म्हणजे मुलांमध्ये ती एकटीच मुलगी आहे, ही गोष्ट समाजाच्या स्वयंघोषित ठेकेदारांना मुळीच पटणारी नव्हती. त्यांचा असीमाच्या आई वडिलांवर प्रचंड दबाव होता, मात्र ते दोघंही खंबीर होते. 'आमच्या मुलीचं आम्ही पाहून घेऊ' अशी ठाम भूमिका तिच्या आईने घेतली. आई-वडिलांच्या या साथीचं असीमाने आपल्या कष्टातून चीज केलं. १९३६मध्ये रसायनशास्त्राची ऑनर्स पदवी मिळवताना तिने विद्यापीठाचं *बसंतीदास सुवर्णपदक* पटकावलं. दोन वर्षांनी सेंद्रिय रसायनशास्त्रातील पदव्युत्तर शिक्षणदेखील पूर्ण केलं. विद्यापीठाचं रौप्यपदक आणि *जोगमायादेवी* पदक पटकावून तिने एम.एससी. पूर्ण केलं. १९३८मध्ये मुलीचं पदव्युत्तर शिक्षण हीच मोठी गोष्ट होती. असीमाने जणू क्षितिजाला गवसणी घातली होती. तिचं क्षितिज विस्तारलं होतं. तिच्या स्वप्नांना पंख फुटले होते, आता कोणतीही सीमा असीमाच्या स्वप्नांना मर्यादा घालू शकत नव्हती.

आता तिला डॉक्टरेट करायचं होतं. महाविद्यालयातील शिक्षण सुरू असताना तिचा परिचय आचार्य प्रफुल्लचंद्र रे, प्रा. प्रफुल्लचंद्र मित्र, पुलिन बिहारी सरकार, जगेंद्रचंद्र बर्धन आणि प्रफुल्ल कुमार बोस यांसारख्या शास्त्रज्ञांशी झाला. त्यांच्याप्रमाणे आपण विज्ञानात योगदान द्यावं, अशी इच्छा तिच्या मनात निर्माण झाली होती. तिच्या हुशारीची चुणूक बघून ही तज्ज्ञ मंडळी तिला स्वतःहून मार्गदर्शन करत होती, त्यामध्ये सत्येंद्रनाथ बोस यांसारख्या दिग्गजांचा समावेश होता. वनस्पतिजन्य रसायन आणि कृत्रिम सेंद्रिय रसायनशास्त्र यामध्ये तिने संशोधन केलं. प्रफुल्ल कुमार बोस हे तिचे मार्गदर्शक होते. या उदयोन्मुख संशोधिकेला संशोधन करताना आर्थिक अडचण येऊ नये, म्हणून आचार्य प्रफुल्लचंद्र रे यांनी खास तिच्यासाठी एक शिष्यवृत्ती सुरू केली

होती. स्वतःच्या पगारातून त्यांनी दरमहा ७५ रुपये देणं सुरू केलं. (७५ रुपये ही रक्कम त्या काळी खूप मोठी होती.) पुढे आपल्या विद्यार्थ्यांवर स्वतःच्या उत्पन्नातील रक्कम खर्च करण्याचा वारसा प्राध्यापिका झाल्यावर असीमानेदेखील जपला बरं का!

डॉक्टरेट करायला तिने तब्बल सहा वर्षं घेतली. याचा अर्थ असा नाही की, संशोधन करण्यात तिने टाळाटाळ केली. उलट तिने सखोल संशोधन केलं. तिचे मार्गदर्शक प्रफुल्ल कुमार बोस हे त्या काळातील नैसर्गिक रसायनांचा वापर करणारे तज्ज्ञ म्हणून ओळखले जात होते. त्यांच्या मार्गदर्शनाखाली असीमाच्या संशोधनाला चांगली दिशा मिळाली. निसर्गात आढळणाऱ्या अल्कलॉइड आणि कौमरिन यांवर तिने संशोधन केलं. १९४०मध्ये सर्वोत्कृष्ट संशोधनासाठी विद्यापीठाचं सुवर्णपदक आणि *नागार्जुन पारितोषिक* असीमाला मिळालं. १९४२मध्ये तिला *प्रेमचंद रॉयचंद स्कॉलरशिप* तर मिळालीच, शिवाय विद्यापीठातील सर्वांत प्रतिष्ठेचं समजलं जाणारं *मौट गोल्ड* पदकही मिळालं. १९४४मध्ये कोलकाता विद्यापीठाने तिला डॉक्टर ऑफ *सायन्स* ही पदवी प्रदान केली.

१९४०मध्ये अधिव्याख्याता म्हणून *लेडी ब्रेबॉर्न* महाविद्यालयात डॉ. असीमा मुखर्जी यांनी अध्यापन सुरू केलं. तिथे रसायनशास्त्र हा विभाग नव्याने सुरू होत होता, त्याच्या त्या प्रमुख झाल्या. पुढच्याच वर्षी डॉ. असीमांना बरदनंदा चॅटर्जी यांचं स्थळ सांगून आलं आणि लवकरच त्यांचं लग्न झालं. लग्नाच्या वेळी रेल्वेमध्ये अभियंता असलेले बरदनंदा लवकरच हावडामधील अभियांत्रिकी कॉलेजात उपप्राचार्य म्हणून रुजू झाले. भूशास्त्र, रसायनशास्त्र शिकवणारे बरदनंदा आणि सेंद्रिय रसायनशास्त्रातील डॉक्टरेट असीमा यांची केमिस्ट्री चांगली जुळली. एकमेकांच्या विद्वत्तेचा सन्मान करत तसंच संशोधनाला वेळ देत, त्यांचं सहजीवन सुरू झालं. विद्यार्थ्यांवर खर्च करण्यासाठी असीमांचे पैसे कमी पडले, तर त्यांना बरदनंदा मदत करत असत. या जोडप्याला ज्युली नावाची एक गोड मुलगी झाली. आपल्या आई-वडिलांच्या आदर्शाची आणखी पुढची पायरी गाठत असीमांनी 'हम दो हमारी एक' असं समीकरण घरात ठेवलं. ते पुढे ज्युलीनेही कायम ठेवलं. (ज्युली चॅटर्जी या नंतर ज्युली बॅनर्जी झाल्या. पती अविजीत यांच्यासमवेत त्यादेखील रसायनशास्त्रातच संशोधन करत आहेत. ज्युली-अविजीत यांचा मुलगा अनिरुद्ध हासुद्धा संशोधन क्षेत्रात कार्यरत आहे.)

सुखी संसार चालू होता, चांगली नोकरी होती तसंच १९४४पासून कोलकाता विद्यापीठामध्ये व्याख्यात्या म्हणून त्यांची नेमणूक झाली होती. मात्र डॉ. असीगा चटर्जी यांना पोस्ट डॉक्टरल संशोधन करायचं होतं. भारतात त्या संदर्भातील सुविधांचा अभाव

होता, म्हणून त्यांनी अमेरिकेला जायचं ठरवलं. एल. एम. पार्क्स्, एल. झेकमैस्टर या शास्त्रज्ञांनी त्यांना संशोधनाचं आमंत्रण दिलं. विद्यापीठात शैक्षणिक रजा टाकून डॉ. असीमा १९४७मध्ये अमेरिकेला विस्कॉन्सिन आणि कॅलटेक विद्यापीठात गेल्या. तेव्हा त्यांची मुलगी ज्युली अवघी अकरा महिन्यांची होती. त्यामुळे तिला सांभाळायला एका

असीमा मुखर्जी-चॅटर्जी

दाईला बरोबर घेऊन डॉ. असीमा अमेरिकेला पोहोचल्या. तिथल्या वास्तव्यात त्यांना रामकृष्ण मिशनची महत्त्वाची मदत झाली. उतारवयीन काळात त्यांचा कल काहीसा अध्यात्माकडे झुकला, याचं कारण अमेरिकेतील वास्तव्यात रामकृष्ण मिशनशी झालेला घट्ट स्नेहबंध असावा. विस्कॉन्सिन विद्यापीठात त्यांनी एक वर्ष एल. एम. पार्क्स् यांच्याबरोबर निसर्गात आढळणाऱ्या ग्लायकोसाईडवर संशोधन केलं, तर कॅलटेक विद्यापीठात त्यांनी झेकमैस्टर यांच्याबरोबर कॅरोटेनॉइड आणि प्रोव्हिटॅमिन ए वर संशोधन केलं. इथेही त्यांनी संशोधनात आपली चुणूक दाखवली आणि त्यांना वाटूमल फेलोशिप प्रदान करण्यात आली.

अमेरिकेत दोन वर्ष संशोधन करून त्या युरोपात, स्वित्झर्लंडमध्ये आल्या. नोबेल पारितोषिक विजेते शास्त्रज्ञ पॉल करीट यांच्याबरोबर झुरिक विद्यापीठात त्यांनी एक वर्ष संशोधन केलं. जैविकदृष्ट्या सक्रिय असलेले अल्कलॉइड हा त्यांच्या अभ्यासाचा विषय होता. संश्लेषणात्मक सेंद्रिय रसायनशास्त्र या शाखेचा त्यांनी अभ्यास केला. पुढे या शाखेत त्यांनी जीवनभर काम केलं. १९५०मध्ये त्या कोलकाता विद्यापीठात परतल्या. इथे त्यांचं अल्कलॉइडवर संशोधन आणि मार्गदर्शन सुरू राहिलं. सर्व प्राणी

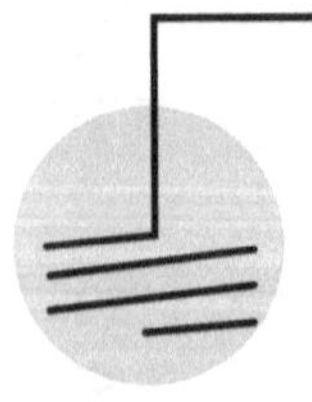

डॉ. चॅटर्जी यांनी सेंद्रिय रसायनशास्त्रात तब्बल चाळीस वर्ष आपलं महत्त्वाचं योगदान दिलं आहे. रोइया स्ट्रिक्टा या वनस्पतीपासून जैसोसेहीझिन नावाचा रासायनिक पदार्थ वेगळा करून त्याचे गुणधर्म शोधून काढले. तसंच अज्मॅलीसिन व सर्पाजीन या रसायनांवर संशोधन करून त्यांची रचना स्पष्ट केली.

आणि वनस्पतींच्या शरीरात विविध स्वरूपात नायट्रोजनचे घटक कार्यरत असतात, त्यांना अल्कलॉइड म्हणतात. मानवाने वेगवेगळ्या अल्कलॉइडचा वापर अगदी ३००० वर्षांपासून केल्याचे दाखले आढळून येतात.

इसवीसन पूर्व १२००मध्ये पश्चिम आशियात अफूचा वापर केल्याचे पुरावे आहेत. सॉक्रेटिस या ग्रीक तत्त्वज्ञाला देहदंड म्हणून जे विष प्यायला लावलं, ते वनस्पतीपासून मिळवलेलं एक कोनियन नावाचं जालीम विषारी अल्कलॉइड होतं, जे व्यक्तींच्या चेतासंस्थेवर हल्ला करून आधी त्याचे अवयव निकामी करतं आणि मग त्याचा जीव घेतं. काही विषारी, काही औषधी अशी अल्कलॉइडची वेगवेगळी रूपं आहेत. आजवर सुमारे बारा हजार अल्कलॉइड शोधण्यात मानवाला यश आलं आहे. अल्कलॉइड हे नाव सर्वप्रथम जर्मन शास्त्रज्ञ कार्ल मैसनर याने वापरलं. मॉर्फिन, कोकेन, कॅफेन हे सर्व अमली पदार्थ ही अल्कलॉइडची रूपं आहेत. मोर्फिया हा ग्रीक संस्कृतीत स्वप्नांचा देव, त्याचं नाव गुंगी आणणाऱ्या मॉर्फिनला देण्यात आलं आहे. मॉर्फिया हा गुलाबी स्वप्नांचा देव असला आणि मोर्फिनच्या अंमलात सारे जग रंगीत दिसत असले, तरी मॉर्फिनचा रंग मात्र पांढरा असतो.

मॉर्फिनच नाही, तर बहुतेक सर्वच अल्कलॉइड हे रंगहीन किंवा पांढऱ्या रंगाचे आणि स्फटिक स्वरूपात असतात, त्यांची चव कडवट असते. काही अल्कलॉइड जिवाणू, बुरशी आणि प्राण्यांपासून मिळत असले, तरी त्यांचा महत्त्वाचा स्रोत वनस्पती याच असतात. सुमारे चार हजार वनस्पतींपासून आपण वेगवेगळे अल्कलॉइड मिळवू शकतो. विंका या एकाच वनस्पतीपासून वेगवेगळी ८६ अल्कलॉइड मिळवली जातात. औषधी वनस्पतींमधले अल्कलॉइड मिळवून त्याचा विविध आजारांवर कसा वापर करता येईल, यावर असीमा संशोधन करत होत्या. हे संशोधन खर्चिक होतं. रसायनांचं विश्लेषण करण्याची सोय भारतात नसल्यामुळे ते परदेशी पाठवायला लागायचं. शिवाय त्यांच्या विद्यार्थ्यांचेही काही प्रकल्प चालू असायचे, जे सरकारी निधीअभावी बंद पडतील की काय, असं वाटायचं. बरदनंदा यांनी इथे मोलाची मदत केली. आर्थिक रांगडा बगाबण्यापेक्षा त्यांनी आयुष्यभर माणसं जोडण्यावर विश्वास ठेवला.

डॉ. चॅटर्जी यांनी सेंद्रिय रसायनशास्त्रात तब्बल चाळीस वर्षं आपलं महत्त्वाचं योगदान दिलं आहे. रोझ्या स्ट्रिक्टा या वनस्पतीपासून जैसोसेहीझिन नावाचा रासायनिक पदार्थ वेगळा करून त्याचे गुणधर्म शोधून काढले. तसंच अज्मलीसिन व सर्पाजीन या रसायनांवर संशोधन करून त्यांची रचना स्पष्ट केली. अल्कलॉइड्सबरोबरच कौमरीन्स आणि टर्पिनॉईड्स हा त्यांचा अभ्यासाचा विषय होता. सुपारी, तंबाखू यांसारख्या

वनस्पतींमध्ये असणारी अल्कलॉईड्स औषधासाठी वापरता येऊ शकतात. सुगंधी द्रव्यांमध्ये वापरली जाणारी रसायने म्हणजेच कौमरीन्स आणि वनस्पतीपासून मिळणारं तेल म्हणजेच टर्पिनॉईड्स हीदेखील औषधी म्हणून गुणकारी असतात.

निसर्गातील विविध वनस्पती आणि घटक यांच्यात दडलेली रसायने शोधून ती मानवाच्या कल्याणासाठी वापरावी, हा त्यांच्या संशोधनाचा हेतू होता. आपल्या ऋषिमुनींनीदेखील आयुर्वेदातील अशी अनेक गुणकारी औषधं शोधून काढली होती. मात्र आयुर्वेदाचा आग्रह धरणारे अनेक वेळा चाचण्यांपासून पळ काढताना दिसतात. इथे तसं घडलं नाही. चॅटर्जी यांची मांडणी शास्त्रीय होती, तपासणी करण्यासाठी खुली होती. म्हणूनच आपल्या अनेक संशोधनांचे पेटंट त्या मिळवू शकल्या, त्यांनी शोधून काढलेली औषधं अखिल मानवजातीसाठी उपलब्ध झाली. डॉक्टर असलेल्या आपल्या भावाबरोबर बॉन हूगली हॉस्पिटलमध्ये अपंग मुलांवर त्यांनी वैज्ञानिक चाचण्या केल्या. त्यांचं हे संशोधन अनेक दशकं सुरू होतं. फिट किंवा अपस्मार असं आपण ज्याला म्हणतो, त्यावर मार्सिलिन उपयुक्त ठरू शकते का, यावर त्यांनी सखोल संशोधन केलं. हे संशोधन करताना फिट येणं रोखणारं औषध डॉ. चॅटर्जी यांनी शोधून काढलं.

सुनिष्णक आणि जटामांसी या वनस्पतींपासून तयार केलेलं 'आयुष ५६' हे औषध त्यांचं सर्वात मोठं यश समजलं जातं. हे औषध आजही वापरलं जातं. कोरोनाच्या काळात अनेक डॉक्टरांनी याचा वापर केला होता. याशिवाय डॉ. असीमा यांनी चार वनस्पतींपासून हिवतापविरोधी औषध तयार केलं. कर्करोगावर केमोथेरपीचे उपचार करताना अल्कलॉईड्सचा वापर प्रभावी असल्याचं त्यांनी शोधून काढलं. या अल्कलॉईड्समुळे कर्करोगग्रस्त पेशींची वाढ थांबते. हे अतिशय महत्त्वाचं संशोधन होतं. आता या औषधांपेक्षा प्रभावी औषधं कर्करोगावरील केमोथेरपीमध्ये वापरली जातात. असीमा यांना आपल्या संशोधनासाठी आवश्यक वनस्पतींची लागवड करण्यासाठी पश्चिम बंगालच्या मुख्यमंत्र्यांनी साडेतीन एकर जमीन दिली. तसंच आरोग्य आणि कुटुंब कल्याण मंत्रालयाकडून चार कोटी रुपयांचं अनुदानदेखील मिळालं होतं. तिथेच एक आयुर्वेदिक हॉस्पिटलही निर्माण करण्यात आलं. आता या परिसरात औषधी वनस्पती वाढवल्या जातात आणि त्यातून मिळालेल्या रसायनांचा वापर रुग्णांवर करताना त्यावर पुढचं संशोधनही केलं जातंय. इथे तयार झालेली औषधं आज देशाच्या कानाकोपऱ्यात पोहोचवली जात आहेत.

असीमा यांचे राष्ट्रीय व आंतरराष्ट्रीय नियतकालिकांमधून सुमारे चारशे शोधनिबंध प्रसिद्ध झाले आहेत. त्यांच्या मार्गदर्शनाखाली ५९ विद्यार्थ्यांनी पीएच.डी. संपादित केली

आहे. विद्यार्थ्यांना समजून घेत, प्रसंगी त्यांना आर्थिक मदत करत त्यांनी संशोधनाला प्रोत्साहन दिलं. त्यामुळेच त्या 'टिपिकल मॅडम' न होता 'दीदी' म्हणून ओळखल्या जायच्या. विद्यार्थ्यांकडून नवीन गोष्टी शिकण्यात त्या कमीपणा मानत नसत. संशोधन मार्गदर्शक म्हणून काम करण्यासाठी तेव्हा एका विद्यार्थ्यामागे केवळ तीनशे रुपये वार्षिक अनुदान मिळायचं. त्यापेक्षा जास्त विद्यावेतन तर विद्यार्थ्यांना मिळायचं. मात्र विज्ञानविषयक सामग्री अतिशय महाग असल्यामुळे विद्यार्थ्यांना पैसे पुरायचे नाहीत. अशा वेळी दीदी मदतीला यायच्या.

स्वतः संशोधन करत असताना देशभरात संशोधनाला पूरक पार्श्वभूमी तयार करण्याचं कामही डॉ. असीमा चॅटर्जी यांनी केलं. भारतात औषधी वनस्पतींवर अधिक संशोधन व्हावं व त्यातून आयुर्वेदिक औषधं निर्माण केली जावीत, यासाठी *रिजनल रीसर्च सेंटर* उभारण्यामध्ये त्यांनी महत्त्वपूर्ण भूमिका बजावली. डॉ. के. पी. विश्वास लिखित *भारतीय वनौषधी* (मूळ नाव- भारतेर बनौशधी) या बंगाली ग्रंथाच्या सहा खंडांचं संपादन आणि इंग्रजी अनुवाद त्यांनी केला. सत्येंद्रनाथ बोस यांनी त्यांना खास विनंती केली होती, त्यामुळे त्यांनी हा अनुवाद पूर्ण केला. तब्बल सातशे औषधी वनस्पतींची माहिती त्यामध्ये आहे. त्याशिवाय त्यांनी लिहिलेलं *सरल माध्यमिक रसायन* हे पुस्तक बंगालमध्ये पाठ्यपुस्तक म्हणून वापरलं जातं.

१९६७मध्ये या झुंजार व्यक्तिमत्त्वावर डोंगराचा पहाड कोसळला आणि त्या शब्दशः उन्मळून पडल्या. त्यांच्या जीवनाला आधार, आकार देणारे वडील आणि पती या दोघांचंही चार महिन्यांच्या अंतराने निधन झालं. हा आघात सहन न होऊन त्यांना हृदयविकाराचा तीव्र झटका आला. जीवन आणि मृत्यू यामध्ये त्यांनी अनेक दिवस येरझाऱ्या घातल्या. तीन महिन्यांनी त्या शरीराने बऱ्या झाल्या, तरी मनाने मात्र खचल्या होत्या. अशा वेळी डॉ. असीमा यांचे रामकृष्ण मिशनच्या बेलूर मठातील गुरू आणि महाविद्यालयातील सहकाऱ्यांनी खूप महत्त्वाची भूमिका बजावली. लवकरच त्या नव्या जोमाने संशोधन आणि अध्यापनात कार्यरत झाल्या.

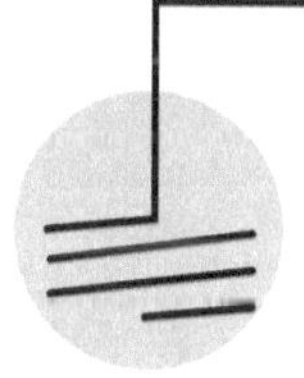

सुनिष्णक आणि जटामांसी या वनस्पतींपासून तयार केलेलं 'आयुष ५६' हे औषध त्यांचं सर्वांत मोठं यश समजलं जातं. हे औषध आजही वापरलं जातं. कोरोनाच्या काळात अनेक डॉक्टरांनी याचा वापर केला होता. त्याशिवाय डॉ. असीमा यांनी चार वनस्पतींपासून हिवतापविरोधी औषध तयार केलं.

१९६८मध्ये झालेल्या ऐतिहासिक सल्फा ड्रग खटल्याच्या डॉ. असीमा या महत्त्वाच्या साक्षीदार होत्या. सल्फा ड्रगच्या पेटंट हक्कावरून बंगाल केमिकल, फार्मास्युटिकल कंपनी आणि होईचेस्ट कंपनी यांचा वाद न्यायालयात गेला होता. बंगाल केमिकल आणि फार्मास्युटिकल कंपनी आता जरी सरकारी असली तरी तेव्हा मात्र ती खाजगी होती. तेव्हा बंगाल सरकारसाठी हा खटला म्हणजे इज्जत का सवाल झाला होता. (लोकसभेचे माजी सभापती सोमनाथ चॅटर्जी यांनी हा खटला लढवला होता.) उमेदवारीच्या काळात मदत करणारे आचार्य प्रफुल्लचंद्र रे यांच्या आग्रहाखातर या केसमध्ये डॉ. असीमा यांनी मदत केली. त्यांनी एका अटीवर या खटल्यामध्ये मदत करण्याची तयारी दर्शवली. ती अट अशी होती की, त्या या केसमधून एक रुपयाही मानधन घेणार नाहीत. रसायनशास्त्रातील आपल्या ज्ञानाच्या आधारे त्यांनी विटनेस बॉक्समधून हा खटला बंगाल केमिकल आणि फार्मास्युटिकल कंपनीला जिंकून दिला. परदेशी कंपनीचे वकील अतिशय महागडे होते, त्यातही ते पेटंट या विषयातील तज्ज्ञ होते. शिवाय त्यांनी साक्षीदार म्हणून हुशार रसायनशास्त्रज्ञ बोलावले होतेच. या खटल्याला जणू काही कुस्तीतील हिंदकेसरी सामन्याच्या आखाड्याचं स्वरूप आलं होतं.

होईचेस्ट कंपनीच्या वतीने कोलकाता विद्यापीठातील रसायनशास्त्राचे प्रमुख सर दक्षहरन चक्रवर्ती तसंच प्राध्यापक रासबिहारी घोष हे साक्षीदार होते. असीमा यांच्यावर रोज शेकडो प्रश्नांची सरबत्ती केली जायची आणि त्या शांतपणे त्यांना उत्तर देत असत. बंगाल केमिकल आणि फार्मास्युटिकल कंपनीसाठी हा खटला जीवनमरणाचा प्रश्न होता. होईचेस्ट कंपनीने दावाच एवढ्या मोठ्या रकमेचा केला होता की, भारतीय कंपनीने खटला हरला असता तर त्या कंपनीचं विघटन झालं असतं. सर्व काही विकावं लागलं असतं. शेकडो कामगार बेकार झाले असतेच, परंतु जगभर देशाची नाचक्की झाली असती. हा खटला एवढा गाजला की, अनेक न्यायाधीश हा खटला पाहायला उपस्थित राहत असत. या खटल्याने डॉ. असीमा चॅटर्जी हे नाव देशातील कानाकोपऱ्यामध्ये गाजलं आणि त्यांची विज्ञानावर असलेली निष्ठा सर्वसामान्य लोकांपर्यंत पोहोचली.

भारतीय विज्ञान काँग्रेसची त्यांनी तीन वर्ष सचिव आणि खजिनदार म्हणून तर, तीन वर्ष अध्यक्ष म्हणून सेवा केली आहे. १९७५मध्ये भारतीय विज्ञान काँग्रेसचं अध्यक्षपद भूषवताना त्या हा मान मिळवणाऱ्या पहिल्या स्त्री-शास्त्रज्ञ ठरल्या. आपल्या अध्यक्षीय भाषणात त्या म्हणाल्या, 'देशातील वैज्ञानिक आणि तांत्रिक प्रशिक्षणामध्ये विद्यापीठं ही पाठीच्या कण्याची भूमिका बजावतात. ही विद्यापीठं वैज्ञानिक प्रगतीला दिशा देतात,

विज्ञानाचा आणि तंत्रज्ञानाचा दर्जा उच्च राखण्यात मदत करतात. म्हणून ही विद्यापीठं सक्षम करणं हे कोणत्याही सरकारचं आद्य कर्तव्य ठरतं.'

त्या केवळ भाषण करून थांबणाऱ्या नव्हत्या, तर त्यांनी यासाठी वेळोवेळी पाठपुरावादेखील केला. म्हणूनच १९७२मध्ये *युनिव्हर्सिटी ग्रँड कमिशनने* सेंद्रिय रसायनशास्त्र शिकणाऱ्यांसाठी विशेष मदत सुरू केली. तसंच या विषयातील संशोधन आणि अध्यापनाची गुणवत्ता वाढावी, म्हणून एक विशेष कार्यक्रम आखण्यात आला, ज्याचं समन्वयन करण्याची जबाबदारी डॉ. चॅटर्जी यांना देण्यात आली. त्यांच्याच काळात सेंद्रिय रसायनशास्त्र विभागाने युनेस्कोची मदत मिळवली. या मदतीअंतर्गत शिक्षक आणि तंत्रज्ञांना परदेशात शिकायची संधी उपलब्ध झाली.

भारत-रशिया सांस्कृतिक देवाण-घेवाण कार्यक्रमांतर्गत त्यांनी अनेक विषयांवर तिथल्या विद्यापीठांमध्ये मार्गदर्शन केलं. इंग्लंडमध्ये ब्रिटिश असोसिएशनने आयोजित केलेल्या वैज्ञानिक परिषदेमध्ये सहभाग नोंदवून त्यांनी मार्गदर्शन केलं. *इंटरनॅशनल वूमन डेमोक्रॅटिक फेडरेशन* या संस्थेने प्राग इथे आयोजित केलेल्या जागतिक महिला परिषदेमध्ये त्यांनी 'ग्रामीण आणि शहरी स्त्रिया तसेच त्यांची कामे' या विषयावर व्याख्यान दिलं. विज्ञानाचा उपयोग मानवतेच्या कल्याणासाठी व्हावा, हा त्यांचा प्रयत्न होता. १९७५मध्ये भारतीय विज्ञान काँग्रेसमधील अध्यक्षीय भाषणात त्या म्हणाल्या, 'विज्ञान आणि तंत्रज्ञानाचा उपयोग मानवाच्या कल्याणासाठी व्हावा, यासाठी आजवर पुरेसे प्रयत्न केलेले नाहीत. मानवाच्या केवळ भौतिक गरजा भागवण्यासाठीच नाही तर एक चांगला समाज घडवण्यासाठी विज्ञानाचा उपयोग झाला पाहिजे. विश्वबंधुत्वाच्या व्याख्येचा प्रसार झाला पाहिजे आणि सर्व जगाने आज याकडे गांभीर्याने लक्ष देण्याची गरज आहे.'

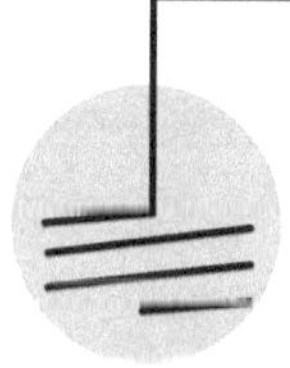

डॉ. के. पी. विश्वास लिखित भारतीय वनौषधी (मूळ नाव- भारतेर बनौशधी) या बंगाली ग्रंथाच्या सहा खंडांचं संपादन आणि इंग्रजी अनुवाद त्यांनी केला. तब्बल सातशे औषधी वनस्पतींची माहिती त्यामध्ये आहे. त्याशिवाय त्यांनी लिहिलेलं *सरल माध्यमिक रसायन* हे पुस्तक बंगालमध्ये पाठ्यपुस्तक म्हणून वापरलं जातं.

१९७५मध्ये भारत सरकारने त्यांना *पद्मभूषण* देऊन सन्मानित केलं. याशिवाय *शांतिस्वरूप भटनागर पुरस्कार, सर पी. सी. रे ऑवॉर्ड* यांसारख्या शेकडो भारतीय आणि परदेशी पुरस्कारांनी त्यांना गौरवण्यात आलेलं आहे. त्यांना १९८२पासून पुढे आठ वर्षं राष्ट्रपतीनियुक्त खासदार म्हणून राज्यसभेवर काम करण्याची संधी मिळाली. त्यांना आयुष्यात अनेक पुरस्कार मिळाले. सेंद्रिय रसायनशास्त्रात त्यांचा शब्द जगभर प्रमाण मानला जातो, म्हणूनच त्यांना व्याख्यान, मार्गदर्शन किंवा पदवीदानासाठी जगभर बोलवण्यात येत होतं. युनेस्कोच्या माध्यमातून त्यांच्या मार्गदर्शनाचा लाभ जगभरातील देशांना झाला आहे. अमेरिका, झेक गणराज्य, मलेशिया, हाँगकाँग, ऑस्ट्रेलिया, जपान, रशिया, इंग्लंड, पोलंड, जर्मनी, बल्गेरिया यांसारख्या देशात त्या अनेक वेळा मार्गदर्शन करून आल्या आहेत.

१९८७पासून त्यांना प्रवास थांबवावा लागला. वयाच्या सत्तरीमध्ये आल्यानंतर त्यांना अनेक औषधं घ्यावी लागत होती, त्यामुळे डॉक्टरांनी विश्रांतीचा सल्ला दिला. त्यांना केवळ कोलकातामध्येच फिरण्याची मुभा होती. सुदैव म्हणजे विद्यापीठ आणि त्यातील प्रयोगशाळा त्यांच्या घराजवळ होती. त्या आयुष्याच्या अगदी अखेरपर्यंत प्रयोगशाळेत संशोधन व मार्गदर्शन करीत होत्या. आजार हा मुद्दा त्यांनी जणू कालबाह्य ठरवला होता. मात्र नव्वदावं वर्ष सुरू झालं आणि त्यांचा आजार बळावू लागला. त्या कोमामध्ये गेल्या. या आजाराशी हॉस्पिटलमध्ये झुंजत असतानाच २३ नोव्हेंबर २००६रोजी जगाचा निरोप घेतला आणि एक झुंजार व्यक्तिमत्त्व हरपलं. कोमामध्ये जाण्याच्या केवळ सात दिवस आधी कोलकात्याच्या महापौरांनी त्यांच्या घरी येऊन त्यांना कोलकाताभूषण हा पुरस्कार दिला होता. अगदी विद्यार्थ्यांकडूनदेखील शिकायला कमीपणा न मानणारी ही ज्ञानतपस्विनी लौकिकार्थाने जरी आज आपल्यात नसली, तरी तिने निर्मिती केलेली औषधं मानवाची सेवा करत आहेत.

असीमाचं किंवा इतर कोणत्याही भारतीय शास्त्रज्ञांचं विशेष कौतुक करावं वाटतं, कारण अगदी अपुऱ्या सुविधा असलेल्या प्रयोगशाळेत त्यांनी त्यांचं काम केलं. आजही भारतात वैज्ञानिकांमध्ये स्त्रियांचं प्रमाण कमी असलं तरी परदेशात मात्र संशोधनामध्ये पुरुषांपेक्षा स्त्रियांची संख्या अधिक आहे. भारतात ही परिस्थिती लवकरच यावी. असीमा चॅटर्जी यांच्यासारख्या स्त्रियांनी जेव्हा विज्ञानक्षेत्रात संशोधन करायला सुरुवात केली, तेव्हा कित्येकांच्या भुवया उंचावल्या होत्या. पण या विज्ञान तपस्विनींनी आपल्या कर्तृत्वाने एक्सएक्स गुणसूत्र हे कशात कमी नाही, हे दाखवून दिलं. लहानपणी पंख

छाटले नाहीत, पिंजऱ्यात कोंडलं नाही तर त्यांची भरारी असीम असेल, त्यांचं क्षितिज अमर्याद असेल...

दृष्टिक्षेप

- भारतीय विद्यापीठामध्ये विज्ञान क्षेत्रात डॉक्टरेट मिळवलेली ही पहिली स्त्री पद्मभूषण असीमा मुखर्जी-चॅटर्जी. सेंद्रिय रसायनशास्त्रात असीम कामगिरी करणारी ही विदुषी.

- भारतीय विद्यापीठामध्ये विज्ञानक्षेत्रात डॉक्टरेट मिळवलेली पहिली स्त्री म्हणून असीमाचं नाव घेतलं जातं. केवळ स्वतःच्याच नाही, तर आपल्या मार्गदर्शनाखाली संशोधन करणाऱ्या अनेक होतकरू शास्त्रज्ञांच्या संशोधनासाठी पदरमोट करणारी असीमा यांनी भारतीय वनौषधी क्षेत्रात पायाभूत काम केलं आहे.

- 'जिवंत असेपर्यंत माझी काम करण्याची इच्छा आहे' असं स्वतःचं वाक्य खरं करून दाखवणाऱ्या डॉ. असीमा यांनी समाज आणि संस्कृतीने लादलेली लिंगाधारित बंधने झुगारून देत विज्ञानाच्या क्षेत्रात आपलं अढळ स्थान प्राप्त केलं आहे.

- 'आयुष ५६' हे औषध त्यांचं सर्वांत मोठं यश समजलं जातं. हे औषध आजही वापरलं जातं. कोरोनाच्या काळात अनेक डॉक्टरांनी याचा वापर केला होता.

- याशिवाय डॉ. असीमा यांनी चार वनस्पतींपासून हिवतापविरोधी औषध तयार केलं. कर्करोगावर केमोथेरपीचे उपचार करताना अल्कलॉईड्सचा वापर प्रभावी असल्याचं त्यांनी शोधून काढलं.

- १९७५मध्ये भारतीय विज्ञान काँग्रेसचं अध्यक्षपद भूषवताना त्या हा गान गिळवणाऱ्या पहिल्या स्त्री-शास्त्रज्ञ ठरल्या.

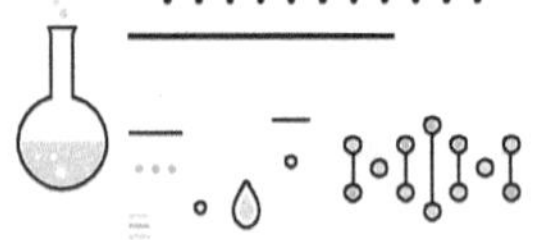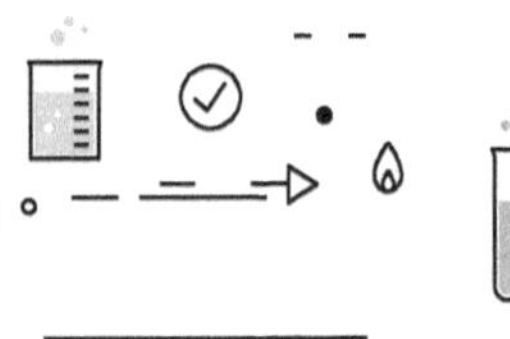

लेखक परिचय

डॉ. नितीन हांडे

शिक्षण : पीएच. डी. (अर्थशास्त्र)

+91 89564 45357 | dr.nitin.hande@gmail.com

- डावकिनाचा रिच्या या नावाने सोशल मीडियावर विज्ञानविषयक लेखन. विविध ब्लॉग, संकेतस्थळं, दैनिकं तसेच नियतकालिकांसाठी लेखन.

- प्रकाशित पुस्तके :

  १) *आपलं भवताल*

  २) *इस्रो : द प्राइड ऑफ इंडिया*

  ३) *डीप थिंकिंग :* बुद्धिबळ विश्वविजेत्या गॅरी कास्पारोव्ह यांच्या पुस्तकाचा मराठी अनुवाद

  ४) *लर्न टू अर्न :* पिटर लिंच यांच्या पुस्तकाचा मराठी अनुवाद

  ५) *गिधाडांची मेजवानी :* जोसी जोसेफ यांच्या फिस्ट ऑफ व्हलचर या पुस्तकाचा मराठी अनुवाद

  ६) *ज्ञानाचा प्रवाहो चालिला :* सहलेखिका : डॉ. सुनिती धारवाडकर